全国中医药行业高等教育"十四五"规划教材

全国高等中医药院校规划教材（第十一版）

细胞生物学

（新世纪第四版）

（供中医学、中西医临床医学、中药学、临床医学、预防
医学、医学技术、口腔医学、药学等专业用）

主　编　赵宗江　高碧珍

中国中医药出版社

·北　京·

图书在版编目（CIP）数据

细胞生物学 / 赵宗江，高碧珍主编 . —4 版 . —北京：
中国中医药出版社，2021.6（2024.3 重印）
全国中医药行业高等教育"十四五"规划教材
ISBN 978-7-5132-6828-8

Ⅰ . ①细… Ⅱ . ①赵… ②高… Ⅲ . ①细胞生物学—
中医学院—教材 Ⅳ . ① Q2

中国版本图书馆 CIP 数据核字（2021）第 052696 号

融合出版数字化资源服务说明

全国中医药行业高等教育"十四五"规划教材为融合教材，各教材相关数字化资源（电子教材、PPT 课件、视频、复习思考题等）在全国中医药行业教育云平台"医开讲"发布。

资源访问说明

扫描右方二维码下载"医开讲 APP"或到"医开讲网站"（网址：www. e-lesson. cn）注册登录，输入封底"序列号"进行账号绑定后即可访问相关数字化资源（注意：序列号只可绑定一个账号，为避免不必要的损失，请您刮开序列号立即进行账号绑定激活）。

资源下载说明

本书有配套 PPT 课件，供教师下载使用，请到"医开讲网站"（网址：www. e-lesson. cn）认证教师身份后，搜索书名进入具体图书页面实现下载。

中国中医药出版社出版

北京经济技术开发区科创十三街 31 号院二区 8 号楼
邮政编码 100176
传真 010-64405721
河北品睿印刷有限公司印刷
各地新华书店经销

开本 889×1194 1/16 印张 16.25 字数 440 千字
2021 年 6 月第 4 版 2024 年 3 月第 4 次印刷
书号 ISBN 978-7-5132-6828-8

定价 75.00 元
网址 www.cptcm.com

服 务 热 线 010-64405510　微信服务号 zgzyycbs
购 书 热 线 010-89535836　微商城网址 https://kdt.im/LIdUGr
维 权 打 假 010-64405753　天猫旗舰店网址 https://zgzyycbs.tmall.com

如有印装质量问题请与本社出版部联系（010-64405510）

全国中医药行业高等教育"十四五"规划教材

全国高等中医药院校规划教材（第十一版）

《细胞生物学》

编 委 会

主 编

赵宗江（北京中医药大学） 高碧珍（福建中医药大学）

副主编

许 勇（成都中医药大学） 王 淳（辽宁中医药大学）

王志宏（长春中医药大学） 张小莉（河南中医药大学）

窦晓兵（浙江中医药大学）

编 委（以姓氏笔画为序）

王艳杰（黑龙江中医药大学） 王晓玲（天津中医药大学）

王睿睿（云南中医药大学） 田 原（山东中医药大学）

成细华（湖南中医药大学） 孙 媛（大连医科大学）

李 军（陕西中医药大学） 何建新（甘肃中医药大学）

宋 强（山西中医药大学） 宋小青（河北北方学院）

张 韧（广州中医药大学） 张 凯（安徽中医药大学）

张国红（河北中医学院） 陈向云（贵州中医药大学）

林 晴（福建中医药大学） 赵丕文（北京中医药大学）

徐云丹（湖北中医药大学） 黄佩蓓（江西中医药大学）

黄愉淋（广西中医药大学） 詹秀琴（南京中医药大学）

霍春月（首都医科大学）

学术秘书

胡秀华（北京中医药大学）

《细胞生物学》
融合出版数字化资源编创委员会

全国中医药行业高等教育"十四五"规划教材
全国高等中医药院校规划教材（第十一版）

主　编

赵宗江（北京中医药大学）　　　　　高碧珍（福建中医药大学）

副主编

窦晓兵（浙江中医药大学）　　　　　许　勇（成都中医药大学）

王　淳（辽宁中医药大学）　　　　　王志宏（长春中医药大学）

张小莉（河南中医药大学）

编　委（以姓氏笔画为序）

王艳杰（黑龙江中医药大学）　　　　王晓玲（天津中医药大学）

王睿睿（云南中医药大学）　　　　　田　原（山东中医药大学）

成细华（湖南中医药大学）　　　　　孙　媛（大连医科大学）

李　军（陕西中医药大学）　　　　　何建新（甘肃中医药大学）

宋　强（山西中医药大学）　　　　　宋小青（河北北方学院）

张　韧（广州中医药大学）　　　　　张　凯（安徽中医药大学）

张国红（河北中医学院）　　　　　　陈向云（贵州中医药大学）

林　晴（福建中医药大学）　　　　　赵丕文（北京中医药大学）

徐云丹（湖北中医药大学）　　　　　黄佩蓓（江西中医药大学）

黄愉淋（广西中医药大学）　　　　　詹秀琴（南京中医药大学）

霍春月（首都医科大学）

学术秘书

胡秀华（北京中医药大学）

匡海学（黑龙江中医药大学教授、教育部高等学校中药学类专业教学指导委员会主任委员）

吕志平（南方医科大学教授、全国名中医）

吕晓东（辽宁中医药大学党委书记）

朱卫丰（江西中医药大学校长）

朱兆云（云南中医药大学教授、中国工程院院士）

刘　良（广州中医药大学教授、中国工程院院士）

刘松林（湖北中医药大学校长）

刘叔文（南方医科大学副校长）

刘清泉（首都医科大学附属北京中医医院院长）

李可建（山东中医药大学校长）

李灿东（福建中医药大学校长）

杨　柱（贵州中医药大学党委书记）

杨晓航（陕西中医药大学校长）

肖　伟（南京中医药大学教授、中国工程院院士）

吴以岭（河北中医药大学名誉校长、中国工程院院士）

余曙光（成都中医药大学校长）

谷晓红（北京中医药大学教授、教育部高等学校中医学类专业教学指导委员会主任委员）

冷向阳（长春中医药大学校长）

张忠德（广东省中医院院长）

陆付耳（华中科技大学同济医学院教授）

阿吉艾克拜尔·艾萨（新疆医科大学校长）

陈　忠（浙江中医药大学校长）

陈凯先（中国科学院上海药物研究所研究员、中国科学院院士）

陈香美（解放军总医院教授、中国工程院院士）

易刚强（湖南中医药大学校长）

季　光（上海中医药大学校长）

周建军（重庆中医药学院院长）

赵继荣（甘肃中医药大学校长）

郝慧琴（山西中医药大学党委书记）

胡　刚（江苏省政协副主席、南京中医药大学教授）

侯卫伟（中国中医药出版社有限公司董事长）

姚　春（广西中医药大学校长）

徐安龙（北京中医药大学校长、教育部高等学校中西医结合类专业教学指导委员会主任委员）

高秀梅（天津中医药大学校长）

高维娟（河北中医药大学校长）

郭宏伟（黑龙江中医药大学校长）

唐志书（中国中医科学院副院长、研究生院院长）

彭代银（安徽中医药大学校长）

董竞成（复旦大学中西医结合研究院院长）

韩晶岩（北京大学医学部基础医学院中西医结合教研室主任）

程海波（南京中医药大学校长）

鲁海文（内蒙古医科大学副校长）

翟理祥（广东药科大学校长）

秘书长（兼）

陆建伟（国家中医药管理局人事教育司司长）

侯卫伟（中国中医药出版社有限公司董事长）

办公室主任

周景玉（国家中医药管理局人事教育司副司长）

李秀明（中国中医药出版社有限公司总编辑）

办公室成员

陈令轩（国家中医药管理局人事教育司综合协调处处长）

李占永（中国中医药出版社有限公司副总编辑）

张岠宇（中国中医药出版社有限公司副总经理）

芮立新（中国中医药出版社有限公司副总编辑）

沈承玲（中国中医药出版社有限公司教材中心主任）

编审专家组

前　言

　　为全面贯彻《中共中央 国务院关于促进中医药传承创新发展的意见》和全国中医药大会精神，落实《国务院办公厅关于加快医学教育创新发展的指导意见》《教育部 国家卫生健康委 国家中医药管理局关于深化医教协同进一步推动中医药教育改革与高质量发展的实施意见》，紧密对接新医科建设对中医药教育改革的新要求和中医药传承创新发展对人才培养的新需求，国家中医药管理局教材办公室（以下简称"教材办"）、中国中医药出版社在国家中医药管理局领导下，在教育部高等学校中医学类、中药学类、中西医结合类专业教学指导委员会及全国中医药行业高等教育规划教材专家指导委员会指导下，对全国中医药行业高等教育"十三五"规划教材进行综合评价，研究制定《全国中医药行业高等教育"十四五"规划教材建设方案》，并全面组织实施。鉴于全国中医药行业主管部门主持编写的全国高等中医药院校规划教材目前已出版十版，为体现其系统性和传承性，本套教材称为第十一版。

　　本套教材建设，坚持问题导向、目标导向、需求导向，结合"十三五"规划教材综合评价中发现的问题和收集的意见建议，对教材建设知识体系、结构安排等进行系统整体优化，进一步加强顶层设计和组织管理，坚持立德树人根本任务，力求构建适应中医药教育教学改革需求的教材体系，更好地服务院校人才培养和学科专业建设，促进中医药教育创新发展。

　　本套教材建设过程中，教材办聘请中医学、中药学、针灸推拿学三个专业的权威专家组成编审专家组，参与主编确定，提出指导意见，审查编写质量。特别是对核心示范教材建设加强了组织管理，成立了专门评价专家组，全程指导教材建设，确保教材质量。

　　本套教材具有以下特点：

　　1.坚持立德树人，融入课程思政内容

　　将党的二十大精神进教材，把立德树人贯穿教材建设全过程、各方面，体现课程思政建设新要求，发挥中医药文化育人优势，促进中医药人文教育与专业教育有机融合，指导学生树立正确世界观、人生观、价值观，帮助学生立大志、明大德、成大才、担大任，坚定信念信心，努力成为堪当民族复兴重任的时代新人。

　　2.优化知识结构，强化中医思维培养

　　在"十三五"规划教材知识架构基础上，进一步整合优化学科知识结构体系，减少不同学科教材间相同知识内容交叉重复，增强教材知识结构的系统性、完整性。强化中医思维培养，突出中医思维在教材编写中的主导作用，注重中医经典内容编写，在《内经》《伤寒论》等经典课程中更加突出重点，同时更加强化经典与临床的融合，增强中医经典的临床运用，帮助学生筑牢中医经典基础，逐步形成中医思维。

3.突出"三基五性"，注重内容严谨准确

坚持"以本为本"，更加突出教材的"三基五性"，即基本知识、基本理论、基本技能，思想性、科学性、先进性、启发性、适用性。注重名词术语统一，概念准确，表述科学严谨，知识点结合完备，内容精炼完整。教材编写综合考虑学科的分化、交叉，既充分体现不同学科自身特点，又注意各学科之间的有机衔接；注重理论与临床实践结合，与医师规范化培训、医师资格考试接轨。

4.强化精品意识，建设行业示范教材

遴选行业权威专家，吸纳一线优秀教师，组建经验丰富、专业精湛、治学严谨、作风扎实的高水平编写团队，将精品意识和质量意识贯穿教材建设始终，严格编审把关，确保教材编写质量。特别是对32门核心示范教材建设，更加强调知识体系架构建设，紧密结合国家精品课程、一流学科、一流专业建设，提高编写标准和要求，着力推出一批高质量的核心示范教材。

5.加强数字化建设，丰富拓展教材内容

为适应新型出版业态，充分借助现代信息技术，在纸质教材基础上，强化数字化教材开发建设，对全国中医药行业教育云平台"医开讲"进行了升级改造，融入了更多更实用的数字化教学素材，如精品视频、复习思考题、AR/VR等，对纸质教材内容进行拓展和延伸，更好地服务教师线上教学和学生线下自主学习，满足中医药教育教学需要。

本套教材的建设，凝聚了全国中医药行业高等教育工作者的集体智慧，体现了中医药行业齐心协力、求真务实、精益求精的工作作风，谨此向有关单位和个人致以衷心的感谢！

尽管所有组织者与编写者竭尽心智，精益求精，本套教材仍有进一步提升空间，敬请广大师生提出宝贵意见和建议，以便不断修订完善。

国家中医药管理局教材办公室

中国中医药出版社有限公司

2023 年 6 月

编写说明

　　2004 年 9 月由北京中医药大学牵头，22 所兄弟院校参编的全国高等中医药院校规划教材——《细胞生物学》，受到了广大师生的青睐和欢迎，推动了本科生和研究生教育的发展，促进了中医药科研工作的广泛开展，对提高高等中医药院校教学质量和高级中医药人才的培养具有重要的现实意义及学术价值。因此，《细胞生物学》2006 年入选教育部普通高等教育"十一五"国家级规划教材，后分别入选全国中医药行业高等教育"十二五"规划教材（2011 年）、"十三五"规划教材（2016 年）和"十四五"规划教材（2021 年）。

　　2021 年《细胞生物学》在修订完善过程中，得到了国家中医药管理局教材办公室、中国中医药出版社领导的诚心关爱，得到了北京中医药大学学校领导、教学管理处、研究生部及各参编单位相关领导的大力支持，对此共致谢忱。

　　此次教材修订完善，各位编委齐心协力、分工协作，在短短 3 个月时间内圆满完成了任务。其中，第一章绪论由赵宗江、高碧珍、王淳、霍春月负责；第二章细胞生物学技术由赵宗江、高碧珍、王淳、霍春月负责；第三章细胞的基本结构由张小莉、高碧珍、张凯、黄佩蓓负责；第四章细胞膜由宋强、王志宏、许勇、张凯负责；第五章细胞外基质由许勇、王志宏、王晓玲、田原负责；第六章细胞核由赵丕文、王淳、成细华、张韧负责；第七章细胞骨架由黄佩蓓、王淳、赵宗江、宋小青负责；第八章线粒体由高碧珍、张小莉、窦晓兵、何建新负责；第九章细胞内膜系统由李军、张小莉、詹秀琴、陈向云负责；第十章核糖体由成细华、赵宗江、张国红、孙媛负责；第十一章细胞信号转导由王志宏、赵宗江、赵丕文、孙媛负责；第十二章细胞增殖和细胞周期由王淳、窦晓兵、宋强、徐云丹负责；第十三章细胞分化由张国红、窦晓兵、许勇、黄愉淋负责；第十四章细胞的衰老与凋亡由詹秀琴、许勇、张小莉、胡秀华负责；第十五章干细胞由王艳杰、许勇、李军、林晴负责；第十六章细胞工程由窦晓兵、许勇、黄佩蓓、王睿睿负责。教材各章节分别由赵宗江、高碧珍、许勇、张小莉、王淳、王志宏和窦晓兵教授进行统稿，窦晓兵负责数字化教材内容的汇总和修订。

　　本教材供中医学、中西医临床医学、中药学、临床医学、预防医学、医学技术、口腔医学、药学等专业使用，既是本科生、八年制 / 九年制学生、硕士研究生和博士研究生的教材和参考书，也是广大科研工作者的得力助手。虽然本教材已经是第三次修订，各位编委根据学科发展及教学实践，在修订过程中付出了大量的心血，同时融入课程思政内容，但是由于细胞生物学发展迅速，研究成果日新月异，不足之处在所难免，热忱欢迎师生和读者不吝赐教，以便再版时进一步完善。

《细胞生物学》编委会

2021 年 6 月

目 录

扫一扫，查阅本章数字资源，含PPT、音视频、图片等

第一节 细胞生物学研究的内容和现状

一、细胞及细胞生物学

细胞（cell）是有机体结构和功能的基本单位，也是生命活动的基本单位。细胞学（cytology）是研究细胞生命现象的科学。其研究内容包括细胞的形态结构和功能、分裂和分化、遗传和变异以及衰老和病变等。随着近代物理、化学技术和分子生物学技术的成功应用，使细胞生物学研究从细胞整体层次和亚细胞层次深入到分子层次三个不同的水平，以动态的观点研究细胞和细胞器结构和功能、细胞生活史和探索细胞的基本生命活动，是现代生命科学前沿最活跃、最富有发展前景的分支科学之一，即所谓细胞生物学（cell biology）。细胞生物学是一门还在迅速发展中的新兴学科，从生命结构层次上看，细胞生物学介于分子生物学和发育生物学之间，它的研究内容和范畴又与二者相互衔接，相互渗透，同时与医学、农学、生物工程技术的发展均具有密切的关系。

因此，细胞生物学是一门承上启下的学科，和分子生物学一起共同成为现代生命科学的基础，其广泛渗透到了遗传学、发育生物学、生殖生物学、神经生物学和免疫生物学等的研究之中，和农业、医学、生物高新技术的发展有密切的关系，是当今生命科学中的前沿学科之一。

二、细胞生物学的主要研究内容

细胞生物学研究的内容十分广泛，从其发展的历程来看，各个不同时期都有它的研究重点，并与医学有着密切的关系。当今细胞生物学研究的内容，大致归纳为以下研究领域。

（一）细胞核、染色体以及基因表达

细胞核是遗传物质储存、复制和转录的场所，是细胞生命活动的控制中心。染色体（chromosome）位于细胞核内，由 DNA、组蛋白、非组蛋白及少量 RNA 组成，是遗传物质的载体。遗传信息由 DNA → mRNA →蛋白质传递过程中，在细胞核内转录、在细胞质中翻译，真核细胞多基因表达调控的环节赋予细胞更为复杂的功能。目前，真核基因表达转录前、转录、转录后水平和翻译、翻译后水平调控的研究正方兴未艾，将有助于深入解释生命的本质。

（二）细胞膜与细胞器

细胞膜（cell membrane）使细胞具有一个相对稳定的内环境，同时在细胞与环境之间进行的物质能量交换及信息传递过程中也起着决定作用。细胞器是细胞内具有一定形态的功能性结构，包括线粒体、内质网、高尔基体、溶酶体和液泡等膜相结构以及核糖体、中心体和细胞骨架等非膜相结构。生命科学中的许多重大问题都与细胞膜和细胞器有着重要关系，近年来细胞器结构、功能间的关联机制以及膜蛋白、分泌蛋白在膜性细胞器与细胞膜间的传递机制成为细胞生物学研究的热点问题。

（三）细胞骨架体系

细胞骨架体系是由蛋白质分子搭建起的骨架网络结构体系，包括细胞质骨架和细胞核骨架。细胞骨架在时间和空间上受细胞内外因素的调控，并随细胞的各种生理活动状态而发生动态改变。细胞骨架不仅具有保持细胞形态、维持细胞内各结构成分有序性排列的作用，而且还与细胞的多种生命活动如细胞运动、细胞增殖分裂、细胞分化、细胞的物质运输、细胞信息传递、能量转换、基因表达等密切相关。

（四）细胞增殖及其调控

细胞正常的增殖、分化与衰老维持着有机体自身的稳定，细胞周期的异常会导致这一系列过程的紊乱。细胞增殖是通过细胞周期来实现的，所以研究细胞增殖的基本规律及细胞周期的调控机制，是控制机体生长和发育的基础。目前已经发现三类细胞周期调控因子，如细胞周期蛋白、细胞周期蛋白依赖性激酶和细胞周期蛋白依赖性激酶抑制物，它们之间的相互作用调节着细胞周期的进程。随着研究的不断深入，将会发现更多的调控因子，并对调控机制有更深入的了解，这对促进生物生长与发育、抑制肿瘤发生及发展具有重大的理论意义。

（五）细胞的生长和分化

细胞生长主要指细胞体积的增大，表现为细胞干重、蛋白质及核酸含量的增加，细胞间质的增加也是细胞生长的一种形式。细胞生长受到细胞表面积与体积比、细胞核质比等因素的限制。细胞分化完成后并不是所有的细胞都有生长的过程，大多数组织器官都是通过不断地细胞分裂以增加细胞数量的方式实现器官的生长，少数细胞（如神经元细胞）是通过增大细胞体积的方式来实现生长，特别是神经元细胞轴突部分的不断伸长。

细胞分化是细胞在信号介导下引发组织特异性基因表达的过程，即同一来源的细胞逐渐分化成具有特有形态结构、生理功能和生化特征细胞群的过程，是从化学分化到形态、功能分化的过程。

（六）细胞的衰老和凋亡

细胞衰老的研究是研究生物体寿命的基础，但细胞的衰老与机体的衰老是两个相关但又不同的概念。目前有关衰老的研究已进入分子水平，如探索衰老相关基因（senescence associated gene）、癌基因或抑癌基因与细胞衰老的关系，染色体端粒与细胞衰老的关系等。通过对细胞衰老机制的研究，可望了解生物体衰老的规律，对治疗恶性肿瘤、机体早衰等疾病具有重要意义。

细胞凋亡（apoptosis）是由一系列基因控制并受复杂信号调控的细胞自然死亡现象，是生物体正常生理发育与病理过程的重要平衡因素。细胞凋亡与个体生长、发育以及疾病的发生与防治密切相关。

（七）细胞通讯和细胞信号转导

细胞信号转导是指细胞外因子通过与受体（膜受体或核受体）结合，引发细胞内一系列生物化学反应，并通过复杂的网络调控机制引起细胞各种生物学效应的过程。细胞内存在着十分复杂的信号转导网络调控系统，蛋白质与蛋白质之间的相互作用是信号网络调控的基础。因此，阐明细胞信号转导的机制对了解有机体生命活动具有极其重要的意义。

（八）干细胞及其应用

干细胞是一类具有自我复制能力的多潜能细胞，在一定条件下可以分化成各类细胞。干细胞分为胚胎干细胞和成体干细胞两类，前者为全能干细胞，后者为多能干细胞或单能干细胞。干细胞的发育受多种内在机制和微环境因素的影响。目前，人类胚胎干细胞已可以在体外培养，成体干细胞也可诱导分化为多种其他类型的细胞和组织，为干细胞的广泛应用提供了基础。尽管出于社会伦理学方面的原因，人类胚胎干细胞的研究工作在全世界范围内引起了很大的争议，但人类胚胎干细胞的研究是当前生物工程领域的核心问题之一，在医学基础研究或临床应用等方面，均具有重要的意义。

（九）细胞工程

细胞工程是细胞生物学与发育生物学和遗传学的交叉领域，也是生物工程的重要组成部分。利用细胞融合、核质移植、染色体或基因移植等技术，按照人们的设计蓝图改造细胞的某些生物学特性，并实现大规模的细胞和组织培养。利用哺乳动物体细胞克隆技术获得无性繁殖的胚胎与个体，是细胞工程最具有创新性的工作之一。

三、细胞生物学的分支学科

（一）细胞形态学

细胞形态学（cytomorphology）是研究细胞显微和亚显微形态以及生物大分子结构的科学，着重研究细胞亚显微结构，细胞器的起源、发展过程及细胞的功能。

（二）细胞化学

细胞化学（cytochemistry）是以化学方法研究细胞化学成分的定位、分布及其生理功能的科学。细胞化学的发展方向是不断引入新的化学显色方法，将细胞超微结构与局部化学成分联系起来，使细胞组分着色对比更加清晰，便于细胞精细结构的观察与定量测定。

（三）细胞遗传学

细胞遗传学（cytogenetics）主要是在细胞染色体遗传学基础上发展起来的研究细胞遗传及其变异规律的科学，它对阐明遗传和变异机制，建立动植物育种理论及发展生物进化学说，人类染色体病的诊断、治疗和预防具有重要意义。

（四）细胞生理学

细胞生理学（cytophysiology）是研究细胞生命活动规律的科学。研究细胞如何从周围环境中摄取营养，细胞能量代谢，细胞生长、分裂或其他功能活动，以及细胞对环境因素的感应性和运动性等。

（五）细胞社会学

细胞社会学（cell sociology）是从系统论的观点出发，研究细胞整体和细胞群中细胞间的社会行为（包括细胞识别、通讯和相互作用）以及整体和细胞群对细胞生长、分化和死亡等活动的调节控制的科学。

（六）分子细胞学

分子细胞学（molecular cytology）是从分子水平研究细胞与细胞器的组成以及细胞内遗传物质结构和表达调控的科学。生物学功能性的变化实质上是细胞分子结构或特性改变的结果，所以分子细胞学是细胞生物学中一个很重要的分支学科。

此外，其他分支学科还有细胞生态学（cytoecology）、细胞能力学（cytoenergetics）和细胞动力学（cytodynamics）等。

第二节　细胞生物学的发展简史

一、细胞生物学发展的萌芽时期

1665 年英国学者罗伯特·胡克（Robert Hook）用自己制造的显微镜（放大倍数为 40～140 倍）观察了软木薄片，首次描述了细胞的结构，并借用拉丁语"cellar"一词来称呼他所看到的类似蜂巢的极小的"小室"，实际上胡克只是观察到了植物死细胞的细胞壁，但用"cell"一词表述细胞，一直沿用至今。

此后不久，荷兰人列文·虎克（A.van Leeuwenhoek）于 1677 年用自己制作的显微镜，观察原生动物、人类精子、鲑鱼的红细胞、牙垢中的细菌等活细胞，这些发现奠定了细胞生物学的基础，对细胞生物学的建立做出了重要的贡献。

二、细胞学说的创立时期

在随后的 200 年中，许多学者的工作都着眼于细胞显微结构的描述，而对有机体中出现细胞的意义一直没有做出理论的概括。直到 19 世纪 30 年代，德国人施莱登（Matthias Jacob Schleiden）、施旺（Theodar Schwann）和魏尔肖（R. Virchow）共同创立了"细胞学说（cell theory）"，即一切植物、动物都是由细胞组成的；细胞是一切动植物生命活动的基本单位；一切细胞来源于原有细胞的分裂。把细胞作为生命的基本单位以及作为动植物界生命现象的共同基础的这种概念，立即得到了普遍认同。恩格斯将细胞学说誉为 19 世纪自然科学的三大发现之一。

三、经典细胞学时期

从 19 世纪中叶到 20 世纪初期，细胞学得到蓬勃发展。1839 年著名的显微解剖学家捷克人普金耶（Joannes Evangelista Purkinje）首先提出了细胞的原生质（protoplasm）这一概念，并认为这是细胞内化学成分的总称。1861 年舒尔策（Max Schultze）提出了原生质理论，认为有机体的组织单位是一小团原生质，这种物质在一般有机体中是相似的。1880 年 Hanstein 提出"原生质体"（protoplanst）的概念，即细胞是由细胞膜包围的一团原生质，分化为细胞核和细胞质。

1841 年波兰人 R.Remak 发现鸡胚血细胞的直接分裂（无丝分裂），1879 年德国人 W.Flemming 观察了蝾螈细胞的有丝分裂并于 1882 年提出了"mitosis"这一术语。后来德国人 E.Strasburger（1876~1880）在植物细胞中发现有丝分裂，认为有丝分裂的实质是核内丝状物（染色体）的形成及其向两个子细胞的平均分配。1883 年比利时人 E.van Beneden 和 1886 年德国人 E.Strasburger 分别在动物与植物细胞中发现减数分裂，至此发现了细胞分裂的主要类型。

随着显微镜原理和装置的发展，显微镜的分辨率大大提高，并在石蜡切片技术和重要染色方法的发明与建立下，相继发现了各种重要的细胞器。如 1883 年比利时人 E.van.Beneden 和德国人 T.Boveri 发现了中心体。1890 年德国人 Richard Altmann 描述了线粒体的染色方法，他推测线粒体就像细胞的内共生物，并认为线粒体与能量代谢有关。1898 年意大利人 C.Golgi 用银染法观察高尔基体。

四、实验细胞学时期

在相邻学科的渗透下，细胞学研究应用了实验的方法，其特点是从形态结构的观察深入到生理功能、生物化学、遗传发育机理的研究。由于实验研究不断同相邻学科结合、相互渗透，导致了细胞生理学、细胞遗传学、细胞化学等一些重要分支学科的建立和发展。

五、细胞生物学时期

20 世纪 50 年代以来，随着电子显微镜的广泛应用，人们对细胞超微结构诸如线粒体、高尔基体、细胞膜、核膜、核仁、染色质、染色体、内质网、核糖体、溶酶体、核孔复合体与细胞骨架体系等，进行了深入研究，为细胞生物学学科早期的形成奠定了良好的基础。20 世纪 60 年代以来，由于生物化学与细胞学的相互渗透与结合，催化了细胞生物化学这门学科的诞生，使人们对细胞结构与功能相结合的研究水平达到了前所未有的水平，逐渐认识到细胞是各生物学科的共同基础知识。20 世纪 70 年代以来，由于分子生物学技术引进细胞学的研究，为细胞生物学这门学科的最后形成与创建打下了坚实的基础。

进入 21 世纪细胞生物学这门相对年轻的学科得到了迅猛发展，主要包括 2001 年的细胞周期蛋白、2002 年的细胞衰老与凋亡机制、2009 年的端粒和端粒酶保护染色体的机理、2012 年的体细胞重编程技术、2013 年的细胞囊泡运输调控机制、2016 年的细胞自噬机制、2019 年的细胞如何感知以及对氧供应的适应性等，尤其是人类基因组序列分析的完成，以及未来诠释这些基因组结构与生物学意义的基因组学、转录组学、蛋白质组学等新型领域生命信息和新技术体系的引入，将把细胞生物学进一步带入一个快速发展的新时期。

六、我国细胞生物学的发展概况

我国 1977 年自然科学规划会议制订了第一个细胞生物学发展规划，对细胞生物学的研究机构进行了充实和调整，如原中国科学院实验生物研究所改建为细胞生物学研究所，新建了中国科学院发育生物学研究所。有条件的高等院校纷纷建立了细胞生物学研究所、研究室和教研室。在高等院校及科研院所开设了细胞生物学课程，建立了学位制度，开始培养细胞生物学专业的硕士、博士研究生，从而形成了一支从事细胞生物学的科学研究队伍。

全国细胞生物学发展规划制订以后，一些细胞生物学中的重要领域，如细胞毒作用、细胞骨架、核骨架、细胞免疫、染色体分子生物学、细胞周期及其调控等，相继开始进行了研究工作。随着新技术、新方法的不断引进，如重组 DNA 技术、杂交瘤技术、免疫荧光技术、流式细胞技术、PCR 技术、原位分子杂交及转基因技术等，并在研究工作中加以应用，从而为缩短研究周期、提高研究水平创造了条件。

随着国家及部门的细胞生物学及相关学科的重点实验室的建立，以及国家自然科学基金、攀登计划、"863 计划"及 "973 计划"等对细胞生物学学科的大力资助和支持，有力地推动了我国细胞生物学研究的迅猛发展，同时也反映了现代生命科学的发展趋势。

第三节　细胞生物学与医学科学

细胞生物学是研究细胞结构和生命活动基本规律的科学，是生命科学的重要基础。医学是生命科学的重要分支学科，是以人体为对象，研究人体疾病发生、发展以及转归的规律，从而对疾病进行诊断、治疗和预防，以达到增强人体健康、延年益寿为目的的科学。

细胞生物学的研究内容不断与医学科学结合，形成了细胞生物学的分支学科——医学细胞生物学（medical cell biology）。医学细胞生物学以揭示人体各种细胞在生理病理过程中的生命活动规律为目的，深入阐明人体各种疾病的发病机制，为疾病的诊断、治疗和预防提供理论依据和策略。

一、细胞生物学是医学科学的基础理论

医学分为基础医学与临床医学。细胞是构成人体生命系统的基本结构和功能单位。以细胞为研究对象的细胞生物学与医学科学有着密不可分的关系。细胞生物学研究涉及基础医学的解剖学、组织学与胚胎学、免疫学、生物化学、遗传学、生理学、病理学及分子生物学等几乎所有医学的基础课程。如生物化学中的蛋白质、核酸、糖蛋白等生物大分子的代谢与调节，基因的表达和调控，细胞信号的转导，细胞的异常增殖等；生理学中的物质运输、细胞信号转导等；病理学中的细胞衰老与死亡、炎症、癌变等，这些都与细胞生物学中相关物质的化学组成、结构和功能、相关细胞器的生命活动息息相关。因此，学习与掌握细胞生物学的基本理论与基本知识，可以为学好基础医学课程打下坚实的基础。

同时，细胞生物学也是临床各科的重要基础。疾病是机体在一定的条件下，受病因损伤作用后，因自稳调节紊乱而发生的异常生命活动过程。当细胞结构与功能损伤时，导致人体组织、器官结构和功能的损伤，引起疾病的发生。细胞生物学的理论知识直接用于医学对疾病的认识、治疗和预防。如 SARS 冠状病毒（SARS Coronavirus，SARS-CoV）导致的非典型肺炎，SARS 病毒是有包膜的正链 RNA 病毒，主要侵害人的肺部细胞，使人发生呼吸困难而死亡。刺突蛋白（S）是 SARS 冠状病毒的主要膜蛋白，通过与人体细胞膜上的受体结合介导病毒的侵入，病毒侵犯人体免疫系统，免疫系统释放大量的细胞趋化因子，一方面这些因子可以参与抗病毒的反应，另一方面也能造成细胞的损伤和组织功能障碍，该病来势凶猛，可爆发流行，传染性强，病死率较高。2019 年底，一种名为严重急性呼吸综合征冠状病毒 -2（severe acute respiratory syndrome coronavirus 2，SARS-CoV-2）的新型冠状病毒出现，引起了全球范围内新型冠状病毒肺炎（Corona Virus Disease 2019，COVID-19）的爆发。SARS-CoV-2 的基因组序列与其他冠状病毒

种属的相似性极高，其中与 SARS-CoV 的相似性约为 80%。SARS-CoV-2 的入侵也是通过病毒上的 S 蛋白与靶细胞表面的血管紧张素转化酶 2（angiotensin-converting enzyme 2，ACE2）受体识别，通过核内体或者溶酶体途径依赖蛋白质水解作用进入细胞。比较 SARS-CoV、SARS-CoV-2 中 S 蛋白与受体 ACE2 结合的亲和性，结果发现 SARS-CoV-2 与 ACE2 的结合亲和性是 SARS-CoV 的 10~20 倍，这可能是 SARS-CoV-2 的高致病性与广泛传播的主要原因。再如艾滋病（acquired immune deficiency syndrome，AIDS）是由 HIV 感染所致，主要侵犯 T 淋巴细胞，使 T 淋巴细胞被大量破坏，导致人体免疫力降低，发生各种难以治愈的感染和肿瘤，最终导致患者死亡。非典型肺炎、新型冠状病毒肺炎和艾滋病发病都是因为它们的病原体进入人体细胞而造成的，说明人体的某些特定细胞的受损，会影响人的生命活动。

二、细胞生物学的发展推动了医学科学的发展

细胞生物学是研究生命活动规律的基本学科，其各项研究成果与医学的理论和实践密切相关。也可以说，细胞生物学的发展推动医学科学的发展和进步；反过来，医学的实践又为细胞生物学的研究提供了经验，二者相辅相成，相互促进。例如细胞分化是由单个受精卵产生的细胞在形态结构、生化组成和功能等方面形成明显的稳定性差异的过程。干细胞可以在体外培养、传代，且保持其无限增殖能力和多向分化潜能，使人们看到了彻底修复和再生人体器官的前景。干细胞经特定因子刺激后可发育成特化的细胞，用于治疗由细胞功能障碍或组织受损引起的疾病，即细胞治疗；利用胚胎干细胞克隆人体组织器官，以治疗为目的的克隆技术，即治疗性克隆。细胞治疗是近十年来在分子生物学、分子免疫学、细胞生物学等基础上发展起来的一种治疗疾病的方法。目前干细胞已成为生命医学研究领域的热点。干细胞可以治疗许多疾病，例如利用干细胞制造脑部神经元来治疗帕金森症，制造胰岛细胞来根治糖尿病，制造心肌细胞来修补心脏，制造软骨细胞来复原关节，并开始应用于多种疾病的临床试验研究，展示了广阔的临床应用前景。2009 年，我国在国际上首次证明诱导多能干细胞（induced pluripotent stem cells，iPSCs）的真正多能性，提示 iPSCs 在细胞替代性治疗以及发病机理的研究，新药筛选以及神经系统疾病、心血管疾病等临床疾病治疗等方面具有巨大的潜在价值。

近年来，在国家政策支持和团队合作攻关下，我国细胞生物学研究领域发展迅速。在结构生物学方面，随着成像技术和构象分析技术的完善，各类大分子及活体细胞的高分辨率结构得到揭示。2016 年首次解析了呼吸链超级复合物的三维结构，为人类攻克线粒体呼吸链系统异常所导致的疾病提供了良好开端。在细胞图谱方面，绘制人体生理和病理条件下的细胞图谱将为重大疾病诊断和治疗提供新的手段。2017 年首次绘制出小鼠乙酰胆碱能神经元全脑分布图谱，在单细胞水平解析了全脑内乙酰胆碱能神经元的定位分布；同年，首次在单细胞水平上描绘了肝癌微环境中的免疫图谱，证明可能的肝癌靶点基因。这些研究进展正在改变科学研究范式和疾病诊疗模式，为重大疾病和慢性疾病的防治诊疗与药物研发提供了基础。

总之，细胞生物学与医学科学相互联系、相互渗透，起着先导和纽带作用。医学科学的诸多问题最终要从细胞、亚细胞和分子水平上加以解决。因此，细胞生物学的不断进展势必推动医学科学的蓬勃发展，反之，医学科学在实践中提出的新问题，又极大地丰富了细胞生物学的研究内容，推动细胞生物学向更深层次发展。

第二章
细胞生物学技术

　　细胞生物学的发展与物理学、化学和数学的新理论、新方法及新技术的应用息息相关。细胞生物学技术概括起来主要有显微镜技术、细胞化学技术、细胞组分分析技术和分子生物学技术等，在学习细胞生物学的同时应该对这些实验技术有所了解，本章简要介绍如下。

第一节　显微镜技术

　　显微镜是观察细胞形态结构的主要工具。根据光源不同，可分为光学显微镜和电子显微镜两大类。前者以可见光（荧光显微镜以紫外光）为光源，后者则以电子束为光源，它们分别用于细胞的显微和亚显微结构层次的研究。

一、分辨率

　　分辨率（resolution）是区分邻近两个物点最小距离的能力。分辨距离越小，分辨率就越高。一般规定：显微镜或人眼在25cm明视距离处，能清楚地分辨被检物体细微结构最小间隔的能力，称为分辨率。分辨率的大小决定于光的波长和镜口率以及介质的折射率，用公式表示为：

$R=0.61\lambda/NA$

$NA = n \cdot \sin(\alpha/2)$

　　式中：λ＝照明光源的波长；n＝介质折射率；α＝镜口角（标本对物镜镜口的张角），NA＝镜口率（numeric aperture）。镜口角总是要小于180°，所以sin（a/2）的最大值必然小于1（表2-1）。

表 2-1　介质的折射率

介质	空气	水	香柏油	α溴萘
折射率	1	1.33	1.515	1.66

　　制作光学镜头所用的玻璃折射率为1.65～1.78，所用介质的折射率越接近玻璃的越好。对于干燥物镜来说，介质为空气，镜口率一般为0.05～0.95；油镜头用香柏油为介质，镜口率可接近1.5。

　　普通光线的波长为400～700nm，因此显微镜分辨率数值是0.2μm，人眼分辨率是100 μm，所以一般显微镜设计的最大放大倍数通常为1000倍。

　　1926年德国科学家Busch发现，高速运动的电子在电场或磁场的作用下，会发生折射，并且能被聚焦，高速运动的电子流具有波动性及可折射性，这就是电子显微镜的理论基础。在此基础上经过 Ruska、Knoll 等科学家的不断努力，于 1938 年试制成功了第一代实用电子显微镜。目前电镜的极限分辨率为 0.2 nm 左右，比一般光学显微镜的极限分辨率提高了大约 1000 倍，比人眼分辨率提高了 100 万倍左右。

扫描探针显微镜（scanning probe microscope，SPM）是 20 世纪 80 年代发展起来的一项能观察物体形貌的新型显微镜，目前比较普遍应用的有扫描隧道显微镜（scanning tunneling microscope，STM）和原子力显微镜（atomic force microscope，AFM）。它们的制作原理与光镜和电镜完全不同，如扫描隧道显微镜就是利用量子力学中的隧道效应原理制作成的，是目前分辨率最高的一类显微镜。扫描隧道显微镜具有原子尺度的高分辨率，其横向分辨率达 0.1 ～ 0.2 nm，纵向分辨率达 0.001 nm。如此高分辨率的显微镜将在细胞分子生物学及纳米生物学的研究领域中发挥重要的作用。

二、光学显微镜技术

（一）普通光学显微镜

光学显微镜（light microscope）主要由机械部分、照明部分和光学部分三部分组成（图 2-1）。机械部分是显微镜的支架，包括镜筒、镜柱、镜座、物镜转换器及调焦装置。光学显微镜是以日光为光源，其照明部分包括反光镜、聚光器及光阑，可对入射光线进行集光并调节其强弱。光学部分包括物镜和目镜，是光学放大系统，光镜的总放大倍数为物镜和目镜放大倍数的乘积，一般约 1000 倍，由于受光波衍射效应的限制，光镜的分辨率为 0.2μm。

生物样品经过固定、包埋、切片和染色处理后才能观察到其微细结构。在光学显微镜下所见的结构，称为显微结构（microscopic structure）。

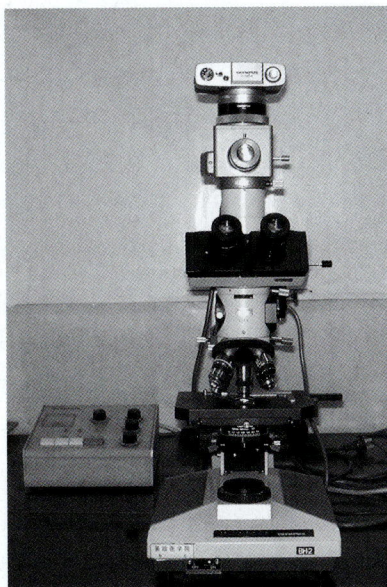

图 2-1　奥林巴斯显微镜（引自赵宗江，2003）

（二）荧光显微镜

荧光显微镜（fluorescence microscope）是以紫外线为光源来激发生物标本中的荧光物质，产生能观察到的各种颜色荧光的一种光学显微镜，利用它可研究荧光物质在组织和细胞内的分布（图 2-2）。

生物样标本中，某些细胞内的天然物质如叶绿素，经紫外线照射后能发出可见光线，即荧光（fluorescence），这种由细胞本身存在的物质经紫外线照射后发出的荧光称自发荧光。另一些细胞内成分经紫外线照射后不发荧光，但若用荧光染料进行活体染色或对固定后的切片进行染色，则在荧光显微镜下也能观察到荧光，这种荧光称诱发荧光。如吖啶橙能对细胞 DNA 和 RNA 同时染色，显示不同颜色的荧光，DNA 呈绿色，RNA 呈红色。荧光染料和抗体能共价结合，被标记的抗体和相应的抗原结合形成抗原抗体复合物，经激发后发射荧光，可观察了解抗原在细胞内的分布。

与普通显微镜相比，荧光显微镜主要有以下特点：

（1）荧光显微镜一般采用弧光灯或高压汞灯作为紫外线发生的光源。

（2）使用互补滤光片——激发滤光片和阻断滤光片。①激发滤光片位于荧光光源和待测标本之间，产生短波的单色光激发标本发出荧光。②阻断滤光片位于目镜和标本之间，作用是阻断短波的激发光，只透过长波的荧光光线，以防伤害到观察者的眼睛。

（三）相差显微镜

普通光学显微镜观察染色的生物标本结构，主要是利用光线通过染色标本时其波长和振幅的差别来观察标本的微细结构。而活细胞和未经染色的生物标本，当光线通过时，光的波长和振幅变化不大，所以普通光学显微镜无法观察到。但光线在通过生物标本时除了波长和振幅的变化外，还有相位的差异，这种相位的差异，人眼无法分辨，只有将相位差转变成振幅差时，才能被人眼分辨出来。

相差显微镜（phase contrast microscope）是在普通光学显微镜基础上，分别在物镜后焦面上添加一个相差板、在聚光镜上增加一个环状光阑，将通过标本不同区域光波的光程差（相位差）转变为振幅差（明暗差），从而使活细胞或未经染色的标本内各种结构清晰可见。

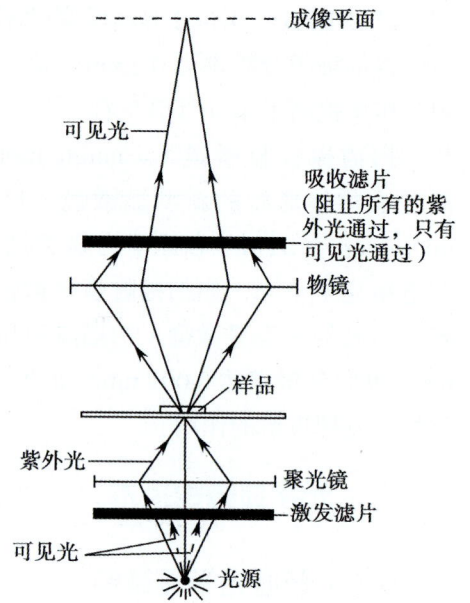

图2-2　荧光显微镜光路图解

来自光源的光通过紫外激发装置，紫外线诱发样品上的荧光物质发射荧光，然后通过过滤板，除去紫外光，而允许荧光通过，并最后成像

观察活的培养细胞的结构常用倒置相差显微镜（inverted phase contrast microscope），与一般相差显微镜不同的是，它的光源和聚光镜装在载物台的上方，相差物镜在载物台的下方。利用这种装置可清楚地观察到贴附在培养瓶底上的细胞活动，如细胞分裂、细胞迁移运动等过程。

（四）暗视野显微镜

暗视野显微镜（dark field microscope）是利用暗视野聚光器代替普通光学显微镜上的聚光器或用中央遮光板遮去中央光束的照明法，使照明光线不能直接进入物镜，因而视野的背景是暗的，只有经过标本散射的光线才能进入物镜被放大，在黑暗背景中呈现明亮的图像。这种显微镜虽然对物体内部结构看不清，但却可以提高分辨率，能观察到 0.004～0.2 μm 的微粒子的存在和运动。因此适合用来观察活细胞内某些细胞器如线粒体、细胞核以及液体介质中未染色的细菌、真菌、霉菌及血液中的白细胞等的运动。

（五）激光扫描共焦显微镜

激光扫描共焦显微镜（laser scanning confocal microscope，LSCM）是20世纪80年代伴随计算机技术而发展起来的一种新型的显微镜。它是在荧光显微镜成像基础上加装了激光扫描装置，利用计算机进行图像处理，应用激光激发荧光，得到细胞内部微细结构的荧光图像。激光扫描共聚焦显微镜利用特定波长的激光经照明针孔形成点光源，对标本内物镜焦平面上的一点照射，检测器仅仅收集来自该聚焦平面的荧光。这样，去除了荧光信号的互相干扰，分辨率较普通荧光显微镜提高约 1.4 倍，大大改善了成像质量。激光扫描共聚焦显微镜可毫无损伤地检测未经染色处理的活体组织细胞。

由于检测的焦平面厚度只有几百纳米，直径十几微米的细胞可被分成几十层分别成像，因此，又被称为细胞 "CT"。分层扫描后的三维重建，有利于了解细胞的表面抗原、功能蛋白、细胞骨架、亚细胞结构的分布以及与功能的关系。这种三维的形态研究以及形态研究与代谢、功能研究的结合，是其他研究工具所不能比拟的。利用该技术可以观察细胞内 Ca^{2+} 的分布、胞质中的细胞骨架纤维的网状结构、细胞核内染色体的排列等图像。

三、电子显微镜技术

（一）透射电子显微镜

透射电子显微镜（transmission electron microscope，TEM）的成像原理与光镜显微镜不同（图2-3），它是用电子束作光源，用电磁场作透镜。电子束的波长要比可见光和紫外光短得多，并且电子束的波长与发射电子束的电压平方根成反比，也就是说电压越高波长越短。当电子束透射样品时，由于样品不同部位对入射电子具有不同散射度，而形成不同电子密度（即浓淡差）的高度放大图像，最后显示在荧光屏上或记录在照相感光胶片上。因为电子波的波长远比光波的波长短，所以电镜的分辨本领比光学显微镜显著提高，其分辨率可达 0.2nm。由于电子束的穿透力很弱，因此用于电镜的标本须制成厚度约 50nm 左右的超薄切片（表 2-2）。这种切片需要用超薄切片机（ultramicrotome）制作。电子显微镜的放大倍数最高可达近百万倍，由电子照明系统、电磁透镜成像系统、真空系统、记录系统以及电源系统五部分构成。

目前已能在电镜照片上直接看到生物大分子的粗糙轮廓。透射式电镜主要用于观察和研究细胞内部细微结构。进行透射电子显微镜观察时最基本的制片技术是超薄切片术，切片厚度是40 ～ 50 nm。切片可以单染，也可以双重染色，以增大反差。同时，也可以通过负染色技术控制电镜的分辨率，通过冷冻蚀刻技术观察细胞断裂面处的结构。

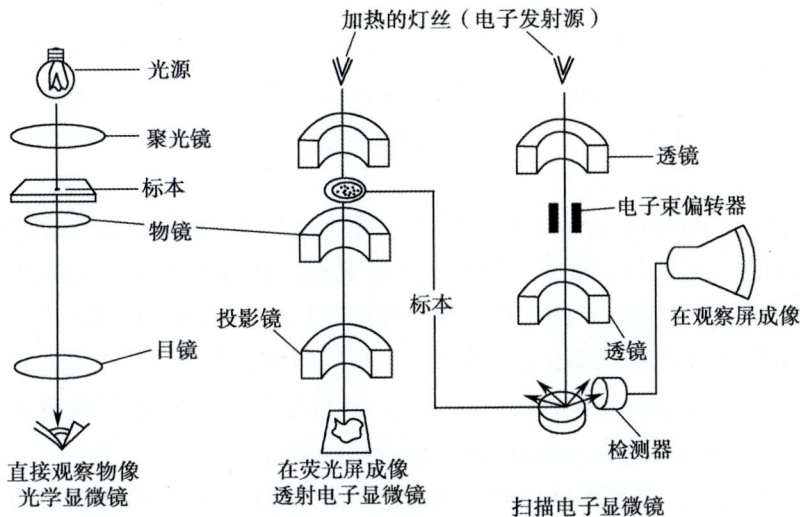

图 2-3 光镜、透射电镜和扫描电镜主要特征示意图（引自 B.Alberts et al，1989）

表 2-2 不同光源的波长

名称	可见光	紫外光	X 射线	α 射线	电子束	
					0.1kV	10kV
波长（nm）	390~760	13~390	0.05~13	0.005~1	0.123	0.0122

（二）扫描电子显微镜

扫描电子显微镜（scanning electron microscope，SEM）中电子枪发射出的电子束，经过几组电磁透镜将电子束缩小为约 0.5nm 的电子探针并冲击样品表面，激发出次级电子，即二次电子。二次电子的信号被收集、转换和放大后送至阴极射线管，在某一点上成像。在电子束行进的途中有一组电子偏转系统，可使电子探针在样品表面按一定顺序扫描，且这一扫描过程与阴极射线管的电子束在荧光屏上的移动同步，这样，当电子探针沿着标本表面一点一点移动时，标本表面各点发射的二次电子所带的信息量加在阴极射线管的电子束上，在荧光屏上就扫描出一幅反映样品表面形态的立体图像。通过照相可把图像记录下来。

一般扫描电镜的分辨率为 3nm，近年研制的低压高分辨扫描电镜分辨率可以达到 0.7nm，可以观察核孔复合体等更精细的结构。扫描电子显微镜扫描样品在干燥前需要用戊二醛和锇酸等临界温度和压力都较低的有机溶剂作媒介进行固定。干燥后在观察前还需喷镀一层金属薄膜，增加样品的导电性能，防止电荷积累，保持样品表面不皱缩、不塌陷，以得到良好的二次电子信号。

第二节　细胞化学技术

细胞化学技术（cytochemistry technique）是在保持细胞结构完整的基础上，利用某些化学物质可与细胞内某种成分发生化学反应，而在局部形成有色沉淀的原理，对细胞的化学成分进行定性、定位和定量的研究，目的是研究细胞乃至细胞器的结构与代谢变化的一种技术。该技术包括酶细胞化学技术、免疫细胞化学技术、放射自显影技术等内容。

一、酶细胞化学技术

酶（enzyme）是一种生物体内高效催化各种化学反应的特异性生物催化剂，主要由蛋白质构成。生命活动离不开酶的催化作用，通过酶的催化作用调节机体内物质代谢有条不紊地进行。酶促反应具有高效性、高度特异性及可调节性。细胞内有很多酶，它们在细胞内的分布都有其特定部位。

酶细胞化学技术（enzyme cytochemistry）就是用组织化学的分析方法证明组织细胞中酶的存在，研究酶的定性、定位和定量的一种技术。自 Klebs 于 1868 年首次采用这一方法显示组织中的过氧化物酶以来，已近 150 年的历史，至今能用此技术显示的酶有 200 多种，已广泛应用于组织细胞代谢、细胞类型判定、细胞定位等研究。早期的酶细胞化学工作是在光学显微镜上进行的，称为酶组织化学（enzyme histochemistry）。自 20 世纪 60 年代开始用电镜观察酶的分布，称电镜酶细胞化学（electron microscopic enzyme cytochemistry）。

酶组织化学反应主要经过酶促反应和显色反应两步。操作时将具有酶活性的组织切片或细胞涂片放入含有相应酶作用底物和辅助剂并具有所需 pH 值的孵育液中，在适宜温度下进行孵育反应。根据酶催化反应的性质，可将酶细胞化学反应分为水解酶、氧化还原酶、裂解酶、合成酶和异构酶六大类，电镜酶细胞化学中应用较多的是水解酶和氧化还原酶等。

二、免疫细胞化学技术

免疫细胞化学（immunocytochemistry）又称免疫组织化学（immunohistochemistry），是用标记的抗体（或抗原）追踪抗原（或抗体），经过组织化学的呈色反应后，用显微镜或电子显微镜观察，在原位上确定细胞或组织结构的化学成分或化学性质。凡能作抗原或半抗原的物质，如蛋白质、多肽、核酸、酶、激素、磷脂、多糖、受体及病原体等都可用特异性抗体在组织或细胞内用免疫组织化学手段检出或研究。免疫组织化学抗体与抗原特异性结合的信号有荧光素、酶标或金属颗粒标记等。根据这些显示手段，大致可分为免疫荧光技术、免疫酶标技术及免疫金属标记技术，其中以免疫酶标技术最为常用。

光镜水平的免疫标记工作开始于 20 世纪 40 年代，电镜水平上进行细胞内抗原定位工作始于 20 世纪 70 年代，随着新一代的包埋介质和标记物的问世及冷冻切片技术的应用，使电镜的免疫细胞化学技术大大推广，并应用于细胞生物学、组织学和病理学等多方面的研究工作中。

三、放射自显影技术

放射自显影技术（radioautography，autoradiography）是利用放射性同位素（如 ^3H、^{14}C、^{32}P、^{125}I）所发射的带电粒子来标记生物分子，并引入机体或细胞中，从而显示出标本中放射性物质所在的位置和所含的数量，这种方法称为放射自显影。该技术创立于 20 世纪 20 年代，最初是应用于临床的人体放射自显影。当时采用 X 光片作为感光材料。于 1946 年由 Belanger 和 Leblond 采用核子乳胶作为感光材料，用光镜对含放射性同位素的组织切片进行放射性同位素示踪研究，即光镜放射自显影技术。随后于 1956 年 Liquer 和 Milward 将放射自显影技术与电镜技术相结合，创立了电镜放射自显影术，该技术由细胞水平向亚细胞水平发展，开拓了新的应用范围。

由于有机大分子均含有碳、氢原子，故实验室一般常选用 ^{14}C 和 ^3H 标记。^{14}C 和 ^3H 均为弱放射性同位素，半衰期长，^{14}C 半衰期为 5730 年，^3H 为 12.5 年。一般常用 ^3H 胸腺嘧啶脱氧核苷（^3H–TDR）来显示 DNA，用 ^3H 尿嘧啶脱氧核苷（^3H–UDR）显示 RNA；用 ^3H 氨基酸研究蛋白质，研究多糖则用 ^3H 甘露糖、^3H 岩藻糖；用 ^{125}I 标记示踪，以了解甲状腺素的合成和运送过程等。

放射自显影技术能揭示细胞分子水平的动态变化，使之成为显微镜下可见的形态，并可以进行定位和定量分析。它是研究机体细胞代谢状态和动态变化过程的重要手段，是生物学和医学科学研究中广泛应用的一项技术。

第三节　细胞组分分析技术

利用光学显微镜和电子显微镜技术可以确定细胞及其内部各细胞器或大分子的分布，但要对细胞或细胞内的组分进行深入了解，必须对这些成分进行生物化学分析。这种细胞组分分析应首先从组织中分离纯化出细胞，再从细胞中分离出有关组分，进而进行相关的分析研究。

一、流式细胞术

流式细胞计量术（流式细胞术）（flow cytometry）是用流式细胞仪（flow cytometer，FCM），集激光、光电测量、计算机技术为一体，运用荧光化学、免疫荧光技术进行细胞测量和分选的一门技术（图 2-4）。其原理是悬浮在液体中的分散细胞一个个地依次通过测量区，当每个细胞通过测量区时产生电信号，这些信号可以代表荧光、光散射、光吸收或细胞的阻抗等。这些信号可以被测量、存贮、显示，于是细胞的一系列重要的物理特性和生化特征就被快速、大量地测定出来。

标本来源可以是血液、尿液、细胞培养液、胸水、腹水、灌洗液、新鲜实体瘤及活检组织标本、石蜡固定标本等。可同时测定细胞大小，DNA、RNA 含量，细胞表面抗原表达，癌基因蛋白，pH 值、Ca^{2+} 浓度等。由于其应用广泛，已成为当前细胞生物学、免疫学、肿瘤学、血液学、遗传学、病理学、临床检验学特别是血液病诊疗的重要工具。

流式细胞术是对悬液中的细胞或细胞器进行快速测量，测量速度可达每秒钟数千个乃至数万个。可与显微镜相互补充。显微镜可以研究组织的结构、细胞定位和荧光在细胞中的分布；而多数流式细胞术是一种"零分辨率"的仪器，它只能测量一个细胞的总核酸、总蛋白等，而不能测量出细胞某一特定部位的核酸与蛋白。但流式细胞术在对细胞群体或组成群体的亚群进行定量分析时，具有其他手段无法比拟的优越性，能对细胞进行分选，也可以检测细胞及其组分的多种参数，包括结构参数和功能参数。

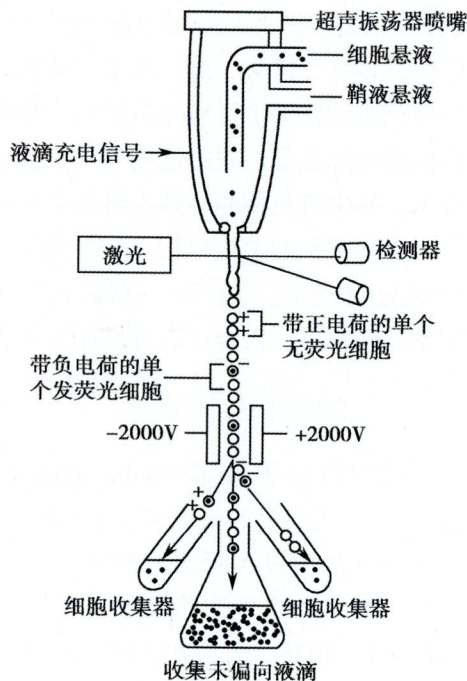

图 2-4   流式细胞仪分选示意图（引自宋今丹等，1993）

当一个细胞通过激光束时，细胞所发出的荧光被检测器测出，仪器使带有荧光细胞的小水滴充电。液滴下流两个高压电极时，充电的小水滴就偏向相反电荷的极侧，不带电的小水滴不偏向，这样就将所需细胞从样品中分选出来

二、细胞分级分离术

细胞分级分离（cell fractionation）方法是研究细胞内细胞器和其他各种组分的化学性质和功能的一种主要方法。可分为匀浆、分级分离和分析三个步骤。匀浆是在低温条件下，将组织材料置于匀浆液中采用物理或化学方法破碎悬浮液中的组织内细胞，如低渗超声震荡、研磨等方法，将细胞膜破坏，却又使所要研究的细胞器及其他成分保留下来。然后用不同方法及不同转速的离心机（高速或超速离心机）将细胞匀浆离心，在离心力的作用下，将细胞内各种细胞器及化学成分区分开来，最后对所获得的成分进行分析，以深入了解其化学组成及功能等方面的信息。

离心方法可归纳为以下两种：①沉降速度法。它包括差速离心法和速率区带离心法。该法主要根据颗粒大小、形状不同进行分离。②等密度离心。有离心自成密度梯度离心法和预制梯度离心法二种。该法是以颗粒密度差为基础进行分离的，与颗粒的大小、形状基本无关。

（一）差速离心法

差速离心法（differential centrifugation）是指由低速到高速逐级分离的方法。如对所需逐级分离的细胞匀浆先用低速离心沉淀大的颗粒，然后将未沉淀的悬浮液颗粒小心吸出，再以更高的转速使较大的颗粒沉淀，这样逐步增加转速，可分级提取出不同大小、形状的细胞内各成分。如可用于全血分离，先将血细胞与血浆分开，再从血浆中提取蛋白质，或从乙肝阳性血浆中提取表面抗原等。但该法分辨率不高，即在同一数量级内不同沉降系数的各种颗粒不易分开。故本方法一般用于其他分离方法前的粗制品的提取。

（二）密度梯度离心法

密度梯度离心（density gradient centrifugation）是一种带状离心法，可达到更精细的离心效果。每一物质都有自身的密度，在离心过程中，当颗粒密度（Pp）等于介质密度（Pm）时，颗粒就悬浮于介质中不移动，这就是等密度离心法的基本原理。其基本要点是使离心溶液形成密度梯度来维持重力的稳定性以抑制对流。为造成连续或不连续增高的密度梯度，其密度范围与待分离组分的密度要大致相等。这需要向溶液中加入第三种成分，如甘油、蔗糖和盐类（CsCl 等）。待分离的组分密度在梯度密度范围内，经一定时间的离心后，不同密度的组分分别集中在某一密度带中而得到分离。密度梯度离心有蔗糖密度梯度离心和 CsCl 密度梯度离心。

第四节　细胞工程技术

细胞工程技术众多，主要有细胞培养、细胞融合、核质移植、基因转移和染色体操作等。本节重点介绍细胞培养和细胞融合。

一、体外细胞培养技术

细胞培养（cell culture）是指从活体中取出小块组织，分离细胞，在一定条件下进行培养，使之能继续生存、生长，甚至增殖的一种方法。其开始于 20 世纪初，到 20 世纪 60 年代，技术发展成熟，至今已成为生物、医学研究和应用中广泛采用的技术方法。利用动物细胞培养生产具有重要医用价值的酶、生长因子、疫苗和单抗等。

细胞培养具有实验周期短、技术要求相对简便、取材容易等优点，所以它应用较为广泛，涉及细胞生物学、生物化学、临床检验学等各个领域，是一项十分重要的技术。近年来细胞生物学一些细胞工程技术的建立和一系列理论的研究，如细胞周期与调控、基因表达与调控、细胞全能性的揭示、癌变机理与抗衰老的研究、细胞杂交等都是与细胞培养技术分不开的。

（一）细胞培养的条件

细胞培养的全过程必须在无菌的环境下进行。无菌室一般包括缓冲间和操作间两部分。操作间里有供无菌操作的超净工作台、观察培养细胞的倒置显微镜、小型离心机、复苏细胞用的水浴锅及培养细胞所用的培养箱。培养箱中充填二氧化碳的目的是用来缓冲和维持细胞培养基的 pH 值。细胞生长的营养物质由培养基供给，培养基里含有细胞所需要的氨基酸、维生素和微量元素等，有时还需要添加一些天然的生物成分，如血清。血清含有许多生长因子，促进细胞增殖。不同的细胞培养时需要不同的培养基。

（二）细胞培养的主要方式分为原代培养和传代培养

体外培养的动物细胞可分为原代细胞（primary culture cell）和传代细胞（subculture cell）。原代细胞是指从机体取出后立即培养的细胞，如将实体组织（肝、肾等）剪碎并用胰酶消化后的细胞悬液直接进行肝细胞和肾小管上皮细胞的培养。对直接从体内获取的组织或细胞进行首次培养，称为原代培养（primary culture）。当原代细胞经增殖达到一定密度后，将细胞分散，从一个培养器以一定比例转移到另一个或几个容器中扩大培养，为传代培养（secondary culture）。来源于人和动物正常组织的细胞，在体外传代次数一般不超过 50 代。

二、细胞融合技术

（一）细胞融合

细胞融合（cell fusion）又称细胞杂交（cell hybridization）。它是细胞彼此接触时，两个或两个以上细胞合并形成一个细胞的过程。在自然情况下体内或体外培养的细胞发生融合的现象，称为自然融合，如受精过程是一种典型的自然细胞融合现象。在体外可用人工方法促使相同或不同细胞间发生融合，称为人工诱导融合。它是 20 世纪 60 年代发展起来的一项新技术。

两个细胞融合后，可形成双核或多核的细胞，含两个不同亲本细胞核的细胞称为异核体（heterokaryon）；含同一亲本细胞核的细胞称为同核体（homokaryon）；自发的动物细胞融合的发生频率很小。用灭活的病毒，如仙台病毒，或用乙二醇处理，可人工促使细胞融合。若细胞融合后的异核体进行有丝分裂，则可产生杂种细胞（hybrid cell），并且可以通过筛选培养等方法，筛选出所需的各种杂种细胞。在种内杂交的例子中，凡是亲本细胞亲缘关系比较近的，则所得的杂交细胞的核型比较稳定，在连续培养中染色体丢失的速度很慢。但在人和鼠杂交细胞中，人的染色体丢失得很快。

（二）单克隆抗体技术

单克隆抗体技术是细胞杂交技术的成功应用，正常淋巴细胞（如小鼠脾细胞）具有分泌抗体的能力，但不能在体外长期培养，瘤细胞（如骨髓瘤）可以在体外长期培养，但不分泌抗体。于是英国科学家 Kohler 和 Milstein 1975 年利用杂交瘤技术，将 B 淋巴细胞与小鼠骨髓瘤细胞杂交融合，杂交后的细胞既具有 B 淋巴细胞分泌特异抗体的功能，又具有小鼠骨髓瘤细胞在体外可无限增殖的特性，因此可以不断地从细胞培养上清液中获取单克隆抗体。

单克隆抗体技术可以从产生各种不同抗体的各种杂交瘤混合细胞群体中筛选出产生特异抗体的杂交瘤细胞株，因而可以用不纯的抗原分子制备纯一的单克隆抗体。单克隆抗体技术与基因克隆技术相结合为分离和鉴定新的蛋白质和基因开辟了一条广阔的途径，同时单克隆抗体对抗原的定位、纯化是一种很好的手段，作为诊断试剂为疾病的研究和防治开辟了新的途径。

第五节　分子生物学技术

20 世纪 70 年代以来，随着分子生物学各种技术的迅速发展，细胞生物学领域应用分子生物学方法，如原位分子杂交技术、PCR 反应技术等研究生物大分子的结构和功能，本节予以简单介绍。

一、原位分子杂交技术

原位杂交组织化学（in situ hybridization histochemistry，ISHH）或称原位核酸分子杂交（简称原位杂交）（in situ hybridization，ISH），是应用特定标记的已知核酸探针与细胞涂片或组织切片上的组织或细胞中待测的核酸按碱基配对的原则进行特异性结合，形成杂交体，然后再应用与标记物相应的检测系统，在核酸原有的位置进行细胞内定位的方法。

原位杂交的基本原理是将含有互补碱基序列的 DNA 或 RNA 探针，与细胞内的 DNA 或 RNA 形成稳定的杂交体。核酸分子杂交的基础是核酸双链之间互补碱基通过非共价键形成稳定的双链区。杂交分子的形成并不要求两条单链的碱基顺序完全互补，所以不同来源的核酸单链只要彼此之间有一定程度的互补碱基，就可以形成具有一定稳定程度的杂交双链。根据所用核酸探针种类和靶核酸的不同，原位杂交可分为 DNA–DNA 杂交、DNA–RNA 杂交和 RNA–RNA 杂交。核酸探针根据标记方法的不同可分为放射性探针和非放射性探针两类。放射性探针半衰期长，既污染环境，又对人体有害，因此非放射性探针——生物素，尤其是地高辛（digoxigenin，DIG）标记探针以其分辨敏感性高、安全、方便、耗时少，已有取代之势，逐渐成为分子生物学核酸分析技术的重要手段。

根据探针标记物是否可直接被检测，原位杂交又分为直接法和间接法两种。直接法所用的核酸探针是用放射性同位素、荧光和某些酶来标记，杂交后各自通过放射自显影、荧光显微镜或通过某些酶催化的显色反应来检测探针和靶核苷酸链形成的杂交双链。间接法所用核酸探针是用半抗原标记，最后通过免疫组织化学对半抗原定位，间接显示探针和靶核苷酸链形成的杂交体，再结合图像分析及分子生化技术，从而使杂交体得以实现对细胞定性、定位、定量分析。

二、PCR 反应技术

聚合酶链反应（polymerase chain reaction，PCR），简称 PCR 反应技术，又称体外基因扩增技术。是 Mullis 在 1983 年发明并逐渐发展起来的一种新的分子生物学技术。其原理类似体内天然 DNA 复制机制。主要利用耐热 DNA 聚合酶依赖于 DNA 模板的特性模仿体内 DNA 复制过程。利用人工合成的一对引物，在被扩增 DNA 模板链的两端形成双链，由 DNA 聚合酶催化一对引物之间的聚合反应。人工合成的这对引物的序列是依据被扩增 DNA 的两侧边界序列确定，每一条引物分别与相对应的一条被扩增 DNA 链互补。

该技术在基础医学、临床医学研究和临床诊断上，是一种应用最为广泛和普遍的技术。它可以用于合成基因，DNA 序列测定，基因结构分析，基因表达水平测定以及遗传性疾病、病毒感染、细菌、寄生虫等疾病的诊断。

三、基因敲除与敲入技术

基因敲除（gene knock out），是指对一个结构已知但功能未知的基因，从分子水平上设计实验，将该基因去除，或用其他序列相近基因取代，然后从整体观察实验动物，推测该基因的功能。这与早期生理学研究中常用的切除部分–观察整体–推测功能的三步曲思想相似。基因敲除除可中止某一基因的表达外，还包括引入新基因及引入定点突变。既可以是用突变基因或其他基因敲除相应的正常基因，也可以用正常基因敲除相应的突变基因。相反，应用基因同源重组，将外源有功能的基因，转入细胞与基因组中的同源序列进行同源重组，插入到基因组中，在细胞内获得表达，称基因敲入（gene knock in）。

基因敲除或敲入的转基因动物在医学研究中有重要应用价值。① 通过同源重组产生目标基因缺失或失活的转基因动物是研究基因功能的重要方法，已得到广泛应用。它不仅可以确定被敲除的基因在体内代谢过程中的作用，还可确定被敲除基因在分化、发育、生存等过程中的作用和必要性。② 转基因动物可以作为疾病模型。例如，敲除某种与原发性高血压、动脉粥样硬化相关基因的转基因动物，观察其在动脉粥样硬化和原发性高血压形成、发展过程中的作用。③ 可以用于药物筛选的动物模型。④ 转基因动物可作为"生物反应器"生产药物等。

2018 年，世界首批生物节律紊乱体细胞克隆猴模型在中国诞生。我国科学家首次应用 CRISPR/Cas9 基因编辑技术，敲除了生物节律核心基因 BMAL1，获得了一批 BMAL1 缺失的生物钟紊乱严重程度不同的猕猴。在此基础上，他们采集了一只睡眠紊乱症状最明显的 BMAL1 敲除猕猴的体细胞，通过克隆技术，获得了 5 只 BMAL1 基因敲除的克隆猴。该研究成果填补了生物节律紊乱研究高等动物模型的空白，为其他非人灵长类疾病模型（免疫缺陷疾病、内分泌紊乱、肿瘤等）的建立、发病机制的研究和药物的研发奠定了良好的基础。

苏格兰 PPL 治疗公司的 Alexander Kind 利用基因敲入技术，成功地培育出两只绵羊：丘比特和黛安娜。它们携带有标记基因，其中一只带有一种治疗蛋白质的基因，而这些基因是在绵羊细胞染色体的特定位置被"敲入"的。另外，该研究小组在牛和猪的细胞中成功地使用了同样的技术，培育"敲入"猪，这种猪携带的一种蛋白质可帮助人体免疫系统接受移植的猪器官。显示了基因敲除和敲入新技术在基础理论研究及实际应用中的广阔发展前景，可能成为 21 世纪遗传工程中的又一重大飞跃。

四、高通量测序技术

高通量测序技术堪称 DNA 序列分析技术发展史上的一个重要里程碑。该技术可以对数万个 DNA 分子进行同时测序，使得对一个物种或者个体的转录组和基因组进行全面细致的分析成为可能，因此将其称为下一代测序技术（next generation sequencing，NGS）或者深度测序（deep sequencing）。

DNA 常规测序的原理，是基于 F.sanger 建立的双脱氧链末端合成终止法，即在 DNA 合成体系中，以单链 DNA 为模板，利用一定比例的 4 种 3′ - 双脱氧核苷三磷酸（ddNTP）代替部分脱氧核苷三磷酸（dNTP）作为底物，一旦脱氧核苷三磷酸掺入到合成的 DNA 链时，由于核糖的 3′ 位碳原子上不能合成羟基，无法与下一个核苷酸反应形成磷酸二酯键，导致正在延伸的 DNA 终止。目前最常用的是四色荧光自动化测序技术。用四种发出不同颜色荧光的荧光素分别标记 4 种 ddNTP，以一定的比例与 4 种无标记 dNTP 混合，在同一反应管中用单项引物进行 DNA 链延伸反应，带荧光素标记的某一 3′ - 双脱氧核苷三磷酸在掺入 DNA 片段导致合成终止的同时，使该片段 3′ 端标上了这种特定的荧光素。同一反应管中大量模板 DNA 经过 20 ~ 30 循环的单向延伸反应，最终会产生许多仅相差一个单核苷酸的不同长度的单链 DNA 片段混合物，每个 DNA 片段 3′ 末端的最后一个 ddNTP 决定了该片段发出的荧光颜色。高通量测序与普通的 DNA 测序相比，测序反应以大规模陈列方式排列，边合成边测序。高通量测序技术与生物信息学技术联合，通过对获得的数据深入分析，可大大加深对复杂基因调控系统的网络结构和相互作用方式的认识。

细胞是生命的基本结构和功能单位，其物质基础是无机化合物和有机化合物。有机化合物是指有机小分子和生物大分子，如核酸、蛋白质和糖类等。所有的细胞由一个共同的祖先细胞进化而来，从进化角度，可将细胞分为原核细胞（prokaryotic cell）和真核细胞（eukaryotic cell）两大类。原核细胞结构简单，而真核细胞则高度进化，出现了典型的细胞核和各种细胞器。

第一节　细胞的分子基础

组成细胞的物质称为原生质（protoplasm），又称生命物质。不同细胞的原生质在化学成分上虽有差异，但其化学元素基本相同，大约有 60 种，其中主要是 C、H、O、N 四种元素，其次为 S、P、Cl、K、Na、Ca、Mg、Fe 等，上述 12 种宏量元素占细胞总量的 99.9% 以上。此外，在细胞中还含有数量极少的微量元素，如 Cu、Zn、Mn、Mo、Co、Cr、Si、F、Br、I、Li、Ba 等。这些元素并非单独存在，而是相互结合，以化合物的形式存在于细胞中，包括无机化合物和有机化合物两大类。

一、无机化合物

无机化合物（inorganic compound）包括水和无机盐。

（一）水

细胞中水的含量最高，占细胞总量的 70% ~80%。水在细胞中的主要作用是溶解无机物、调节温度、参加酶反应、参与物质代谢和形成细胞的有序结构。

水在细胞中以两种形式存在：一种是游离水，约占 95%，是细胞内良好的溶剂，细胞内各种代谢反应都是在水溶液中进行；另一种是结合水，通过氢键同蛋白质结合，占 4% ~5%，是原生质组成的一部分，其中氢键对于维持细胞的新陈代谢具有重要作用：①可以维持细胞温度的相对稳定，因为氢键能够吸收较多的热能，将氢键打开需要较高的温度。②相邻水分子之间形成的氢键使水分子具有一定的黏性，可使水具有较高的表面密度。③水分子之间的氢键可以提高水的沸点，使它不易从细胞中挥发。

（二）无机盐

无机盐是维持细胞生存的重要物质，其含量很少，约占细胞总重的 1%。在细胞中均以离子状态存在，其中阳离子有 Na^+、K^+、Ca^{2+}、Fe^{2+}、Mg^{2+}、Fe^{3+}、Mn^{2+}、Cu^{2+}、Co^{2+}、Mo^{2+} 等，阴离

子有 Cl^-、SO_4^{2-}、PO_4^{3-}、HCO_3^- 等。这些无机离子有重要的生理作用：① 游离于水中，维持酸碱平衡和维持细胞内外液的渗透压和 pH 值，以保障细胞的正常生理活动。② 在各类细胞的能量代谢中起着关键作用。③ 有的直接与核苷酸、磷脂、磷蛋白和磷酸化糖等结合，组成具有一定功能的结合蛋白（如血红蛋白）或类脂（如磷脂）。

二、有机化合物

有机化合物（organic compound）是组成细胞的基本成分，包括有机小分子和生物大分子。细胞内的生物大分子是由有机小分子组装而成的，但二者却有截然不同的生物学特性。

（一）有机小分子

机体内有机小分子主要有单糖、脂肪酸、氨基酸和核苷酸等 4 类，占细胞总有机物的 1/10 左右。

1. 单糖 细胞中的糖类包括单糖和多糖。单糖是细胞的能源以及与糖有关的化合物的原料，其中核糖（戊糖）和葡萄糖（己糖）最重要。核糖（ribose）和脱氧核糖（dyoxyribose）是核酸的组成成分，二者的区别是在 2′ 位上少了一个氧（图 3-1）。葡萄糖是许多细胞的主要能源物质。

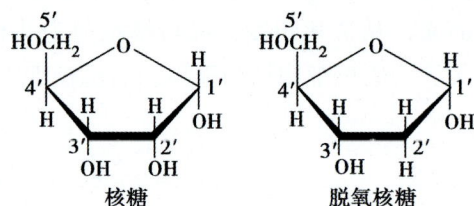

图 3-1 核糖和脱氧核糖的结构（引自 Harvey Lodish，1995）

2. 脂肪酸 脂肪酸是直链脂肪烃有机酸，是脂的主要成分，一般含有一个羧基，通式为 $CH_3(CH_2)_n COOH$。脂肪酸有疏水的碳氢链，无化学活性；有亲水的羧基，易形成酯和酰胺。细胞内的脂肪酸通过羧基与其他分子共价相连。脂肪酸在细胞内的主要功能是构成细胞膜，同时也能分解产生 ATP。

3. 氨基酸 氨基酸是构成蛋白质的基本单位，细胞内主要有 20 种，C、H、O、N 四种元素是其主要组成成分，其分子结构可用以下通式表示（图 3-2）。它们的差别主要是 R 侧链不同，R 侧链决定了氨基酸不同的化学性质，其不同的化学性质又决定了它们所组成蛋白质的特性，从而构成了蛋白质多种复杂功能的基础。

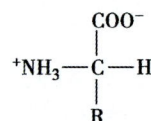

图 3-2 氨基酸分子结构通式

4. 核苷酸 核苷酸是组成核酸的基本单位，每个核苷酸分子由一个戊糖（核糖或脱氧核糖）、一个含氮碱基（嘧啶或嘌呤）和一个磷酸脱水缩合组成（图 3-3）。

组成核苷酸的碱基主要是 5 种含氮碱基：胞嘧啶（cytosine，C），胸腺嘧啶（thymine，T），尿嘧啶（uracil，U），鸟嘌呤（guamine，G），腺嘌呤（adenine，A）。形成 8 种核苷酸：腺苷酸（AMP）、尿苷酸（UMP）、鸟苷酸（GMP）、胞苷酸（CMP）、脱氧腺苷酸（dAMP）、脱氧胸苷酸（dTMP）、脱氧鸟苷酸（dGMP）、脱氧胞苷酸（dCMP）。

核苷酸除组成脱氧核糖核酸（deoxyribonucleic acid，DNA）和核糖核酸（ribonucleic acid，RNA）外，有的在细胞中还有其他重要作用，如三磷酸腺苷（ATP）可参与细胞各种反应之间的能量传递；环化核苷酸（cAMP、cGMP）

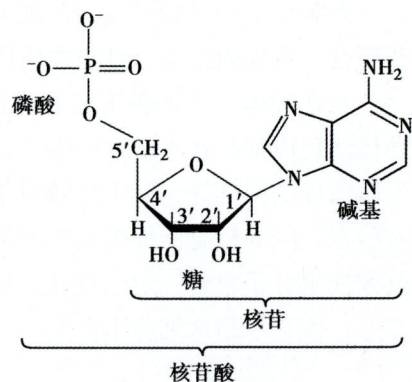

图 3-3 核苷酸的组成单位（引自 Kleinsmith et al，1995）

是细胞内重要的信使分子。

（二）生物大分子

生物大分子是由有机小分子构成的，如核酸、蛋白质、酶和多糖等。细胞的大部分物质是生物大分子，分子量从 10^4 到 10^6，这里主要讲核酸和蛋白质。

1. 核酸（nucleic acid）　是生物遗传的物质基础，与生物的生长、发育、繁殖、遗传和变异均有极为密切的关系。细胞内的核酸分为脱氧核糖核酸（DNA）和核糖核酸（RNA）两大类。

核苷酸是组成核酸的基本单位，一个核苷酸戊糖的 3′ 位上的羟基与另一个核苷酸戊糖 5′ 位磷酸基结合脱去 1 分子水形成磷酸二酯键（phosphodiester bond），几十个乃至几百万个单核苷酸通过磷酸二酯键连接形成核酸。与多肽链一样，多核苷酸链也有方向性，一个是核糖的 3′ 末端，往往是游离羟基，称为 3′ 羟基末端；另一个是核糖的 5′ 末端，此末端往往有磷酸相连，所以称为 5′ 磷酸末端（图 3-4）。

（1）DNA 的结构和功能　1953 年 Watson 和 Crick 提出了 DNA 分子的双螺旋结构模型（图 3-5）。其主要特点是 DNA 分子由 2 条相互平行而方向相反的多核苷酸链组成，即一条链中磷酸二酯键连接的核苷酸方向是 5′→3′，另一条是 3′→5′，两条链围绕着同一个中心轴以右手方向盘绕成双螺旋结构。螺旋的主链由位于外侧的间隔相连的脱氧核糖和磷酸组成，双螺旋的内侧由碱基构成，碱基之间依照碱基互补配对原则，即 A 与 T 配对，形成 2 个氢键（A＝T）；G 与 C 配对，形成三个氢键（G≡C），螺旋内每一对碱基均位于同一平面上，并且垂直于螺旋纵轴，相邻碱基对之间距离为 0.34nm，每螺旋一圈有 10 个碱基对，双螺旋螺距为 3.4nm。

DNA 的重要功能是携带和传递遗传信息。在信息传递过程中，子代 DNA 保留了亲代 DNA 所有的遗传信息，这些遗传信息通过转录和翻译过程来表达相应的遗传性状，决定着细胞的代谢类型和生物学特性。

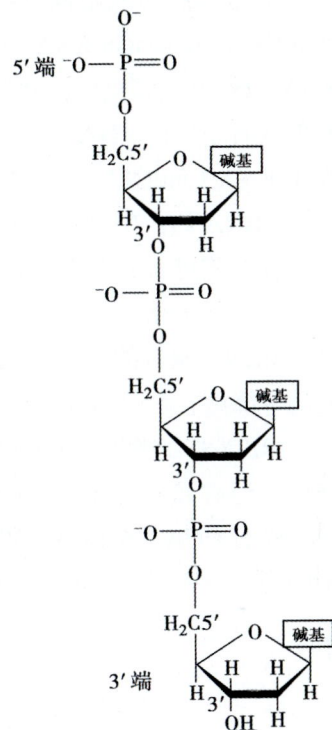

图 3-4　3 个核苷酸组成的 DNA 单链

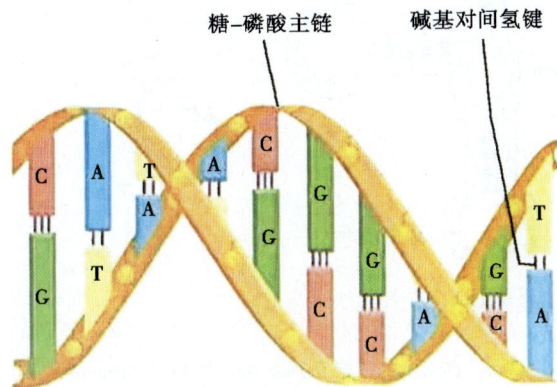

图 3-5　DNA 双螺旋结构模式图（引自 B.Alberts et al）

（2）RNA 的结构和功能　RNA 也是由四种核苷酸通过 3'，5'－磷酸二酯键连接而成。与 DNA 分子的区别在于，RNA 中的尿嘧啶替代了 DNA 中的胸腺嘧啶，因此组成 RNA 的四种核苷酸为腺苷酸、鸟苷酸、胞苷酸和尿苷酸。此外，RNA 分子中的戊糖是核糖。大部分 RNA 分子以单链形式存在，但在 RNA 分子内的某些区域，RNA 单链仍可折叠，并按碱基互补原则形成局部双螺旋结构，这种双螺旋结构呈发夹样，也称为 RNA 的发夹结构（图 3-6）。

按结构和功能不同，细胞中的 RNA 最主要的是信使 RNA（messenger RNA，mRNA）、转运 RNA（transfer RNA，tRNA）和核糖体 RNA（ribosomal RNA，rRNA），此外还有小核仁 RNA（snoRNA）、小核 RNA（snRNA）、微小 RNA（miRNA）等非编码 RNA。

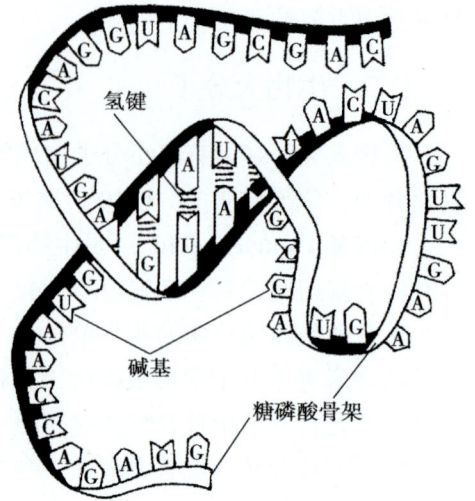

图 3-6　RNA 的结构（引自 B.Alberts et al）

mRNA 约占细胞内总 RNA 的 5%，其含量虽少，但种类甚多而且极不均一，例如每个哺乳类动物细胞可含有数千种大小不同的 mRNA。其功能是转录 DNA 分子中的遗传信息，并与核糖体结合，作为蛋白质合成的模板。合成蛋白质的起始密码在 mRNA 分子的 5'端，终止密码在 3'端，mRNA 携带的遗传信息具有方向性，即 5'→3'。mRNA 在生物体内很容易被可溶性核糖核酸酶等降解，是一类不稳定的 RNA。

tRNA 占细胞总 RNA 的 10%~15%，其分子较小，由 70～90 个核苷酸组成。tRNA 为单链结构，但有部分折叠成假双链，整个分子结构呈三叶草形（图 3-7）：靠近柄部的一端，即游离的 3'端有 CCA 3 个碱基，以共价键与特定氨基酸结合；与柄部相对应的另一端呈球形，称为反密码环，反密码环上的三个碱基组成反密码子（anticodon），反密码子能与 mRNA 上密码子互补结合，因此每种 tRNA 只能转运一种特定的氨基酸，参与蛋白质合成。

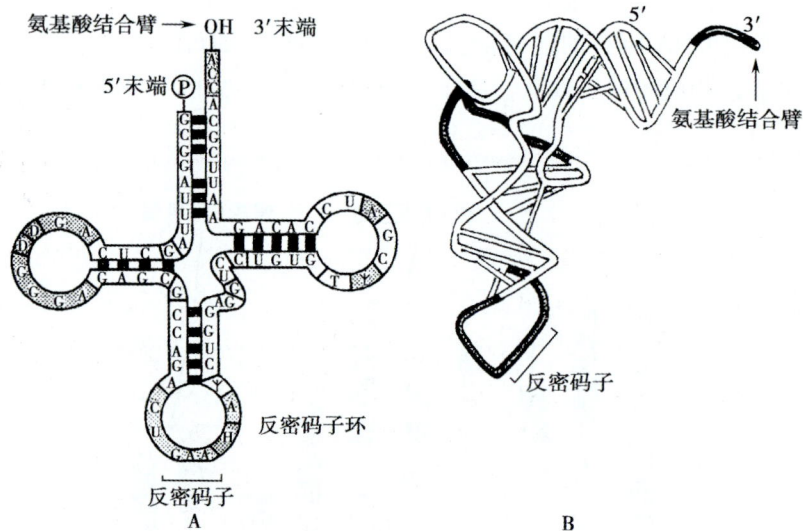

图 3-7　tRNA 的三叶草形结构（引自 B.Alberts et al）

A. tRNA 的三叶草形结构模式图

B. tRNA 空间结构模式图

rRNA 在细胞中的含量较丰富，占 RNA 总量的 80%～90%，其分子量在三种 RNA 中也最大。rRNA 是核糖体的主要成分，约占核糖体总量的 60%，其余的 40% 为蛋白质。rRNA 分子的大小一般用沉降系数 S 表示，在真核细胞中有 4 种 rRNA，分别为 5S、5.8S、18S 和 28S，它们分别与不同的蛋白质结合，形成核糖体的两个大小不同的亚基。

2. 蛋白质 蛋白质（protein）是构成细胞的主要成分，占细胞干重的 50% 以上。自然界中蛋白质的种类繁多，约有 100 亿种，人体内有 10 万种以上。一个细胞中约含有 10^4 种蛋白质，分子的数量达 10^{11} 个。蛋白质不仅决定细胞的形状和结构，更重要的是，生物专有的催化剂——酶多数也是蛋白质，因此担负着许多重要的生理功能，如细胞代谢过程中的催化反应及其调节、细胞的物质运输、细胞运动、细胞间识别和信息传递、免疫防御和基因表达的调控等。

（1）蛋白质的结构 蛋白质的基本结构单位是氨基酸，它们按一定的排列顺序以肽键相连接。肽键是一个氨基酸分子上的羧基与另一个氨基酸分子上的氨基经脱水缩合而成的化学键（图 3-8）。氨基酸通过肽键连接形成的化合物称为肽（peptide），由两个氨基酸连接而成的称为二肽，三个氨基酸连接而成的称为三肽，多个氨基酸连接而成的称为多肽或多肽链（图 3-9）。每条多肽链有一个自由 α-氨基的一端称为氨基末端或 N 末端（N 端），和一个自由 α-羧基的一端称为羧基末端或 C 末端（C 端）。多肽链是蛋白质分子的骨架，其中的每个氨基酸称为氨基酸残基，组成蛋白质的氨基酸残基的差异体现出蛋白质的特征。

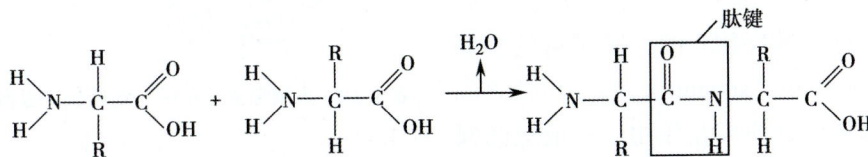

图 3-8 肽键的形成（引自左伋等，1999）

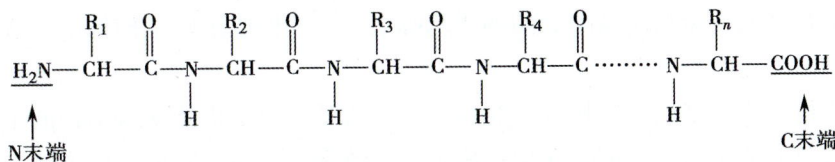

图 3-9 肽链的结构（引自左伋等，1999）

通常将蛋白质的分子结构分为四级，即蛋白质的一级结构、二级结构、三级结构和四级结构。

一级结构 是指多肽链中氨基酸的种类、数目和排列顺序。虽然组成蛋白质的氨基酸只有 20 种，但由于组成蛋白质的氨基酸的种类、数目和排列顺序不同，构成了蛋白质的多样性。胰岛素是第一个被测定一级结构的蛋白质分子，该分子由 1 条 A 链（21 个氨基酸）和 1 条 B 链（30 个氨基酸）组成，两条链共 51 个氨基酸，A、B 之间有 2 个二硫键和 1 个链内二硫键（图 3-10）。一级结构是蛋白质功能的基础，如果氨基酸的排列顺序发生变化，将会形成异常的蛋白质分子。例如，在人体的血红蛋白中，如果 β 链上的第六位谷氨酸被缬氨酸替代，则形成异常血红蛋白，导致人类镰状细胞贫血。

二级结构 是在蛋白质一级结构基础上形成的，多肽链主链骨架中的若干肽段，各自沿着某个轴盘旋或折叠，并以氢键维持形成三维立体空间结构。主要有以下两种基本构象：

α 螺旋（α helix）：是肽链以右手螺旋盘绕而成的空心筒状构象。α 螺旋中，多肽链沿着螺旋轨道盘旋，每 3.6 个氨基酸盘旋一周，相邻的两个螺旋之间借肽链上的 –NH– 基的 H 与 –CO– 基的 O，以静电相互吸引，形成比较牢固的链内氢键，氢键与螺旋长轴平行。α 螺旋主要存在于球状蛋白分子中，如肌红蛋白分子中约有75%的肽链呈 α 螺旋。

β 折叠（β pleated sheet）：在 β 折叠结构中，多肽链主链呈充分伸展状态，相邻肽单元折叠成锯齿状结构，两条以上肽链（或同一条多肽链的不同部分）平行排列，相邻肽链靠肽键之间形成的氢键，使多肽链牢固结合在一起（图3-11）。β 折叠主要存在于纤维状蛋白如角蛋白中，但在大部分蛋白质中 α 螺旋和 β 折叠这两种结构同时存在。

三级结构   是多肽链在二级结构的基础之上进一步盘曲折叠形成的特定空间结构。参加三级结构的化学键有氢键、酯键、离子键和疏水键等。具有三级结构的单条多肽链构成的蛋白质分子即可表现出生物学活性（图3-12）。

四级结构   是在三级结构基础之上形成的。在四级结构中每个具有独立的三级结构的多肽链称为亚基或亚单位（subunit），各亚单位之间通过氢键等非共价键的相互作用，形成更为复杂的空间结构。这样，只有亚单位集结在一起的四级结构才显示出蛋白质分子的生物学活性，机体中的大部分酶类在发挥作用时即表现为四级结构（图3-12）。

图 3-10   人胰岛素分子的一级结构（引自左伋等，1999）

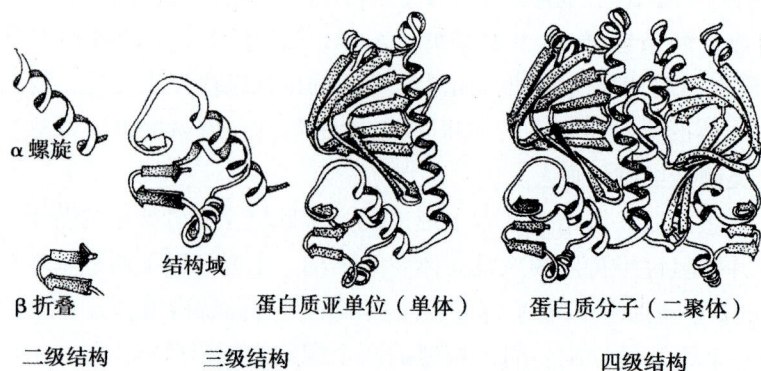

（2）蛋白质的功能   蛋白质是生命的物质基础之一，是构成细胞结构的主要成分，并且具有多种重要的生物学功能。

①结构和支持作用：蛋白质是构成生物体的主要成分，也是机体支持结构的主要成分。如骨骼、肌腱中均含有胶原蛋白。②催化作用：酶是一类特殊蛋白质，它催化生物体内各种复杂的化学反应，如果酶发生异常，可导致新陈代谢障碍而产生各种疾病。③运输和传导作用：如血红蛋白，可运输 O_2 和 CO_2；膜上受体蛋白参与化学信息的传递。④收缩作用：如肌动蛋白和肌球蛋白的相互滑动导致肌肉收缩。⑤免疫保护作用：如免疫球蛋白，可以抵抗病原的侵袭，使机体免受损伤。⑥调节作用：机体内的许多激素都是蛋白质，如胰岛素是蛋白类激素，它可以维持血糖浓度的稳定等。

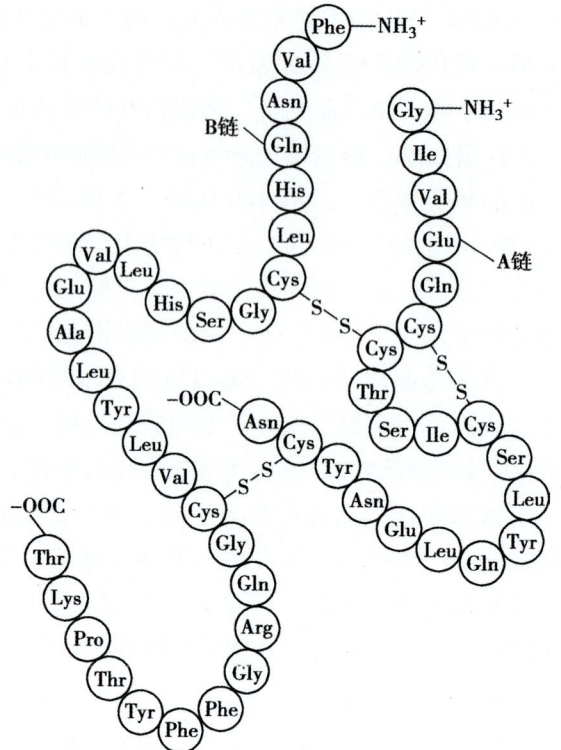

图 3-11   蛋白质分子空间结构示意图

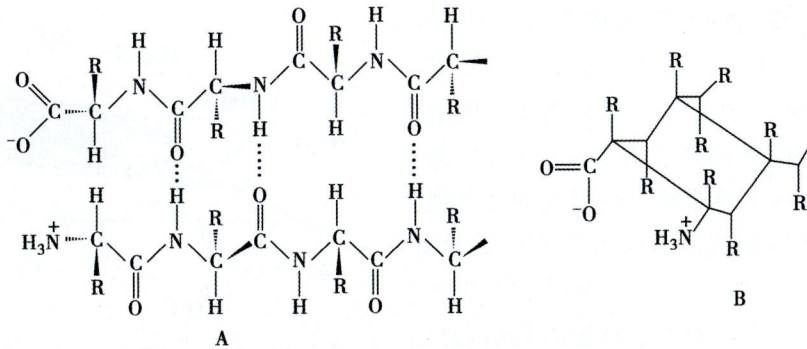

图 3-12　β 折叠分子结构的一部分（引自 Schmid，1982）

A，顶面观；B，概观

第二节　原核细胞与真核细胞

细胞分为两大类，即原核细胞和真核细胞，由此又把生物划分为原核生物和真核生物两大类群。

一、原核细胞

原核细胞结构简单，由细胞膜包绕，在细胞质内含有 DNA 区域，但无被膜包围，该区域一般称为拟核（nucleoid）。拟核内仅含有一条不与组蛋白结合的裸露 DNA 链。原核细胞的细胞质中没有内质网、高尔基复合体、溶酶体以及线粒体等膜性细胞器，但含有核糖体。与真核细胞相比，原核细胞较小，直径为 1 到数微米。大多数原核细胞在细胞膜之外有一坚韧的细胞壁（cell wall），主要成分是蛋白多糖和糖脂。常见的原核细胞有支原体、细菌、放线菌和蓝绿藻等，其中支原体是最小的原核细胞。原核细胞构成的生物称为原核生物。

（一）支原体

支原体（mycoplasma）的大小通常为 0.2~0.3μm，可通过滤菌器，无细胞壁，不能维持固定的形态而呈现多形性。细胞膜中胆固醇含量较多，约占 36%，这对保持细胞膜的完整性是必需的，凡能作用于胆固醇的物质（如两性霉素 B、皂素等）均可引起支原体膜的破坏而使支原体死亡。支原体基因组为一环状双链 DNA，分子量小，合成与代谢很有限。细胞质中仅有核糖体一种细胞器。

（二）细菌

细菌（bacteria）是原核生物的主要代表，在自然界中广泛分布，常见的有球菌、杆菌和螺旋菌，许多细菌可导致人类发生疾病。

细菌的外表面为一层坚固的细胞壁，其主要成分为肽聚糖（peptidoglycan）。有时在细胞壁之外还有一层由多肽和多糖组成的荚膜（capsula），荚膜具有保护作用，也是细菌在真核细胞内寄生的保护伞。细胞壁里面为由脂质分子和蛋白质组成的细胞膜。细菌的细胞膜上还含有某些代谢反应的酶类，如组成呼吸链的酶类。此外，细菌的细胞膜有时可内陷，形成中间体（mesosome），它与 DNA 的复制和细胞分裂有关（图 3-13）。

细菌的细胞质内的拟核区域含有环状 DNA 分子，其结构特点是很少有重复序列，构成某一基因的编码序列排列在一起，无内含子。除此之外，在细菌的细胞质内还含有 DNA 以外的遗传物质，通常是一些小的能够自我复制的环状质粒（plasmid）。细菌的细胞质中含有丰富的核糖体，每个细菌含 5000 ~ 50000 个，其中大部分游离于细胞质中，只有一小部分附着在细胞膜的内表面。细菌核糖体是细菌合成蛋白质的场所。细菌蛋白质合成的特点是，在细胞质内转录与翻译同时进行，即一边转录一边翻译，无须对转录而来的 mRNA 进行加工。

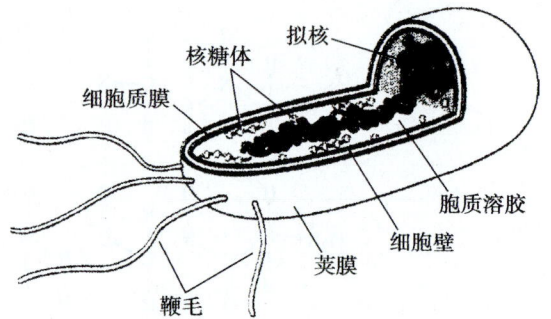

图 3-13　典型的细菌形态结构（引自 Kleinsmith et al，1995）

二、真核细胞

真核细胞由原核细胞进化而来，因此较原核细胞结构复杂。由真核细胞组成的生物称为真核生物，包括单细胞生物（如酵母、原生生物）、动物、植物及人类等。真核细胞区别于原核细胞的最主要特征是出现有核膜包围的细胞核。

（一）真核细胞的基本结构（图 3-14）

在光学显微镜下，真核细胞可分为细胞膜（cell membrane）、细胞质（cytoplasm）和细胞核（nucleus）。电子显微镜下，可将真核细胞的结构分为膜相结构和非膜相结构，其中膜相结构由单位膜组成，包括细胞膜和在胞质中的膜性成分，如内质网、高尔基复合体、线粒体、溶酶体、过氧化物酶体、核膜等；非膜性结构则有核糖体、中心体、微丝、微管、中间纤维等。在细胞核中也可看到一些微细结构，如染色质、核骨架。一般将在光学显微镜下看到的结构称为显微结构，而把在电子显微镜下看到的结构称为亚显微结构。可以从以下三个方面来理解真核细胞的结构特点。

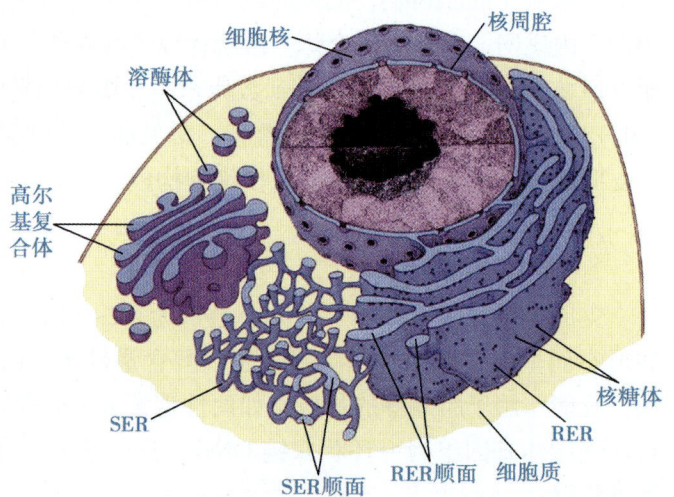

图 3-14　动物细胞的结构（引自 Wolfe，1993）

1. 生物膜结构　主要是指以生物膜为基础构成的膜性结构和细胞器。真核细胞除了具有质膜（plasma membrane）外，还有由膜围成的各种细胞结构，如核膜、内质网、高尔基复合体、线粒体、溶酶体等，形成了在结构与功能上具有相互联系的体系，称为细胞内膜（internal membrane）。它将细胞质分隔成不同的区域，即所谓的区隔化（compartmentalization），不仅使细胞内表面积增加了数十倍，各种生化反应能够有条不紊地进行，而且细胞代谢能力也比原核细胞大为提高。

2. 细胞核与遗传信息　细胞核（nucleus）表面是由双层膜构成的核被膜（nuclear

envelope），核内有遗传物质染色质（chromatin）；有丝分裂过程中染色质凝集变短，称为染色体（chromosome）。真核细胞的 DNA 是以与蛋白质结合形式而存在的，在间期被包装成为高度有序的染色质结构。DNA 与蛋白质的结合与包装程度决定了 DNA 复制和遗传信息的表达，即使是转录产物 RNA 也是以与蛋白质结合的颗粒状结构存在。

3. 细胞质 存在于质膜与核被膜之间的原生质称为细胞质（cytoplasm），细胞质中具有可辨认形态和能够完成特定功能的结构叫细胞器（organelles）。除细胞器外，细胞质的其余部分称为细胞质基质（cytoplasmic matrix）或胞质溶胶（cytosol），其体积约占细胞质的一半。细胞质基质中还含有由微管、微丝和中间纤维组成的细胞骨架结构。细胞质基质中的蛋白质很大一部分是酶，多数代谢反应都在细胞质基质中进行，如糖酵解、糖异生，以及核苷酸、氨基酸、脂肪酸和糖的生物合成反应。细胞质中可见许多游离的核糖体，它们是细胞结构蛋白合成的场所。细胞质溶胶的化学组成除大分子蛋白质、多糖、脂蛋白和 RNA 之外，还含有小分子物质水和无机离子 K^+、Na^+、Cl^-、Mg^{2+} 和 Ca^{2+} 等。真核细胞具有复杂的细胞器，各自承担不同的功能，它们彼此分工协作、协调运作，共同完成细胞的各种生命活动。

（二）真核细胞的形态与大小

由于结构、功能和所处的环境不同，各类细胞形态千差万别，有圆形、椭圆形、柱形、方形、多角形、扁形、梭形，甚至不定形。

高等生物的细胞形状与细胞功能和细胞间的相互关系有关。如动物体内具有收缩功能的肌肉细胞呈长圆柱形或长梭形；红细胞为双凹圆盘状，有利于 O_2 和 CO_2 的气体交换。植物叶表皮的保卫细胞成半月形，2 个细胞围成一个气孔，以利于呼吸和蒸腾。细胞离开了有机体分散存在时，形状往往发生变化，如平滑肌细胞在体内成梭形，而在离体培养时则可成多角形。

一般说来，真核细胞的体积大于原核细胞，卵细胞大于体细胞。大多数动植物细胞直径一般在 20~30μm。鸵鸟的卵黄直径可达 5cm，支原体仅 0.1μm，人的坐骨神经细胞可长达 1m。

三、原核细胞与真核细胞的比较

真核细胞与原核细胞在结构上存在很大差异，除此之外，真核细胞与原核细胞在基因组（genome）组成上也有显著差异，主要有三个方面：①真核细胞含有更多的 DNA，比原核细胞蕴藏着更多的遗传信息。即使是最简单的酵母，其 DNA 含量也比大肠杆菌多 4 倍。此外，真核细胞的 DNA 呈线状并被包装成高度有序染色质结构。②真核细胞的线粒体中含有少量的 DNA，可编码线粒体 tRNA、rRNA 和组成线粒体的少数蛋白。③真核细胞 DNA 的转录与翻译过程分开进行，且 mRNA 在合成之后，必须在细胞核内经过剪接加工，再运到细胞质中翻译成蛋白质。而原核细胞的 DNA 转录与蛋白质翻译同时进行，也无需对 mRNA 进行加工。原核细胞与真核细胞的比较见表 3-1。

表 3-1 原核细胞与真核细胞的区别

区别	原核细胞	真核细胞
大小	1~10μm	10~100μm
细胞核	无核膜、核仁	有核膜、核仁

续表

区别		原核细胞	真核细胞
染色体	形状	环状 DNA 分子	线性 DNA 分子
	数目	一个基因连锁群	2 个以上基因连锁群
	组成	DNA 裸露或结合少量非组蛋白	DNA 同组蛋白和非组蛋白结合
DNA 序列		无或很少有重复序列	有重复序列
基因表达		RNA 和蛋白质在同一区间合成	RNA 在核中合成和加工；蛋白质在细胞质中合成
细胞分裂		二分或出芽	有丝分裂和减数分裂，少数出芽生殖
细胞内膜		无	有，分化成各种细胞器
鞭毛构成		鞭毛蛋白	微管蛋白
核糖体		70S（50S+30S）	80S（60S+40S）
细胞壁		肽聚糖	纤维素（植物细胞）

细胞膜（cell membrane）又称细胞质膜（plasma membrane），是指围绕在细胞最外层，由脂质、蛋白质和糖类组成的薄层结构。细胞膜在结构上是细胞的界膜，将细胞与环境隔开，使细胞具有一个相对稳定的内环境；在功能上，细胞膜在细胞与环境之间进行物质运输、能量转换、信息传递中起着重要作用；生命科学中的许多重大问题，如细胞分裂、细胞分化、细胞免疫、新陈代谢调控等，都与细胞膜有着密切联系。

真核细胞除细胞膜外，内部还有许多类似的膜性结构，如内质网膜、高尔基复合体膜、溶酶体膜等，称为胞内膜。细胞内的膜性结构与细胞膜统称为生物膜（biomembrane）。本章通过对细胞膜结构及其跨膜运输功能的阐述，帮助对整个生物膜结构与功能有一个基本的了解。

第一节　细胞膜的化学组成

对多种细胞膜的组分分析结果表明，除了水以外，细胞膜的主要组分为脂质和蛋白质，称为膜脂和膜蛋白，膜脂是膜的基本骨架，膜蛋白是膜功能的主要体现者。此外细胞膜中还含有少量的糖及金属离子，其中糖类主要以糖脂和糖蛋白的形式存在。

因细胞种类不同，细胞膜中各种化学组分，特别是脂质与蛋白质的比例，可有很大的差异，其一般规律是，功能复杂的细胞膜中所含的蛋白质种类和数量较多，而功能简单的细胞蛋白质的种类和数量较少（表4-1）。

表4-1　膜脂与膜蛋白含量的比例

膜的种类	蛋白质	脂质	蛋白质/脂质
神经髓鞘	18	79	0.23
红细胞	60～80	20～40	1.5～4
血小板	38	58	0.7
线粒体	76	24	3.1
HeLa	60	40	1.5
细菌	70～80	20～30	2～4

一、膜脂

膜脂（membrane lipids）是细胞膜的基本组成成分，动物细胞每平方微米的细胞膜上约有 5×10^6 个脂分子。

（一）膜脂的类型

动物细胞膜上常见的脂质有 9 种，属于甘油磷脂（glycerophosphatide）、鞘脂（sphingolipid）和胆固醇（cholesterol）三种类型。

1. 甘油磷脂　大多数的膜脂是含有磷酸基团的甘油酯，称为甘油磷脂或磷酸甘油酯，占整个膜脂的 50% 以上，是膜脂的基本成分。甘油磷脂为 3- 磷酸甘油的衍生物，主要在内质网合成，包括磷脂酰胆碱（卵磷脂，phosphatidylcholine，PC）、磷脂酰乙醇胺（脑磷脂，phosphatidylethanolamine，PE）、磷脂酰丝氨酸（phosphatidylserine，PS）和磷脂酰肌醇（phosphatidylinositol，PI）。甘油磷脂的结构，具有一个与磷酸基团相结合的极性头部，和两个脂肪酸链组成的非极性尾部。这种既含亲近某种物质（如水）的结构又含疏远这种物质的结构的分子，称为双亲媒性分子（amphipathic molecule）。

2. 鞘脂　鞘脂是鞘氨醇的衍生物，主要在高尔基体合成。鞘氨醇一端连接着一个长链的脂肪酸，另一端连接一个极性的头部。极性头部可能是磷酸胆碱，形成鞘磷脂（sphingomyelin，SM），也可能是一个糖分子或寡糖链，形成鞘糖脂（glycosphingolipid，GSL）。

相对于甘油磷脂，鞘磷脂形成的脂双层较厚。鞘糖脂普遍存在于原核和真核细胞膜上，其含量不足膜脂总量的 5%。在神经细胞膜上糖脂含量较高，占 5%～10%。目前已发现 40 余种糖脂，不同的细胞中的糖脂种类有所不同，如神经细胞含有神经节苷脂质，人红细胞表面含有 ABO 血型糖脂等，它们均有重要的生物学功能。

最简单的鞘糖脂是存在于脑细胞膜中的半乳糖脑苷脂，只有一个半乳糖残基作为极性头部。较复杂的鞘糖脂是神经节苷脂（gangliosides），是神经细胞膜的特征成分，其极性头部包含数目不等的唾液酸和 7 个单糖残基。儿童所患的家族性黑蒙性先天愚病（Tay-Sachs disease）（又称台 - 萨病）就是因为在其细胞内缺乏氨基己糖脂酶，不能将 GM2 型神经节苷脂加工成为 GM3 型，结果大量的 GM2 累积在神经细胞中，导致中枢神经系统退化。神经节苷脂是一类膜上的受体，已知破伤风毒素、霍乱毒素、干扰素、促甲状腺素、绒毛膜促性腺激素和 5- 羟色胺等的受体就是不同的神经节苷脂。

3. 胆固醇　胆固醇（cholesterol）占整个膜脂的 20%～30%。它是由 4 个固醇环相连在一起构成的碳氢化合物，亲水的头部为一羟基。与磷脂不同的是其分子的特殊结构和疏水性太强，自身不能形成脂双层。只能插入磷脂分子之间，参与细胞膜的形成。由实验可知，膜脂中的胆固醇可以防止磷脂碳氢链的聚集，具有调节膜流动性，降低水溶性物质的通透性的作用。如在缺少胆固醇的培养基中，不能合成胆固醇的突变细胞株很快发生自溶。

（二）膜脂的共同特点

每种类型的生物膜有各自特殊的脂质组成，不同类型的脂分子具有不同性质的头部基团和特定的脂肪酸链。但所有的膜脂都是双亲媒性分子，它们分散于水相时，疏水尾部倾向于聚集在一起，避开水相，而亲水头部暴露在水相，可以形成具有双分子层结构的封闭囊泡自组装体系——脂质体（图 4-1）。

脂质体（liposome）是根据磷脂分子可在水相中形成稳定的脂双层膜的趋势而制备的人工膜。在水中磷脂分子亲水头部插入水中，疏水尾部伸向空气，搅动后形成双层脂分子的球形脂质体（图 4-1B），直径 25～1000nm 不等。脂质体可用于转基因或制备药物。利用脂质体可以和细胞膜融合的特点，将药物送入细胞内部（图 4-1D）。如利用脂质体包埋技术将 mRNA 制成纳米颗粒，制备新型冠状病毒疫苗。

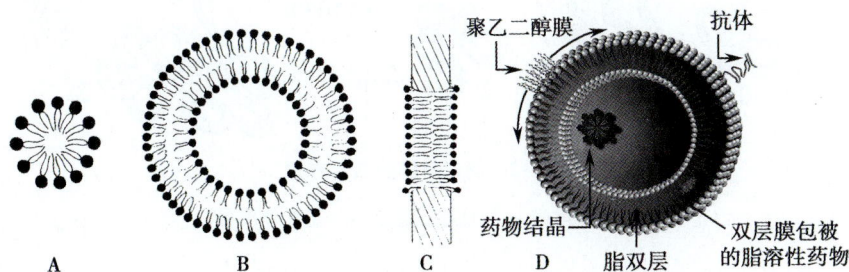

图 4-1 脂质体的类型（根据 Gerald Karp 2002 修改）
A. 水溶液中的磷脂分子团。B. 球形脂质体。C. 平面脂质体膜。D. 用于疾病治疗的脂质体

二、膜蛋白

膜蛋白（membrane protein）是膜功能的主要体现者。膜功能的差异主要在于所含蛋白质的不同。

（一）膜蛋白的类型

根据与膜脂分子的结合方式，膜蛋白可分为整合蛋白、脂锚定蛋白和外周蛋白三类。

1. 整合蛋白　整合蛋白（integral protein）又称内在蛋白（intrinsic protein），是指部分或全部镶嵌在细胞膜中或内外两侧，以非极性氨基酸与脂双分子层的非极性疏水区相互作用而结合在细胞膜上的蛋白分子（图 4-2 ①②）。整合蛋白占膜蛋白总量的 70%～80%，是膜功能的主要体现者。由于存在疏水结构域，整合蛋白与膜的结合非常紧密，只有在较剧烈的条件下用去垢剂（detergent）才能从膜上洗涤下来，如离子型去垢剂十二烷基硫酸钠（SDS），非离子型去垢剂 TritonX-100。

2. 脂锚定蛋白　脂锚定蛋白（lipid-anchored protein）又称脂连接蛋白（lipid-linked protein），是指通过共价键与膜上的脂肪酸或糖脂结合的蛋白质分子。通过结合脂肪酸插入脂双分子层中的锚定蛋白一般分布在细胞膜的细胞质一侧（图 4-2 ③），如与肿瘤发生相关的酪氨酸蛋白激酶的突变体 v-Src。通过结合糖脂插入脂双分子层中的锚定蛋白一般分布在细胞膜外侧（图 4-2 ④），如磷脂酶 C 和大分子的蛋白聚糖。

3. 外周蛋白　外周蛋白（peripheral protein）又称附着蛋白（protein-attached）。这种蛋白完全外露在脂双层的内外两侧，主要是通过非共价键附着在脂的极性头部，或整合蛋白亲水区的一侧，间接与膜结合（图 4-2 ⑤⑥）。外周蛋白为水溶性，占膜蛋白总量的 20%～30%。一般用比较温和的处理，如改变溶液的离子浓度及 pH 值，甚至提高温度就可以从膜上分离溶解下来，但膜结构并不被破坏。

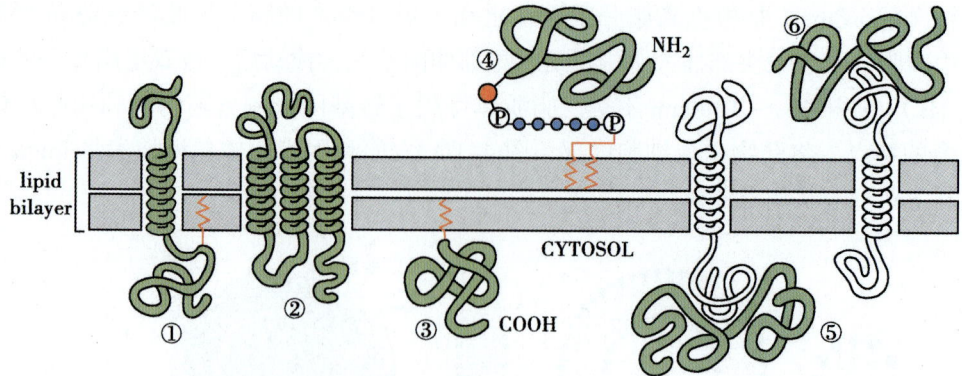

图 4-2　蛋白与膜的结合方式
①②整合蛋白。③④脂锚定蛋白。⑤⑥外周蛋白

（二）膜蛋白的功能

膜蛋白的种类繁多，功能多样。有些膜蛋白是酶，使专一的化学反应能在膜上进行；有些膜蛋白可作为载体而将物质转运进出细胞；有些膜蛋白是激素、小分子药物或其他化学物质的受体，如甲状腺细胞上有接受来自脑垂体的促甲状腺素的受体；细胞的识别功能也取决于膜蛋白，这些蛋白常常是表面抗原，能和特异的抗体结合，如人类白细胞抗原（human leukocyte antigen，HLA）是一种变化极多的二聚体，个体间差异较大，器官移植时，常会引发排异反应。

三、膜糖

真核细胞的细胞膜上含有糖类，占膜成分的 2% ～ 10%。细胞膜上 90% 以上的糖类以共价键形式与膜蛋白质（多肽链）连接形成糖蛋白，剩余的糖类共价结合到膜脂分子上形成糖脂。细胞膜上所有的糖链都分布在细胞膜的外表面，细胞内膜上的糖链也都背向细胞质一侧。糖蛋白和糖脂中的糖以较短的支链寡糖形式出现，一般每条糖链少于 15 个单糖残基，单糖的种类主要有葡萄糖、半乳糖、乙酰氨基葡萄糖、乙酰氨基半乳糖、岩藻糖、甘露糖及唾液酸等 7 种。

糖蛋白的寡糖链对介导细胞和周围环境的相互作用以及分选膜蛋白到不同的细胞组分等都有重要作用。红细胞膜糖脂中的糖链决定一个人的 ABO 血型，A 血型的人有一种将 N- 乙酰半乳糖胺加在糖链末端的酶，而 B 血型的人有一种在糖链末端加上半乳糖的酶，AB 血型的人具有上述两种酶，O 型血的人缺乏在糖链末端加入任何一种糖基的酶。

第二节　细胞膜的分子结构

细胞膜很薄，已超出光镜所能分辨的极限，在光镜下看到的只是细胞与外界环境之间有一个折光性和着色程度不同的界限，因而早期对细胞膜的认识是从研究细胞的功能中推断出的。如把细胞放在低渗液中，细胞会膨胀，证明水进入，溶质没有流出，膜具通透性；又如显微操作针刺细胞表面，感到阻力和弹性，刺破后内容物流出，证明表面有膜结构存在。到 20 世纪 50 年代，在电镜下观察到了细胞膜的超微结构。

一、细胞膜的结构模型

（一）细胞膜结构的研究历史

1895 年，欧文顿（E. Overton）提出膜是由脂质组成的。1925 年，荷兰科学家戈特（E. Gorter）和格伦德尔（F. Grendel）提出脂质双分子层模型。1935 年，丹尼利（J. Danielli）和达夫森（H. Davson）提出"蛋白质－脂质－蛋白质"的片层结构模型（Lamella structure model）。1959 年，罗伯特森（J. D. Robertson）提出了单位膜模型（unit membrane model），单位膜的概念沿用至今。1972 年，美国加州大学的辛格（S.J.Singer）和尼克森（G.L.Nicolson）提出了流动镶嵌模型（fluid mosaic model），是目前最被广泛接受和认可的关于膜结构的基本观点。在其后出现的强调生物膜的膜脂处于液态流动性和晶态有序性之间动态转变的"晶格镶嵌模型（crystal Mosaic model）"，强调生物膜流动性的"板块镶嵌模型（plate mosaic model）"，及"脂筏模型（lipid rafts model）"等，均被认为是对流动镶嵌模型的补充。

（二）流动镶嵌模型

流动镶嵌模型（图 4-3）对细胞膜及生物膜结构的认识可归纳如下：

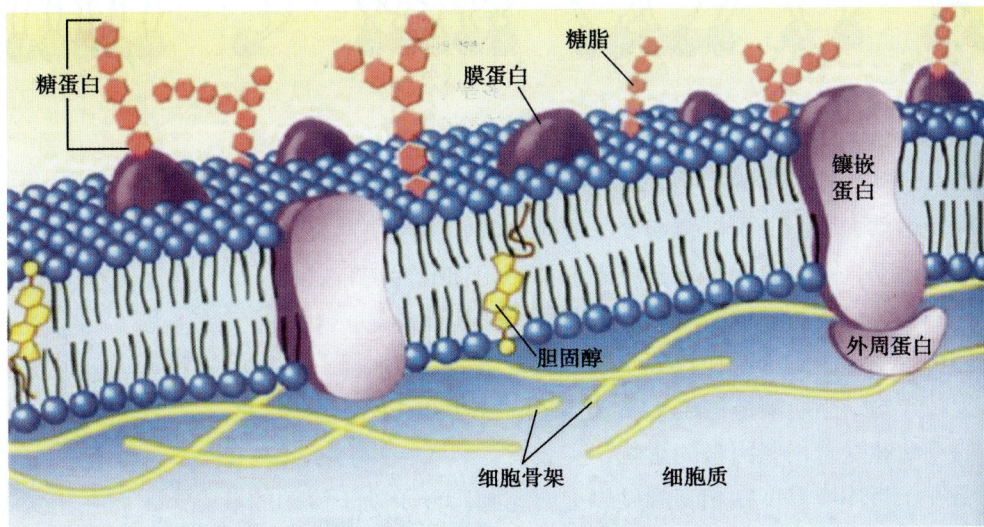

图 4-3　细胞膜的结构模型

1. 具有极性头部和非极性尾部的类脂分子在水环境中以疏水性非极性尾部相对，极性头部朝向水相，自发形成封闭的类脂双分子层膜系统，膜脂是组成生物膜的基本结构成分。

2. 蛋白分子以不同方式镶嵌在脂双层分子中或结合在其表面，蛋白的类型、分布的不对称性及其与脂分子的协同作用，赋予生物膜具有各自的特性与功能，膜蛋白是生物膜功能的主要决定者。

3. 生物膜是嵌有蛋白质的脂质双分子层二维流体，具有一定的流动性。大多数蛋白质和脂质分子都能够以横向扩散的形式运动，而膜蛋白与膜脂之间，膜蛋白与膜蛋白之间及其与膜两侧其他生物大分子的相互作用，在不同程度上限制了膜蛋白和膜脂的流动性。

4. 在细胞膜的外表，有一层由细胞膜上的蛋白质与糖类结合形成的糖蛋白叫糖被。它在细胞生命活动中具有重要的功能。

二、细胞膜的基本特性

流动镶嵌模型认为细胞膜由流动的脂双层和嵌在其中的蛋白质组成，突出了膜的流动性和不对称性。

（一）膜的流动性

膜的流动性（fluidity）是膜脂与膜蛋白处于不断地运动状态，包括膜脂的流动性和膜蛋白的运动性。

1. 膜脂的流动性　在生理温度下，膜脂分子多呈能流动的具有一定形状和体积的物态，即液晶态；当温度下降到某一点时，脂分子从液晶态转变为凝胶状不流动的物态，即晶态；温度上升时，晶态又溶解为液晶态，这种变化称为相变。能引起相变的温度称为相变温度。膜脂分子在相变温度以上时，有以下几种主要的运动方式（图 4-4）：

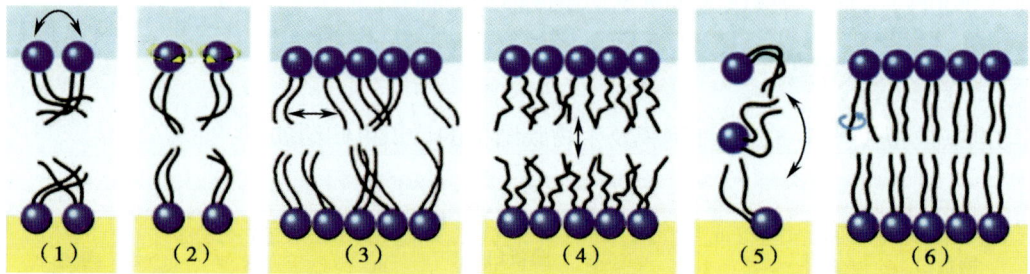

图 4-4 膜脂的分子运动

（1）侧向运动，同一平面上相邻的脂分子沿膜平面不断侧向移动交换位置。

（2）旋转运动，膜脂分子围绕与膜平面垂直的轴进行快速旋转。

（3）摆动运动，膜脂分子围绕与膜平面垂直的轴进行左右摆动。

（4）伸缩震荡，脂肪酸链沿着纵轴进行伸缩震荡运动。

（5）翻转运动，膜脂分子在双分子层之间，由一层侧翻至另一层。这种运动极少发生。

（6）旋转异构，脂肪酸链围绕 C-C 键旋转，导致异构化运动。

膜脂的流动性受着一些因素的影响，主要有：

（1）温度。当环境温度在相变温度以上时，膜脂分子处于流动的液晶态；而在相变温度以下时，则处于不流动的晶态。膜脂相变温度越低，膜脂流动性就越大；反之，相变温度越高，膜脂的流动性也就越小。

（2）膜脂的脂肪酸链饱和程度及长度。饱和程度高的脂肪酸链因紧密有序地排列，流动性小；不饱和脂肪酸链由于不饱和键的存在，分子间排列疏松而无序，流动性大。随着脂肪酸链的增长，链尾相互作用的机会增多，易于凝集，相变温度增高，流动性下降。

（3）胆固醇含量，胆固醇对膜脂流动性的调节作用随温度的不同而改变。在相变温度以上，它能使磷脂的脂肪酸链的运动性减弱，降低膜的流动性；在相变温度以下时，它可通过阻止磷脂脂肪酸链的相互作用，缓解低温所引起的膜脂流动性剧烈下降。

2. 膜蛋白的运动性　膜蛋白分子在膜平面中进行移动的过程称膜蛋白扩散。主要有两种运动方式：

（1）旋转运动，即垂直于膜平面绕自身主轴而旋转。

（2）侧向运动，多数膜蛋白能在膜内侧向移动。不同的膜蛋白分子，其侧向扩散的速度有很大差别。

1970 年，埃迪登（Edidin）用细胞融合法证明膜蛋白质具有侧向移动的运动特点。实验用发绿色荧光的荧光素标记抗小鼠细胞膜蛋白的抗体，使其与小鼠细胞膜表面的抗原结合。用发红色荧光的罗丹明标记抗人细胞膜蛋白的抗体，使其与人红细胞膜上的抗原结合。当小鼠与人的两种细胞融合后，在荧光显微镜下观察膜表面一半呈绿色光，另一半呈红色光。37℃保温 40min 后，两种颜色的荧光点在融合的新细胞膜上呈均匀分布。

膜蛋白对膜的流动性有影响。膜嵌入蛋白的量愈多，膜的流动性愈小。膜蛋白的运动还受到细胞内部结构的控制，如红细胞膜内一种周围蛋白，形成了网架把膜蛋白的位置固定，不易扩散。

3. 膜流动性的生理意义　膜流动性具有十分重要的生理意义，细胞膜的流动性是保证其正常功能的必要条件。物质跨膜运输、信息跨膜传递、细胞识别、细胞免疫、细胞分化以及激素的作用等，都与膜的流动性密切相关。当膜的流动性低于一定的阈值时，许多酶的活性和跨膜运输将停止，反之如果流动性过高，又会造成膜的溶解。

有些疾病与膜流动性异常有关，如早产儿出现的呼吸窘迫综合征，是由于肺泡内侧表面活性物质中卵磷脂对鞘磷脂比例过低，影响肺泡内表面膜的流动性，而使 CO_2-O_2 的交换不能正常进行而引起的。遗传性球形红细胞增多症的患者，其红细胞膜的流动性低于正常人。

（二）膜的不对称性

细胞膜内外两层的组分分布和功能有很大的差异，称为膜的不对称性（asymmetry）。

1. 膜蛋白分布的不对称性　膜蛋白的分布是绝对不对称的，膜两侧嵌入蛋白的数量、位置、种类不同，周围蛋白多在膜的内表面，酶蛋白有的只存在于外侧，有的只存在于内侧，即便是贯穿于膜的镶嵌蛋白，两个亲水端的长度和氨基酸种类顺序也不相同。

如血型糖蛋白分子伸向膜内，外侧面的氨基酸残基数目不对称；红细胞膜内侧面分布有血影蛋白而外侧面没有；冰冻蚀刻技术观察胞质面的蛋白质颗粒比细胞外侧面少。

2. 膜脂的不对称性　膜脂不对称性表现在两侧分布的各类脂的含量比例不同，两层脂质分子的密度和所带电荷不同，在不同的细胞膜脂不对称性差异很大，不易改变。同时，脂分子在膜上翻转的概率是很小的。

如红细胞膜上含胆碱的磷脂，如磷脂酰胆碱、鞘磷脂主要分布在外层；含氨基酸的磷脂如磷脂酰丝氨酸、磷脂酰乙醇胺主要分布在内层；胆固醇通常集中于细胞膜的外层。

3. 膜糖的不对称性　糖类主要分布于细胞膜的外表面，与膜脂或膜蛋白结合成糖脂或糖蛋白。

4. 膜不对称性的生理意义　细胞膜内外两层组成分布的不对称性，使膜的两侧具有不同的功能，具有重要的生物学意义。

三、细胞膜的功能

在生命的进化过程中，细胞膜的出现可视为由非细胞的原始生命演化为细胞生物的一个转折点。细胞膜的形成使生命体具有更大的相对独立性，并由此获得一个相对稳定的内环境。细胞膜的生物功能可总结如下：

1. 为细胞的生命活动提供相对稳定的内环境的区域化作用。膜是连续完整的薄层，因而它必然会形成封闭的区域。细胞膜包裹整个细胞的所有内含物,使细胞特异性活动的进行很少受到外界的干扰。

2. 为多种生化活动提供构架。膜不仅形成封闭的隔室,其本身也是一个独立区域。溶液中存在的反应物相对位置不固定,相互作用取决于随机碰撞。膜的存在为细胞提供了一个广阔的构架,使膜内的组分能够有序进行有效的相互作用。

3. 进行选择性的物质运输。细胞膜是一道选择性通透屏障,能阻止分子从一侧到另一侧的自由交换。同时,细胞膜上具有转运物质的装置,能够将物质从膜的一侧运输到另一侧。细胞膜的运输装置致使细胞积累物质,例如糖类和氨基酸这类必需原料,为新陈代谢提供能量并组成自身的大分子物质。细胞膜还能运输特异性的离子,从而形成跨膜的离子梯度,这种能力对于神经和肌肉细胞尤为重要。

4. 进行特异性的信号转导。膜具有受体,受体能和结构互补的特异性分子配体结合,在细胞内产生应答,进而促进或抑制细胞内的活性。例如,细胞膜上产生的信号可能告诉细胞生产更多的糖原,为细胞分裂做好准备,释放内部储存的钙离子,或者"自杀"等。

5. 介导细胞间、细胞与基质间的相互作用。多细胞生物的细胞膜位于每个活细胞的外围,介导细胞和相邻细胞、细胞外基质间的相互作用。细胞膜能让细胞间相互识别和传递信号,让它们在合适的时候产生黏着,以及交换物质和信息等。

6. 能量转换。膜涉及一种形式的能量转换成另一种形式的能量的过程。最基本的能量转换发生在光合作用中,太阳光能被膜所结合的色素吸收,转换成化学能并储存在糖中。膜也参与将糖类和脂肪中的能量转移到 ATP 中。在真核细胞中,负责能量转换的装置位于叶绿体和线粒体的膜上。

第三节　小分子物质的跨膜运输

细胞膜将细胞的内容物完全包围,是细胞与细胞外环境之间的一道选择性通透屏障。一方面,膜的脂双层能够完美地阻止细胞中带电荷的和极性分子的流失,包括离子、糖和氨基酸等;另一方面,膜通过一些蛋白装置来保障养分、呼吸作用中的气体、激素、废物和其他化合物进出细胞,允许细胞内外必要的物质交换。

物质的跨膜运输按其能量来源不同,主要有两种方式:扩散形式的被动运输和与能量偶联的主动运输。

一、被动运输

细胞内外的各种物质浓度有差异,某一物质在细胞内外的浓度差,即浓度梯度。凡是由高到低顺浓度梯度,依靠高浓度物质的势能,不消耗细胞代谢能(分解 ATP)的经膜扩散的转运方式统称为被动运输(passive transport)。具体方式有简单扩散、通道扩散、易化扩散。

(一)简单扩散

简单扩散(simple diffusion)也叫自由扩散(free diffusing),是指脂溶性物质和一些气体分子,顺浓度梯度,直接经脂双分子层扩散的物质跨膜运输方式。

细胞膜能有选择地允许或阻止一些物质通过,称为膜的通透性(permeability)。

离子和小分子的通透是由本身性质和膜结构属性共同决定的。根据流动镶嵌模型,脂双层分

:

子构成膜的基本骨架，脂溶性越高通透性越大，水溶性越高通透性越小；非极性分子比极性分子容易透过；小分子比大分子容易透过。

非极性的小分子，如 O_2、CO_2、N_2 可以很快透过脂双层；不带电荷的极性小分子，如水、尿素、甘油等也可以较慢透过人工脂双层；分子量略大的葡萄糖、蔗糖很难透过；带电荷的物质，如 H^+、Na^+、K^+、Cl^-、HCO_3^- 是高度不通透的（图 4–5）。

事实上细胞的物质转运过程中，透过脂双层的简单扩散现象很少，绝大多数情况下，物质是通过载体或者通道来转运的。

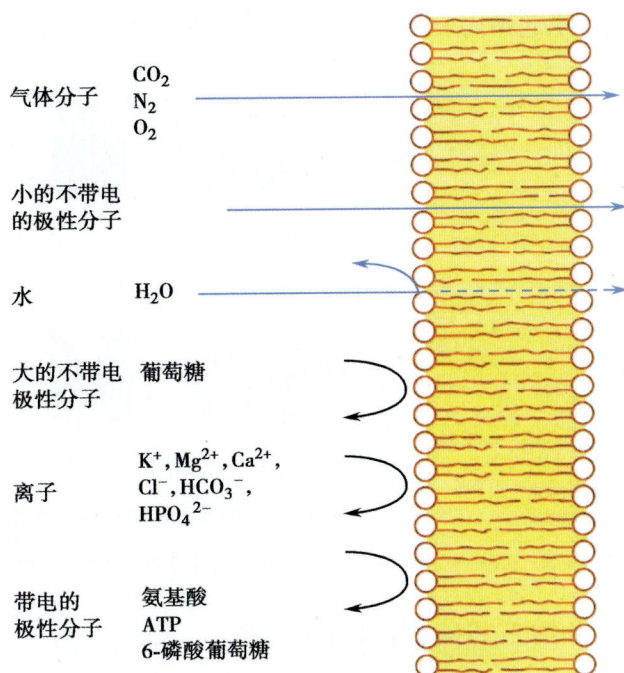

图 4–5　不同物质透过人工脂双层的能力

（二）离子通道蛋白协助扩散——通道扩散（channel diffusion）

Na^+、K^+、Ca^{2+} 等离子是极性很强的水化离子，难以直接穿过脂双层分子，但离子的跨膜运输速度很快，原因是膜上有运送离子的特异通道——离子通道，由贯穿膜全层的 α–螺旋蛋白所构成，称为通道蛋白（channel proteins），其中心孔道表面是一些亲水基团，对离子有高度亲和力，允许适当大小的离子顺浓度梯度瞬间（几毫秒）大量通过，有的通道持续开放，有的间断开放。间断开放通道的开或闭，是受通道闸门所控制的，一般有以下三类（图 4-6）。

1. 电压门控通道　电压门控通道（voltage-gated channel）又称电压依赖性通道（voltage-dependent channel），指开放概率随细胞膜电位而发生显著变化的一种离子通道，常以选择性通过的离子而命名。如：电压门控钾通道、电压门控钠通道、电压门控钙通道等。在正常情况下，膜两侧有一定电位差，接受某种刺激后，膜电位消失，就引起电压闸门开放，特定离子瞬间从高浓度向低浓度大量流入或流出，电位差又恢复了，闸门即迅速自动关闭（图 4-6A）。

2. 配体门控通道　配体门控通道（ligand-gated channel）又称化学门控通道（chemically-gated channel），是开放和关闭受细胞内外相应配体控制的一种离子通道。如细胞外的神经递质等化学物质与通道蛋白上的特异部位结合，引起蛋白质构象改变，导致离子通道开放，离子迅速从高浓度流向低浓度。如以神经递质命名的乙酰胆碱通道等，现已知各种离子通道有十余种（图 4-6 B、C）。

3. 机械门控通道　机械门控通道（mechanically-gated channel），又称机械敏感性通道（mechanosensitive channel），指开放概率随通道蛋白所受机械应力而显著变化的一种离子通道。可将细胞外的牵张、摩擦力、压力、重力、渗透压变化等信息转化为电化学信号传入细胞，引起细胞反应。如内耳毛细胞顶部的听毛是对牵拉力敏感的感受装置，听毛弯曲时，毛细胞会出现短暂的感受器电位。（图 4-6 D）。

通道蛋白具有离子选择性，转运速率高，通常是门控的，只介导被动运输。各种闸门开放时间极短暂，一个通道离子的流入可引起第二个通道的开放，此后又可影响其他通道开放。例如气味分子与化学感受器中的 G 蛋白偶联型受体结合，可激活腺苷酸环化酶，开启环核苷酸闸门通道，引起钠离子内流，膜去极化，产生神经冲动，最终形成嗅觉或味觉。

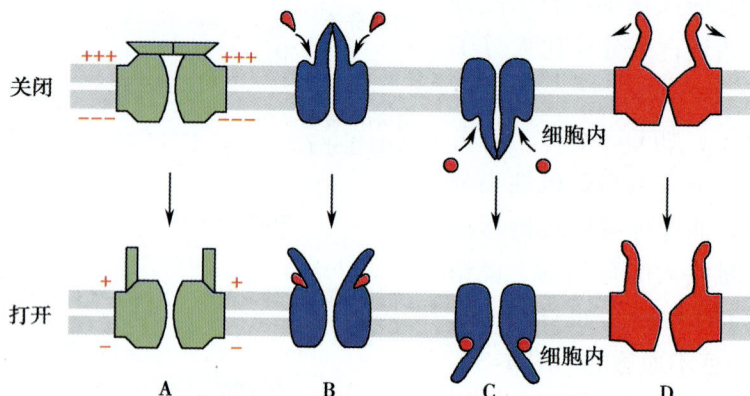

图 4-6　几种不同的闸门离子通道（引自 Alberts et al，1998）

A. 电位闸门。B. 配体闸门细胞外配体。C. 配体闸门细胞内配体。D. 机械闸门

（三）载体蛋白协助扩散——易化扩散

载体蛋白（carrier protein）又称通透酶（permease），是一类与专一溶质结合后，通过一系列构象变化将溶质运过膜的跨膜蛋白。凡是溶质分子借助载体蛋白，顺浓度梯度，不消耗代谢能的跨膜运输称为易化扩散（facilitated diffusion）。

易化扩散具有以下几个特点：

1. 高度特异性。载体蛋白与所结合的溶质有专一的结合部位，而不同的溶质由不同的载体蛋白进行运输。各种单糖和二糖、氨基酸、核苷酸等，穿过细胞膜需要借助于高度专一性的载体蛋白帮助。

2. 载体的饱和性。协助扩散的速率仅在一定范围内同物质的浓度差成正比。细胞膜上特定载体蛋白的数量相对恒定，当所有载体蛋白的结合部位都被占据，载体处于饱和状态时，转运速率达到最大值，扩散维持在一定水平。

3. 高效性。通过载体易位机制转运，比自由扩散转运速率高。当某一溶质分子与某特异的载体蛋白结合后，蛋白分子构象发生可逆性变化而实现将物质从膜的高浓度一侧运至低浓度的另一侧。同时，随着构象变化，载体与溶质的亲和力也改变，于是，物质与载体分离而被释放，载体又恢复原来构象。如此反复循环使用。

如人红细胞膜上的葡萄糖载体蛋白由内外四个亚基组成复合体。当葡萄糖分子与外侧两个亚基结合时引起它们的构象变化，将葡萄糖甩入膜的中部。而后与内侧的两个亚基结合，通过构象变化，再将葡萄糖甩入细胞内。红细胞膜上约有 5 万个葡萄糖载体，其最大传送速度约每秒 180 个葡萄糖分子（图 4-7）。

非脂溶性（极性）物质如葡萄糖、氨基酸、核苷酸、离子等，不能以简单扩散方式进出细胞，它们穿过细胞膜需要借助于特定载体的帮助。

简单扩散和协助扩散都属于被动运输。被动运输是指物质从浓度较高的一侧通过膜运输到浓度较低的一侧，不消耗细胞代谢能的运输方式。

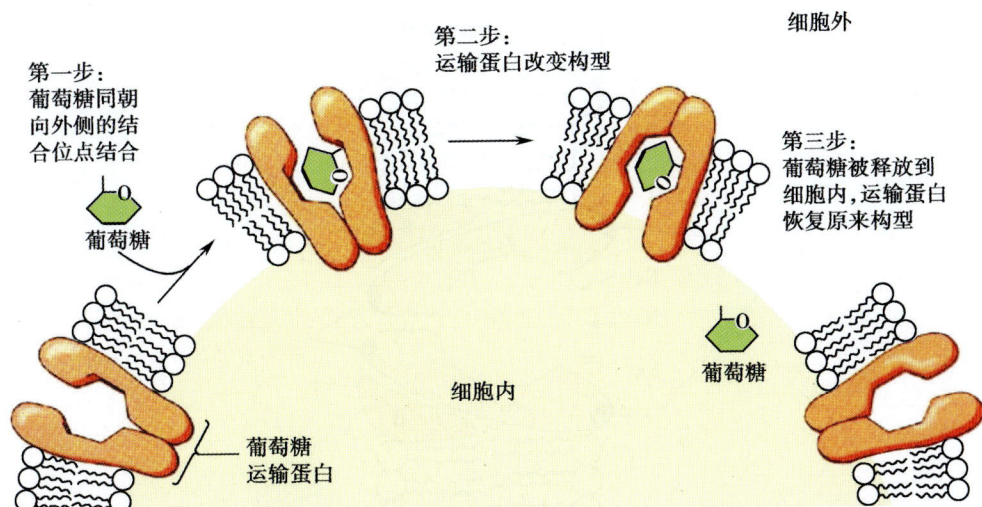

图 4-7 红细胞膜载体蛋白协助葡萄糖扩散示意图（引自 Becker et al，1996）

二、主动运输

人们早就发现，有些离子在细胞内外的浓度差别很大，如大多数动物和人的细胞，K^+ 浓度在细胞内很高，Na^+ 浓度则细胞内很低。这种浓度差的维持有重要的生理意义，如形成膜电位，调节细胞渗透压等。细胞具有逆浓度梯度运输物质的能力，在这种转运过程中，除了需要借助膜上载体蛋白外，还要消耗代谢能（分解 ATP）。细胞这种利用代谢能，驱动物质逆浓度梯度转运的运输，称为主动运输（active transport）。

主动运输的特点是：①逆浓度梯度（逆化学梯度）运输。②需要能量（由 ATP 直接供能）或与释放能量的过程偶联（协同运输）。③都有载体蛋白。

主动运输根据所需能源来源不同分为初级主动运输和次级主动运输。

（一）初级主动运输

初级主动运输（primary active transport），是一种直接利用细胞代谢能进行跨膜转运的主动转运方式。转运蛋白大多数为具有利用水解 ATP 提供能量的跨膜蛋白 ATP 酶（ATPase）。参与主动运输的载体蛋白常被称为离子泵（ion pump），这是因为它们能够水解 ATP，并利用 ATP 水解释放出的能量驱动物质逆浓度梯度跨膜运输。细胞膜上存在的主要是 Na^+-K^+ 泵、Ca^{2+} 泵和质子泵。

1. Na^+-K^+ 泵 Na^+-K^+ 泵是动物细胞膜上由 ATP 驱动的将 Na^+ 输出到细胞外同时将 K^+ 输入细胞内的离子泵，又称 Na^+ 泵或 Na^+-K^+-ATP 酶（图 4-8A）。

Na^+-K^+ 泵是由大亚基（α 亚基）和小亚基（β 亚基）组成的二聚体，分子量约 2.5 万。大亚基是跨膜蛋白，在膜的内侧有 ATP 结合位点、Na^+ 结合位点，细胞外侧有 K^+ 结合位点，同时是乌本苷（ouabain）结合位点。小亚基为糖蛋白，位于膜外表面半嵌，作用机制尚不清楚。Na^+-K^+ 泵有两种构象，分别与 Na^+、K^+ 有不同的亲和力。

Na^+-K^+ 泵的转运过程主要靠 Na^+-K^+-ATP 酶的构象变化完成，具体可分为六个步骤（图 4-8B）：①在静息状态，Na^+-K^+ 泵上的 Na^+ 结合位点暴露在膜内侧，与 Na^+ 的亲和力较高，3 个 Na^+ 与该位点结合。② ATP 酶结合 Na^+ 后被激活，分解 ATP，释放 ADP，α 亚基被磷酸化。③ α 亚基磷酸化，酶发生构型变化，与 Na^+ 结合的部位转向膜外侧，与 Na^+ 的亲和力降低，向胞外释放 3 个 Na^+。④磷酸化的酶对 K^+ 的亲和力增高，膜外的 2 个 K^+ 同 α 亚基结合。⑤ ATP

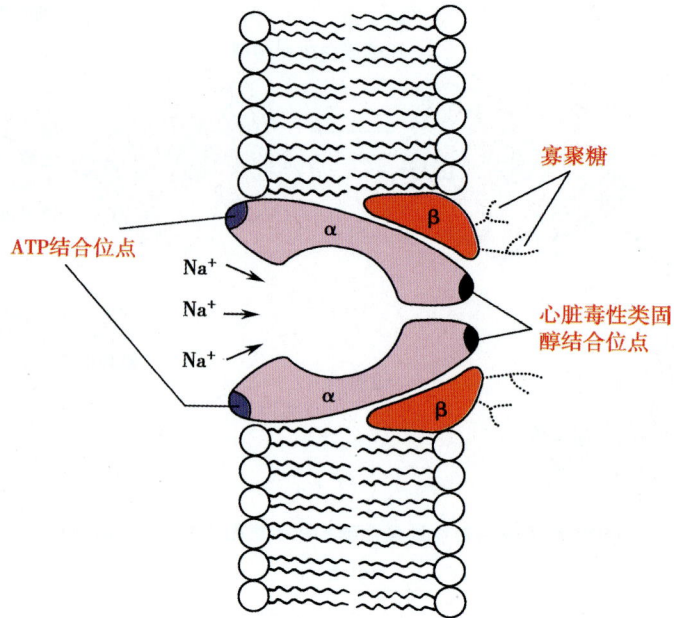

A. Na$^+$-K$^+$-ATP 泵的结构

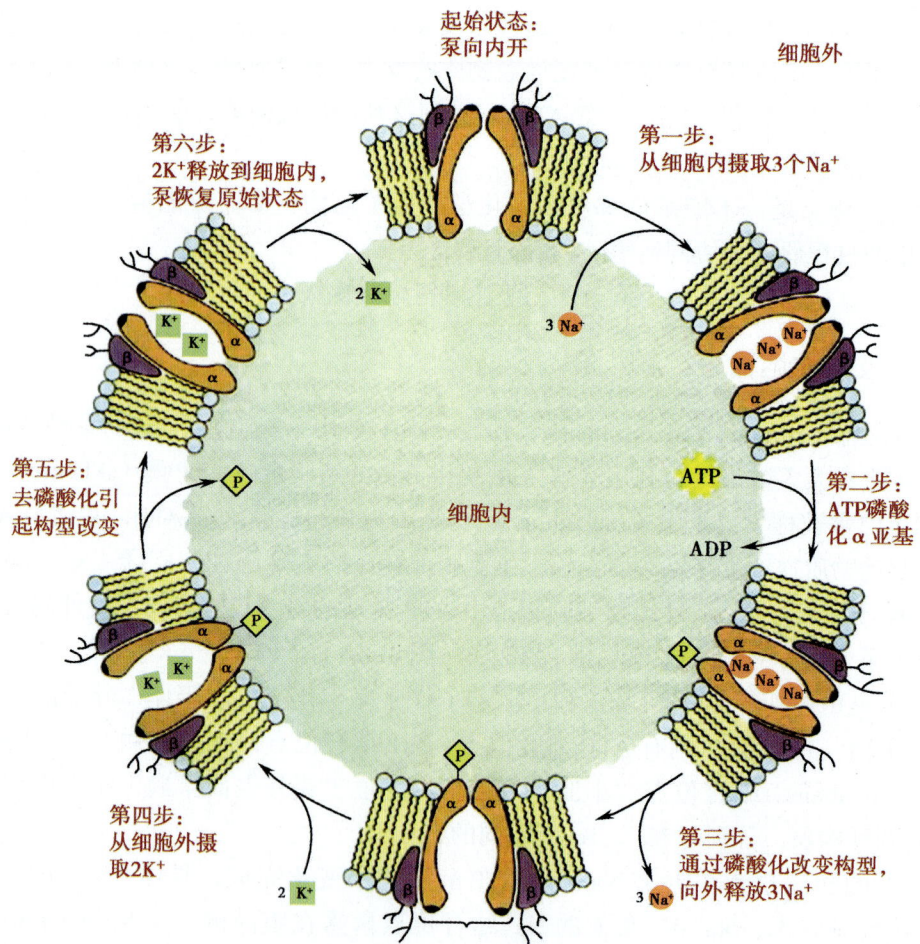

B. Na$^+$-K$^+$-ATP 泵工作原理示意图

图 4-8 钠钾泵（引自 Becker et al, 1996）

酶去磷酸化。⑥去磷酸化后的酶与 K^+ 的结合部位又转向膜内侧，与 K^+ 的亲和力变低，将结合的 K^+ 释放到细胞内。

可见，随着 ATP 被分解，酶快速地磷酸化和去磷酸化，不断发生构象变化，从而对 Na^+、K^+ 亲和力改变，可逆地结合与释放。ATP 酶构象变化迅速，1000 次 / 秒。ATP 酶每水解一个 ATP，运出 3 个 Na^+，输入 2 个 K^+。Na^+-K^+ 泵工作的结果，使细胞内的 Na^+ 浓度比细胞外低 10 ～ 30 倍，而细胞内的 K^+ 浓度比细胞外高 10 ～ 30 倍。由于细胞外的 Na^+ 浓度高，且 Na^+ 是带正电的，所以 Na^+-K^+ 泵使细胞外带上正电荷。

Na^+-K^+ 泵具有三个重要作用，一是维持了细胞 Na^+ 的平衡，抵消 Na^+ 的渗透作用；二是在建立细胞质膜两侧 Na^+ 浓度梯度的同时，为葡萄糖协同离子泵提供了驱动力；三是 Na^+ 泵建立的细胞外电位，为神经和肌肉电脉冲传导提供了基础。

2. Ca^{2+} 泵 Ca^{2+} 泵的工作原理类似于 Na^+-K^+ 泵。在细胞质一侧有 2 个 Ca^{2+} 结合的位点，Ca^{2+} 结合后酶被激活，分解 1 分子 ATP，酶被磷酸化，Ca^{2+} 泵构型发生改变，结合 Ca^{2+} 的一面转到细胞外侧，Ca^{2+} 结合亲和力降低，Ca^{2+} 被释放，之后酶发生去磷酸化，构型恢复到原始的静息状态。Ca^{2+} 泵主要将 Ca^{2+} 输出细胞或泵入内质网腔中储存起来，以维持胞质中低浓度的 Ca^{2+}。如肌质网释放 Ca^{2+} 就会引起肌细胞收缩，当肌肉松弛时，肌质网上的 Ca^{2+} 泵又将 Ca^{2+} 泵回肌质网。

（二）次级主动运输

次级主动运输（secondary active transport），是指膜上载体蛋白利用已建立起的跨膜电化学梯度能量进行物质跨膜转运的一种主动转运方式，即膜蛋白介导的一种离子或分子的跨膜转运要依赖于另一种分子顺浓度梯度（或电化学梯度）跨膜转运的过程，也称协同运输（cotransport）。根据两种物质转运方向是否相同分为同向协同（symport）与反向协同（antiport）。

1. 同向协同 同向协同（symport）指物质运输方向与离子转移方向相同。如小肠细胞对葡萄糖的吸收（图 4-9）。

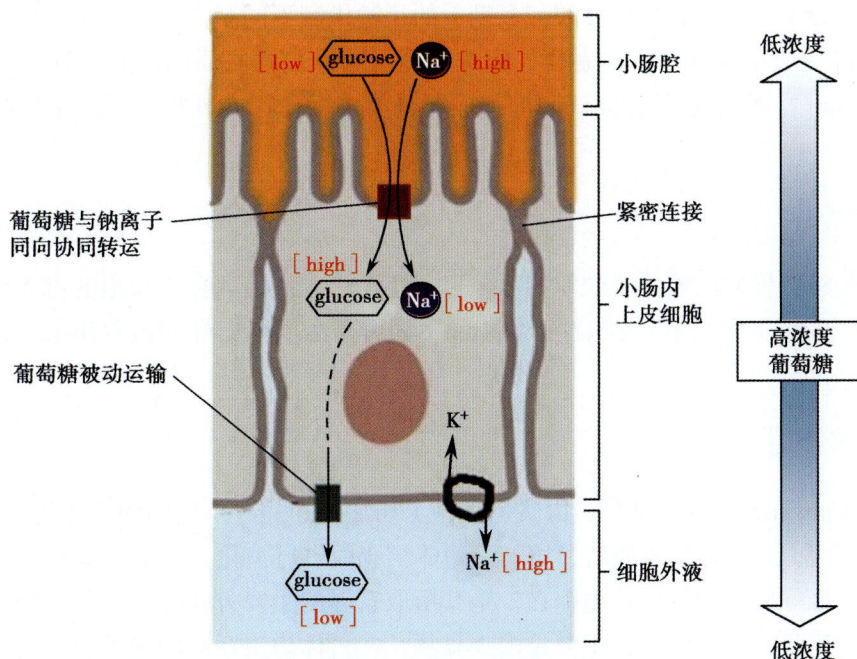

图 4-9 小肠对葡萄糖的吸收

该运输系统是靠同向运载体和钠泵两个组分来完成的。一组分是膜中同向转运的载体，此蛋白有两个结合点，当细胞外 Na^+ 浓度高时，可分别与 Na^+ 和葡萄糖相结合，载体蛋白即发生构象变化，使 Na^+ 顺浓度梯度进入细胞的同时，葡萄糖或氨基酸就靠 Na^+ 的势能驱动，也相伴逆浓度梯度进入细胞，与载体分离而释放，载体蛋白又返回原构象，反复转运。另一组分是钠泵，Na^+ 顺浓度梯度回流到细胞内时，Na^+ 泵就开始工作，依靠分解 ATP 提供能量，不断将 Na^+ 泵出细胞外，维持细胞内外 Na^+ 的浓度差。所以，氨基酸、葡萄糖并不直接利用 ATP，而是利用 Na^+ 泵产生的 Na^+ 浓度梯度的势能伴随运输，不断进入细胞，实际上是 Na^+ 泵和同向转运载体共同协作而完成的，是一种间接的主动运输。

这种协同运输对小肠上皮吸收肠道营养物质有重要作用，小肠上皮细胞吸收葡萄糖、果糖、甘露糖、半乳糖以及各种氨基酸等，都是通过 Na^+ 梯度驱动的伴随运输进行的。在大多数细胞中，H^+ 浓度梯度驱动着细胞对大多数糖基和氨基酸的运输。

2. 反向协同 反向协同（antiport）物质跨膜运动的方向与离子转移的方向相反，如动物细胞常通过 Na^+/H^+ 反向协同运输的方式来转运 H^+ 以调节细胞内的 pH 值，即 Na^+ 的进入胞内伴随着 H^+ 的排出。此外质子泵可直接利用 ATP 运输 H^+ 来调节细胞 pH 值。

通常，一种物质运输并不只是一种机制来实现的，如 Na^+ 可由离子通道扩散，钠泵主动运输、协同运输等，葡萄糖、氨基酸可易化扩散、协同运输等。每个细胞膜也不只存在一种运输方式。如小肠上皮细胞顶部细胞膜与肠腔内物质转运是协同运输、从细胞内向细胞间液物质转运属于易化扩散。

膜运输系统异常会引发疾病。如胱氨酸尿症，是由于细胞膜上的胱氨酸载体蛋白先天性缺陷，使病人尿中含有大量的胱氨酸，当 pH 值下降时，胱氨酸沉淀形成结石。而肾性糖尿病是由于肾小管上皮细胞膜中吸收糖类的载体蛋白先天性缺陷而发生的。

第四节　大分子物质的跨膜运输

细胞膜对大分子（蛋白、多核苷酸、多糖）的运输机制不同于小分子溶质和离子，真核细胞通过细胞膜内部形成小膜泡及膜的融合，完成大分子与颗粒性物质的跨膜运输，称为膜泡运输（vesicular transport）。根据运输方向，膜泡运输可分为内吞作用和外排作用。也称胞吞作用和胞吐作用。

一、内吞作用

细胞膜内陷将所摄取的液体或颗粒物质包裹，逐渐形成细胞内独立囊泡的过程称为内吞作用（endocytosis）。根据胞吞机制以及胞吞物大小的不同可分为受体介导的胞吞作用、吞噬作用、胞饮作用等。

（一）吞噬作用

吞噬作用（phagocytosis）内吞的物质是固体（如细胞碎片、入侵的病原体等），形成的膜泡较大，称为吞噬泡，它内移至胞质后，可与溶酶体结合而进行消化、分解、清除（图 4-10）。

吞噬作用在低等原生动物中普遍存在，是其摄取营养的主要方式。而高等动物和人体，只少数特化的吞噬细胞具有吞噬作用，主要是消灭异物，在机体防卫系统中起重要作用。如中性颗粒细胞和巨噬细胞具有极强的吞噬能力，以保护机体免受异物侵害。

（二）胞饮作用

胞饮作用（pinocytosis）内吞的物质是含大分子的液体溶质，形成的膜泡较小，称为胞饮小泡（图 4-11）。胞饮作用是非选择性吸收，它在吸收水分的同时，把水分中的物质一起吸收进来，如各种盐类和大分子物质甚至病毒。

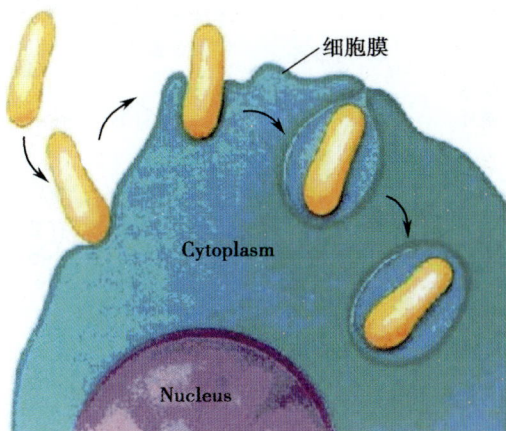

图 4-10　吞噬作用　　　　　　　　图 4-11　胞饮作用

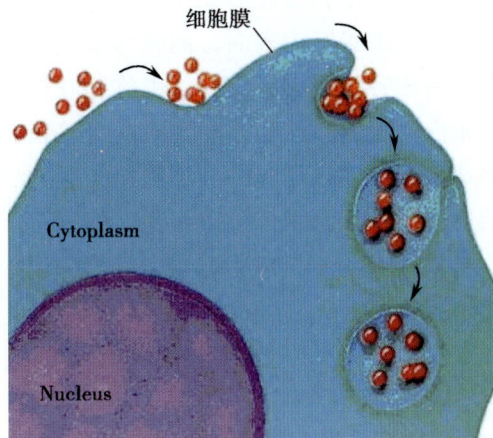

（三）受体介导的内吞作用

细胞的内吞作用根据其作用机制的不同又可分为批量内吞（bulk-phase endocytosis）和受体介导的内吞（receptor mediated endocytosis，RME）两类。批量内吞是非特异性的摄入细胞外物质，如培养细胞摄入辣根过氧化物酶。细胞表面的内陷是发生非特异性内吞部位。

受体介导的内吞作用是一种专一性很强的选择浓缩机制，既可保证细胞大量地摄入特定的大分子，同时又避免了吸入细胞外大量的液体。低密度脂蛋白、运铁蛋白，生长因子、胰岛素等蛋白类激素，糖蛋白等，都是通过受体介导的内吞作用进行的。

受体介导过程中，一些特定的大分子结合到专一的细胞表面受体，引起受体移动，聚集到质膜一定部位，并向内凹陷，其膜的内侧面形成有刺毛状衣被结构，称为有被小窝（coated pits）。结合于特定细胞表面受体的这些大分子经过有被小窝内陷，最终从膜上脱落下来，形成覆盖有衣被的有被小泡。形成的有被小泡在几秒钟内即脱去其包被，形成无被小泡，可再与其他无被小泡融合形成较大的膜泡，称为胞内体。受体介导的内吞具有高效性、高度特异性，其内吞速度比批量内吞作用快得多，能使细胞大量、专一地摄入和消化特定的大分子，既使这些大分子胞外浓度很低，也能被选择吞入，同时又避免了吸入大量细胞外液体，可使细胞有选择地吞入大量浓集专一的大分子，激素、转铁蛋白及低密度脂蛋白（LDL）等重要大分子。

低密度脂蛋白（LDL 颗粒）是富含胆固醇的脂蛋白，是胆固醇的运输形式，由肝脏合成进入血液，悬浮其中。胆固醇是动物细胞膜形成的必需原料，当细胞需要胆固醇时，便合成一些 LDL 受体蛋白插入细胞膜中，并自动向有被小窝处集中，在结合 LDL 后，小窝内陷形成衣被小泡，并很快脱去衣被成为无被小泡，并内移与其他的无被小泡融合成胞内体（内吞体），而其中的内含物受体返回质膜。LDL 进入溶酶体，水解为游离的胆固醇被细胞利用（图 4-12）。如果细胞膜上缺乏与 LDL 特异结合的受体，胆固醇不能被利用而积累在血液中，可引起动脉粥样硬化。

二、外排作用

与细胞的内吞作用相反,外排作用(exocytosis)是将细胞内的分泌泡或其他某些膜泡中的物质通过细胞膜运出细胞的过程。有些大分子物质通过形成小膜泡从细胞内部逐渐移至细胞膜内表面,泡膜与细胞膜相融合,将内容物排出细胞外,也称胞吐作用。细胞内不能消化的物质和合成的分泌蛋白都是通过这种途径排出的。细胞所合成的生物活性物质(分泌物)排出细胞外的过程称为分泌(secretion),包括组成型分泌与调节型分泌。

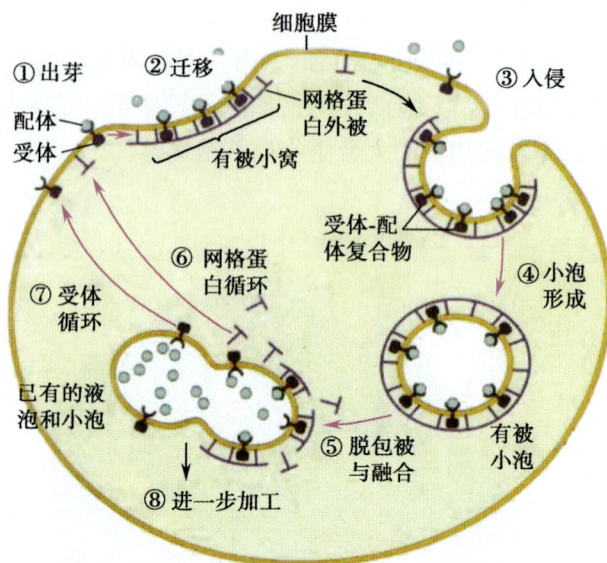

图 4-12 LDL 受体胞吞作用示意图

(一)组成型分泌

组成型分泌(constitutive secretion)又称连续性分泌、固有分泌,是细胞合成的分泌蛋白质不受细胞外界调节因素的作用,可持续不断地被细胞分泌出去的一种分泌方式。在粗面内质网中合成的蛋白质除了某些有特殊标志的蛋白驻留在内质网或高尔基体中或选择性地进入溶酶体和调节型分泌泡外,其余的蛋白均沿着粗面内质网→高尔基体→分泌泡→细胞表面这一途径完成其转运过程。其作用在于不断向细胞膜供应、更新膜蛋白和膜脂类,确保细胞分裂前细胞膜的生长;向细胞外分泌可溶性蛋白,成为膜外周蛋白、细胞外基质组分、营养成分或信号分子。

(二)调节型分泌

调节型分泌(regulated secretion)又称受调分泌,是分泌蛋白质储存于分泌颗粒中,在细胞受到胞外信号作用时才分泌到胞外的一种选择性分泌方式。主要见于特化的分泌细胞,其蛋白分选信号存在于蛋白本身,由高尔基体反面管网区上特殊的受体选择性地包装为运输小泡。分泌细胞产生的分泌物(如激素、黏液或消化酶)储存在分泌泡内,当细胞受到胞外信号刺激时,分泌泡与质膜融合并将内含物释放出去。

细胞的内吞和外排作用是一个连续快速地膜移动、膜重排、膜融合过程,都要消耗代谢能,从这一点讲,也是一种主动运输。因此,任何抑制能量代谢的因素均影响内吞和外排的膜泡运输。

第五节　细胞表面的特化结构

细胞膜在结构与功能上并不是孤立存在的,各类细胞在质膜外还附有一些物质和结构,它们参与了细胞膜功能的实现。当前,人们把细胞膜、细胞膜外面的糖萼(亦称细胞外被)、细胞间连接结构以及膜的其他一些特化结构等总称为细胞表面(cell surface),有的把细胞膜内表面0.1 ～ 0.2μm酸溶胶层(胞质溶胶)也包括在内。细胞表面是一个复合的结构体系,其中细胞膜是细胞表面结构与功能的核心,它和细胞表面的其他结构一起,使细胞有了一个稳定的微环境,实现其物质交换、信息传递、细胞识别和免疫反应等功能活动。下面重点介绍细胞连接和其他特化结构。

一、细胞侧面的特化结构——细胞连接

细胞与细胞间或细胞与细胞外基质的连结结构称为细胞连接（cell junction）。是指多细胞有机体中相邻细胞接触区域特殊分化形成的连接结构，作用是加强细胞间的机械联系，维持组织结构的完整性，协调细胞间的功能活动。它们在结构上包括细胞膜特化部分、膜内侧胞质部分和细胞间隙部分。根据结构与功能的不同，可分为封闭连接、锚定连接和通讯连接三类。下面分别介绍它们的结构和功能特点。

（一）封闭连接

封闭连接（occluding junction）主要有紧密连接和间壁连接两种形式。其中紧密连接存在于脊椎动物上皮细胞间。间壁连接是存在于无脊椎动物上皮细胞的紧密连接。

紧密连接（tight junction）又称封闭小带（zonula occludens），广泛分布于各种上皮细胞管腔面细胞间隙的顶端，在紧密连接处相邻细胞膜点状融合，形成一条封闭带，它是跨膜连接糖蛋白组成的对合封闭链（图4-13、4-14）。紧密连接的主要功能是封闭上皮细胞的间隙，形成与外界隔离的封闭带，防止细胞外物质无选择性地通过间隙进入组织或组织中的物质回流入腔中，保证组织内环境的稳定性；同时将细胞两端不同功能的转运蛋白隔开，使其不能自由流动，保证物质转运的方向性。

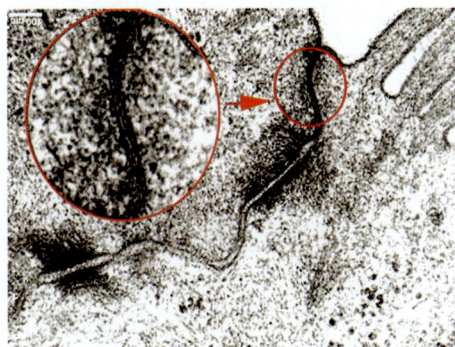

图4-13　紧密连接位于上皮细胞的上端

（二）锚定连接

锚定连接（anchoring junction）在机体组织内分布很广泛，在上皮组织、心肌和子宫颈等组织中含量尤为丰富。锚定连接是通过细胞骨架系统将细胞与相邻细胞或细胞与基质之间连接起来的连接方式。根据直接参与细胞连接的骨架纤维的性质不同，锚定连接又分为与中间纤维相关的锚定连接和与肌动蛋白纤维相关的锚定连接。前者包括桥粒和半桥粒；后者主要有黏着带和黏着斑。

1. 桥粒　桥粒（desmosome）又称点状桥粒（spot desmosome），是相邻细胞间的一种斑点状黏着连接结构。分布于易受牵拉和摩擦的组织中，如口腔黏膜上皮、心脏组织（图4-15）。钙黏蛋白通过附着蛋白与中间纤维相联系，提供细胞内中间纤维的锚定位点。中间纤维横贯细胞，形成网状结

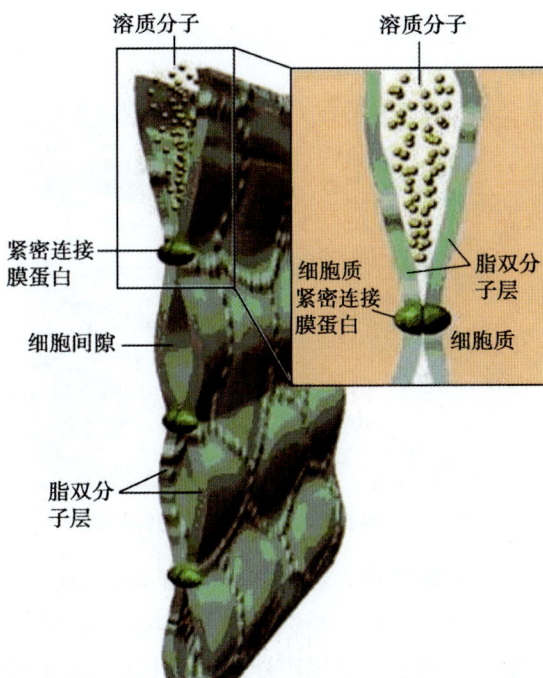

图4-14　紧密连接的模式图（引自 John Wiley and Sons.Inc. 1999）

构，同时还通过桥粒与相邻细胞连成一体，形成整体网络，起支持和抵抗外界压力与张力的作用（图 4-16）。

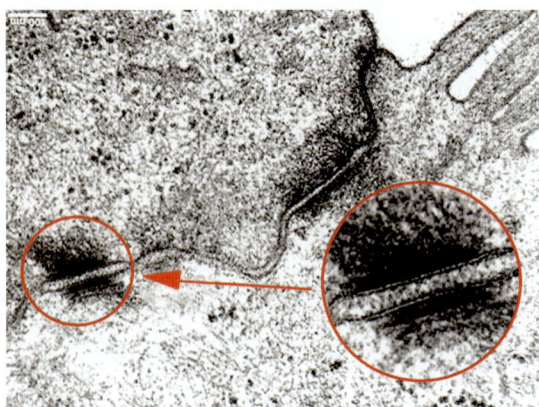

图 4-15　桥粒位于黏着带下方

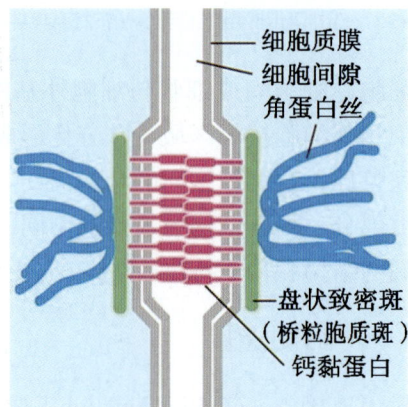

图 4-16 桥粒的结构模型

2. 半桥粒　半桥粒（hemidesmosome）是上皮细胞与其下方基膜间形成的特殊连接，位于上皮细胞基面与基膜之间（图 4-17），通过细胞膜上的整联蛋白将上皮细胞锚定在基底膜上，防止机械力造成细胞与基膜脱离（图 4-18）。在形态上类似半个桥粒，但其蛋白质成分与桥粒有所不同，是整联蛋白而非钙黏蛋白。

3. 黏着带　黏着带（adhesion belt）又称带状桥粒（belt desmosome），位于上皮细胞紧密连接的下方，靠钙黏蛋白同肌动蛋白相互作用，将两个细胞连接在一起，其质膜内侧与肌动蛋白丝相连。通常位于上皮细胞紧密连接的下方（图 4-15）、小肠上皮细胞等处（图 4-19）。是相邻细胞间形成的一个连续的带状连接结构，跨膜蛋白通过微丝束间接将组织连接在一起，提高组织的机械张力。

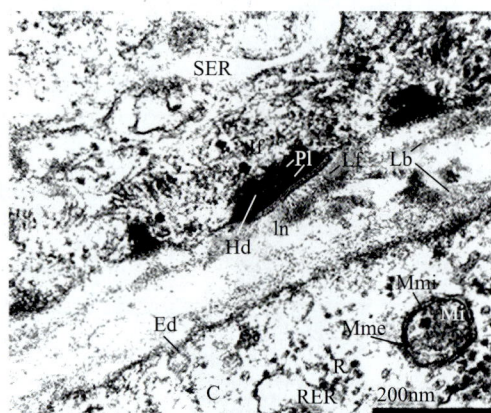

图 4-17 半桥粒连接上皮细胞基面和基膜

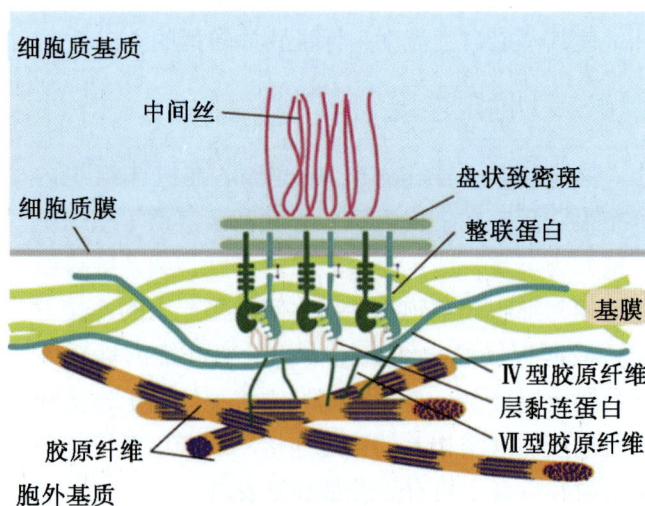

图 4-18 半桥粒结构模式图

4. 黏着斑　黏着斑（focal adhesion），是通过整联蛋白锚定到细胞外基质上的一种动态的锚定型细胞连接。整联蛋白的细胞质端通过衔接蛋白质与肌动蛋白丝相连（图 4-20）。存在于某些细胞的基底，呈局限性斑状。其形成对细胞迁移是不可缺少的。体外培养的细胞常通过黏着斑黏附于培养皿上。

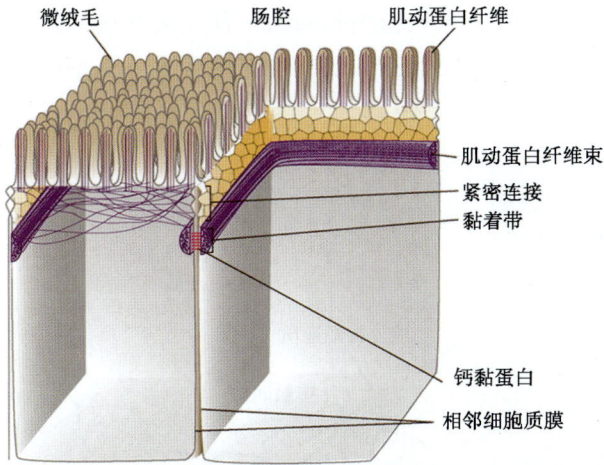

图 4-19 小肠上皮细胞之间的黏着带示意图

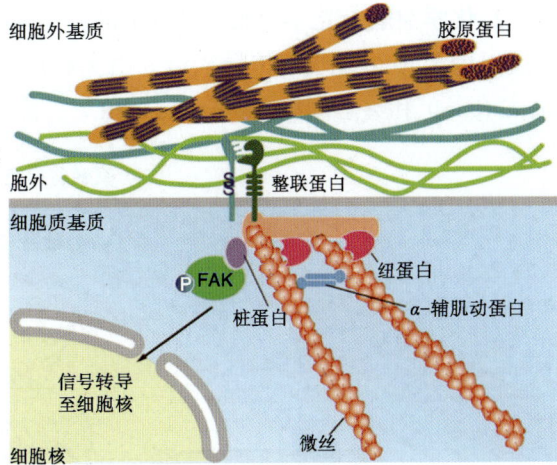

图 4-20 黏着斑结构示意图

（三）通讯连接

通讯连接（communicating junction）是一种特殊的细胞连接方式，位于特化的具有细胞间通讯作用的细胞。它除了有机械的细胞连接作用之外，还可以在细胞间形成电偶联或代谢偶联，以此来传递信息。动物细胞的通讯连接为间隙连接与化学突触，而植物细胞的通讯连接则是胞间连丝。

1. 间隙连接 间隙连接（gap junction）是动物细胞中，由连接子构成的细胞间通信连接（图 4-21、4-22）。连接基本结构单位是连接小体，为点阵排列的颗粒，两个细胞膜的连接小体相连形成相邻细胞间的通道。小体呈圆柱状，由 6 个连接蛋白分子的亚基构成，每个连接蛋白分子跨膜 4 次。连接小体孔道的开放、闭合及孔径大小受到膜电位、pH 值、Ca^{2+} 浓度等多种因素的影响。间隙连接的作用主要表现在：细胞黏着（细胞彼此连接在一起）和细胞通讯，间隙连接对物质的通透具有选择性，形成细胞间的代谢偶联；同时连接处的电阻抗很低，形成细胞间的电偶联，可以使细胞群的活动同步化。

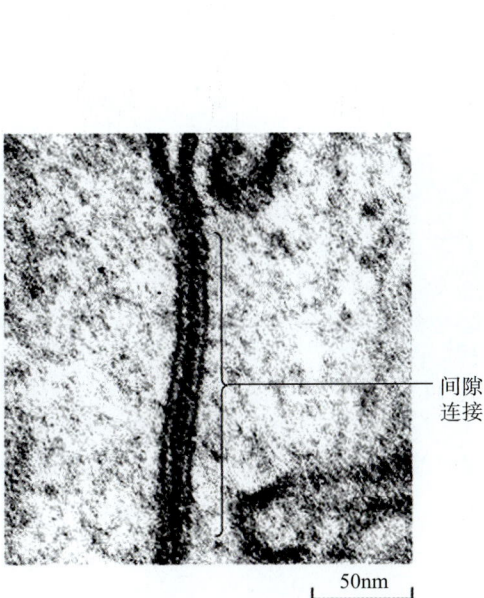

图 4-21 间隙连接电镜照片

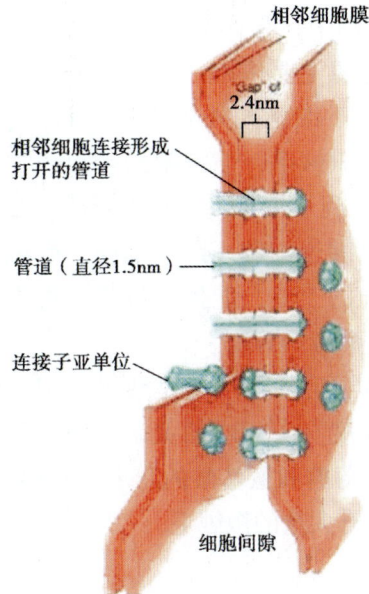

图 4-22 间隙连接模型

2. 化学突触 化学突触（chemical synapse）是存在于可兴奋细胞间的一种连接方式，其作用是通过释放神经递质来传导兴奋。由突触前膜（presynaptic membrane）、突触后膜（postsynaptic membrane）和突触间隙（synaptic cleft）三部分组成（图 4-23）。

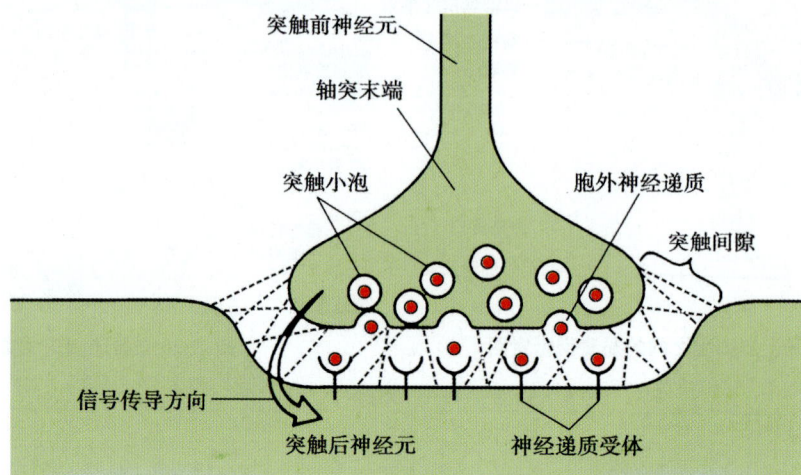

图 4-23 化学突触的结构模型

当神经冲动传到突触前膜，突触小泡释放神经递质，为突触后膜的受体接受（配体门通道），引起突触后膜离子通透性改变，膜去极化或超极化。

二、细胞游离面的特化结构

细胞表面还具有一些特化的附属结构，主要有微绒毛、纤毛和鞭毛等，这些结构在细胞执行特定功能方面起重要作用。由于其结构细微，多数只能在电镜下观察到。

（一）微绒毛

微绒毛（microvillus）广泛存在于动物细胞的游离面，是细胞表面伸出的细长指状突起。垂直于细胞表面，微绒毛表面是质膜，内部是细胞质的延伸部分，其间有数十根细丝，根部埋在质膜下方的终网中，有支撑作用（图 4-24）。

微绒毛的主要作用：①扩大细胞的表面积，有利于细胞同外界物质进行交换。如小肠上的微绒毛，使细胞的表面积扩大了 30 倍，有利于大量吸收营养物质。②在游走细胞如淋巴细胞、巨噬细胞，微绒毛似细胞运动的工具，能搜索抗原、毒素及摄取细菌、病毒等异物。

不论微绒毛的长度还是数量，都与细胞的代谢强度有着相应的关系。例如肿瘤细胞，对葡萄糖和氨基酸的需求量都很大，因而大都带有大量的微绒毛。

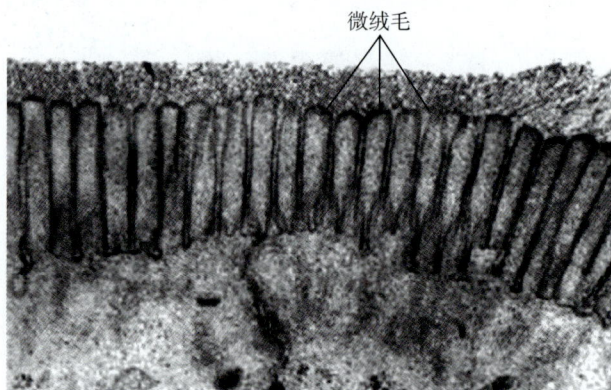

图 4-24 微绒毛

（二）纤毛和鞭毛

1. 纤毛　纤毛（cilium）是一种从真核细胞表面延伸出来的由细胞膜包被微管而形成的细胞器。主要由纤毛膜、轴丝和基体构成。包括动纤毛与不动纤毛两类。大量的动纤毛有规律地摆动，能使细胞微环境中的液体定向流动，或其表面的物质定向运动；不动纤毛主要作为感觉性细胞器，参与细胞信号转导。在哺乳动物中，纤毛只出现在一些特定的部位，如呼吸道、生殖道的上皮，靠纤毛有节律地摆动，形成一定方向的波浪式运动，推动细胞表面的液体或颗粒状物质前进，在呼吸道可清除分泌物与异物，在输卵管又将卵子运送至子宫。这些细胞本体不动，纤毛的摆动可推动物质越过细胞表面，进行物质运送。

2. 鞭毛　鞭毛（flagellum）是一种从真核细胞表面伸出的特化纤毛。由细胞膜、轴丝和基体组成，如原生动物和高等动物的精子的鞭毛。

纤毛和鞭毛二者在发生和结构上并没有什么差别，其核心结构均由 9+2 微管构成，称为轴丝（图 4–25）。

鞭毛和纤毛如出现异常，可导致一系列疾病，如纤毛不动综合征、Young 氏综合征及囊性纤维化等。近年来，科学家们发现这些呼吸系统疾病与男性不育症有一定的关系。如纤毛不动综合征患者多有慢性肺部炎症、慢性鼻炎及鼻息肉、慢性或复发性上颌窦炎及筛窦炎的病史，约 50% 的患者有内脏转位现象，患者的第二性征及性器官发育正常，精液量及精子数量在正常范围，精液染色显示精子是存活的，但不能运动或很少运动，超微结构检查可见鞭毛轴丝的病理改变。

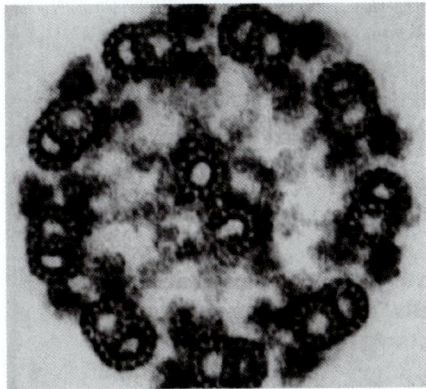

图 4–25　精子鞭毛横切（示 9+2 微管结构）

第五章

细胞外基质

在多细胞生物中，机体的组织由细胞和细胞外基质共同构成。细胞外基质（extracellular matrix）是指分布于细胞外空间，由细胞合成分泌的多糖和蛋白质构成的精密而有序的网络结构，为细胞的生存及活动提供适宜的场所，为组织、器官乃至整个机体的完整性提供力学支持和物理强度。细胞外基质通过与细胞膜上的细胞外基质受体（如整合素）结合，与细胞建立相互联系。各种组织中细胞外基质的含量不同，如在骨骼和皮肤中它占主要部分，而在脑、肝及脊髓中却很少。细胞外基质的组分及组装形式由所产生的细胞决定，并与组织的特殊功能需要相适应，有的细胞外基质很硬（如骨、牙的钙化基质），有的则软而透明（如角膜的透明基膜），有的似绳索（如肌腱），有的如节片（如上皮和结缔组织之间的基膜）。

细胞外基质既是细胞生命代谢活动的分泌产物，又构成和提供组织细胞整体生存和功能活动的直接微环境；既是细胞功能活动的体现者与执行者，又是机体组织的重要结构成分。细胞外基质对组织细胞起支持保护和营养作用，同时对细胞的分裂、分化、识别、黏着、运动迁移等生理活动也有重要作用。可以说，细胞外基质对细胞的一切功能活动都有影响，有时甚至具有决定性作用。此外，细胞外基质还参与许多疾病的病理过程，如肿瘤转移、脏器纤维化及组织创伤修复等。

第一节　细胞外基质的构成

细胞外基质的成分主要由多糖和纤维蛋白构成。前者分为氨基聚糖和蛋白聚糖；后者分为胶原、弹性蛋白、纤连蛋白和层粘连蛋白等。其中胶原和弹性蛋白起结构作用，纤连蛋白和层粘连蛋白起黏合作用（图 5-1）。

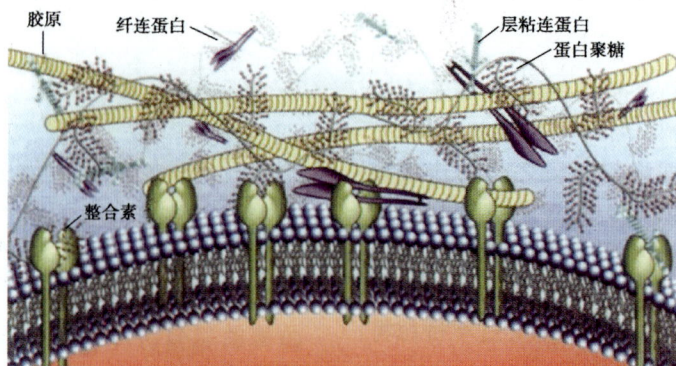

图 5-1　细胞外基质模式图（引自 cella.cn，2002）

一、多糖

多糖包括氨基聚糖（glycosaminoglycan）和蛋白聚糖（proteoglycan）。它们的结构特点使其具有独特的物理性质，即高度亲水性、酸性、抗压性、黏弹性及润滑性，并在体内占据相对巨大的体积，形成凝胶，允许细胞在其间迁移，水溶性分子在其间通透并发生必要的生化反应。

氨基聚糖和蛋白聚糖普遍存在于动物体内各种组织中，但数量与种类有所不同，结缔组织中含量最高。哺乳动物组织中的氨基聚糖的种类与含量可因生长、发育及年龄而不同。例如，在胚胎发育早期与组织创伤修复时，透明质酸的生成特别旺盛，它可促进细胞增殖，抑制细胞分化。一旦细胞增殖数量足够或细胞迁移到达靶位，便由透明质酸酶将其破坏，因而透明质酸的作用似乎是为细胞提供适宜的迁移及增殖条件，并防止细胞在增殖足量及迁移到位之前过早地进行分化。关节软骨中的蛋白聚糖随年龄的增长总量逐渐减少，硫酸角质素逐渐取代硫酸软骨素，糖链所占比重下降，肽链所占比重相对增加，因而导致组织的保水能力及弹性减弱。

（一）氨基聚糖

氨基聚糖是由重复的二糖单位聚合成的无分支直链多糖，因其二糖中的一个常为氨基糖而得名，过去称为黏多糖。在多数种类中，氨基聚糖的糖基常被硫酸化，且含糖醛酸。据糖基的性质、连接方式、硫酸化数量以及分布的不同，可将氨基聚糖分为透明质酸、硫酸软骨素、硫酸皮肤素、硫酸乙酰肝素、肝素、硫酸角质素等（表 5–1）。

表 5–1　氨基聚糖的分子特性及组织分布（引自 cella.cn' book'，2003）

氨基聚糖	二糖单位	硫酸基	分布组织
透明质酸	葡萄糖醛酸，N– 乙酰葡萄糖	0	结缔组织、皮肤、软骨、玻璃体、滑液
硫酸软骨素	葡萄糖醛酸，N– 乙酰半乳糖	0.2~2.3	软骨、角膜、骨、皮肤、动脉
硫酸皮肤素	葡萄糖醛酸或艾杜糖醛酸，N– 乙酰半乳糖	1.0~2.0	皮肤、血管、心、心瓣膜
硫酸乙酰肝素	葡萄糖醛酸或艾杜糖醛酸，N– 乙酰葡萄糖	0.2~3.0	肺、动脉、细胞表面
肝素	葡萄糖醛酸或艾杜糖醛酸，N– 乙酰葡萄糖	2.0~3.0	肺、肝、皮肤、肥大细胞
硫酸角质素	半乳糖，N– 乙酰葡萄糖	0.9~1.8	软骨、角膜、椎间盘

1. 透明质酸　是在进化过程中形成的结构最简单、最原始并唯一存在于原核细胞（如 A 型链球菌）的氨基聚糖。它是由葡萄糖醛酸与 N– 乙酰氨基葡萄糖组成重复的二糖单位，可含数千个糖基，唯一不发生硫酸化修饰的氨基聚糖。亦不与蛋白质共价结合，故不参与组成蛋白聚糖单体，但可借非共价键与蛋白聚糖单体的核心蛋白结合，构成蛋白聚糖多聚体的轴线，并借连接蛋白（linker protein）加固。透明质酸与其他六种氨基聚糖一起参与细胞外基质中蛋白聚糖的构成。透明质酸分子表面含有大量亲水基团，可结合大量水分子形成黏性的水化凝胶。透明质酸的这种理化性质赋予了组织较强的抗压性，并具有润滑剂的作用，利于细胞运动迁移。

2. 硫酸软骨素　是哺乳动物体内含量最丰富的氨基聚糖。在它重复的二糖单位中，因氨基半乳糖的 4 或 6 位碳原子（即 C–4 或 C–6）的 OH 基上发生硫酸化，故被称为 4– 硫酸软骨素或6– 硫酸软骨素，也曾被称为硫酸软骨素 A 或硫酸软骨素 C。实际上，在同一硫酸软骨素分子中，常同时在不同的 N– 乙酰氨基半乳糖基上分别存在 C–4 及 C–6 的硫酸化。硫酸软骨素二糖单位的重复序列借由三个糖基（→ Gal → Gal → Xyl）组成的一段"连接序列"与核心蛋白质的丝氨酸残基（Ser）以糖苷键相连。

3. 硫酸皮肤素 二糖单位为艾杜糖醛酸 N- 乙酰氨基半乳糖，亦含有少量的葡萄糖醛酸。在 N- 乙酰氨基半乳糖的 C-4 发生硫酸化，分子中的糖 – 肽连接与硫酸软骨素相同。因其结构与硫酸软骨素接近，也被称为硫酸软骨素 B。

4. 肝素 与硫酸乙酰肝素虽列为同一类，但分布、结构及功能颇具差异。肝素由紧靠血管的肥大细胞合成，储存于胞质颗粒内。当肥大细胞受刺激时释放肝素入血，发挥抗凝作用。硫酸乙酰肝素则普遍存在于各种细胞的表面，参与膜结构、细胞之间和细胞与基质之间的相互作用。肝素和硫酸乙酰肝素的共同结构特点是：均以艾杜糖醛酸或葡萄糖醛酸与 N- 乙酰氨基葡萄糖组成二糖单位。分子中 N- 乙酰氨基葡萄糖基常发生去乙酰化并代之以硫酸化（N- 硫酸化），同时 C-6（有的还有 C-3）羟基也常发生 O- 硫酸化，甚至艾杜糖醛酸的 C-2 亦可发生 O- 硫酸化。故肝素与硫酸乙酰肝素的硫酸化程度可高达每个二糖单位有 3 个硫酸基（$-SO_3^-$）。肝素与硫酸乙酰肝素的不同之处在于：①肝素的艾杜糖醛酸多于葡萄糖醛酸，而在硫酸乙酰肝素则二者大致相等。②硫酸乙酰肝素与肝素相比乙酰化程度高，其硫酸化程度较低（去乙酰化少，N- 硫酸化及 O- 硫酸化均较少）。③肝素及硫酸乙酰肝素与核心蛋白质的连接方式虽均与硫酸软骨素相同，但核心蛋白质的肽链却完全不同

5. 硫酸角质素 有两种不同的类型，即角膜中唯一的氨基聚糖硫酸角质素 I，骨、软骨及髓核等支持组织的硫酸角质素 II。这两种硫酸角质素内具有相同的重复二糖单位，不同的糖肽连接方式。硫酸角质素的二糖单位含半乳糖去糖醛酸，这与其他氨基聚糖不同。软骨素、皮肤素及角质素的硫酸化程度皆随年龄的增长而增加。

（二）蛋白聚糖

1. 蛋白聚糖的结构 蛋白聚糖是一种含糖量极高（可达 95% 以上）的糖蛋白，由氨基聚糖（除透明质酸外）与核心蛋白（core protein）共价结合形成的高分子量复合物。核心蛋白为单链多肽，一条核心蛋白的多肽链可共价结合一至数百条氨基聚糖链，构成蛋白聚糖单体。若干个单体通过连接蛋白以非共价键与透明质酸结合成为一个巨大的蛋白聚糖多聚体（图 5-2）。蛋白聚糖中可含有不同的核心蛋白及长度和成分不同的糖胺聚糖链，因此，蛋白聚糖具有显著的多态性。由于氨基聚糖含有大量负电荷，同电相斥，其长链分子高度伸展似丝羽，强亲水性。分子易结合大量水而膨胀，使细胞外基质形成抗压性极强的多孔胶冻状，可缓冲、减轻机械力冲撞所造成的损伤，并允许水溶性分子和细胞在其间迁移，形成分子和细胞通透的分子筛。

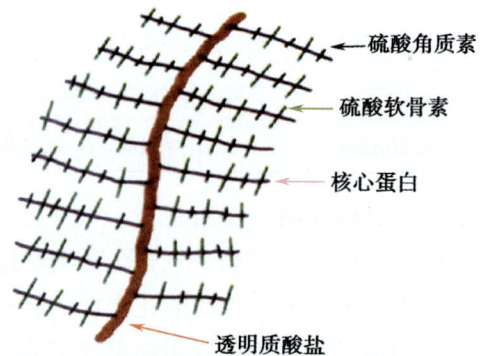

图 5-2 蛋白聚糖多聚体分子结构模式图（引自 Alberts，2010）

蛋白聚糖并不都是细胞外基质成分，有一些是质膜的整合成分，其核心蛋白或直接嵌入膜脂双层，或通过与糖基化的磷脂酰肌醇结合而整合在膜上。膜上的蛋白聚糖既可介导细胞与细胞外基质结合，又可使细胞内外信息相通。

2. 蛋白聚糖的合成与降解 蛋白聚糖的合成包括肽链合成和肽链糖基化（糖链的装配）。核心蛋白质肽链合成是在粗面内质网核糖体上进行的，其过程与一般分泌蛋白质相同；肽链的糖基

化主要在高尔基复合体中进行；其装配过程与糖蛋白及糖脂类似，亦由一系列糖基转移酶催化而成，逐个将活化单糖的糖基转移到肽链的氨基酸残基（大多为 Ser）及未完成的糖链上，使糖链逐渐延长。蛋白聚糖的降解可在一系列细胞外酶或溶酶体中细胞内酶的催化下进行。糖链降解酶分为内切糖苷酶及外切糖苷酶，分别在糖链中间及糖链非还原末端水解糖苷键。透明质酸酶是研究最充分的内切糖苷酶，哺乳动物的透明质酸酶可特异地水解链内 N– 乙酰氨基己糖键，并常生成含有两个二糖单位的四糖（GlcNA → GlcNAc → GlcUA → GlcNAc），该四糖产物可再经两种外切糖苷酶（β – 葡萄糖醛酸酶和 β –N– 乙酰氨基葡萄糖苷酶）依次交替作用而逐个降解为单糖。氨基聚糖中的硫酸基是由硫酸酯酶催化水解脱硫酸，脱硫酸常为氨基聚糖糖链降解的限速步骤。此外，细胞外蛋白聚糖也可被某些细胞内吞，经溶酶体途径被降解。

二、纤维蛋白

（一）胶原

1. 胶原的分子结构及类型　　胶原（collagen）属于纤维蛋白家族，是细胞外基质的主要成分，遍布于体内各种器官和组织，是人和哺乳动物体内含量最丰富的蛋白质，约占蛋白质总量的 30%。胶原由更细的胶原原纤维（直径为 10 ～ 30nm）构成，经铅 – 铀染色可在电镜下显示，胶原原纤维在细胞外基质中按组织的需要以不同的形式组装。胶原原纤维由原胶原（tropocollagen）相互交联形成。原胶原是由三条多肽链盘绕形成的三股螺旋结构（图 5–3、5–4）。每条多肽链约包含 100 个氨基酸残基，其中甘氨酸含量占 1/3，脯氨酸常羟基化为羟脯氨酸，为胶原所特有。因三肽重复顺序中甘氨酸的分子量最小，使肽链卷曲成规律的 α – 螺旋结构，而肽链的羟基化和糖基化使肽链相互交联，对形成稳定的三股螺旋结构起重要作用。

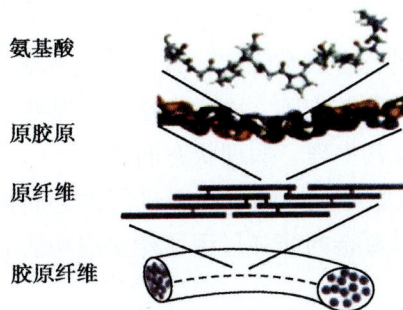

图 5–3 胶原分子结构模式图
（引自 Alberts，2002）

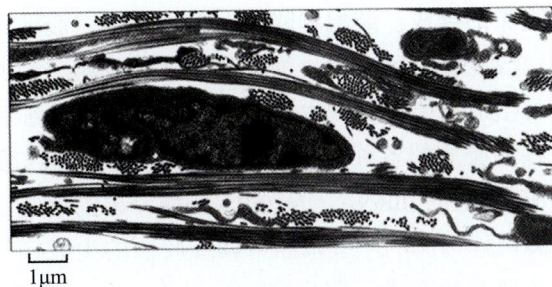

图 5–4 成纤维细胞周围的胶原纤维
（Molecular Biology of the Cell.4th ed.2002）

目前已发现的胶原有多种不同类型（表 5–2），最主要的是 Ⅰ、Ⅱ、Ⅲ、Ⅳ 型胶原。每一种胶原在体内均有特定的位置，但在同一细胞外基质中常含有 2 种或 3 种以上的胶原类型。由不同类型的胶原所构成的纤维，具有不同的结构和功能特性。各种类型胶原的分子结构及形状各不相同，有的形成纤维束（如 Ⅰ、Ⅱ、Ⅲ 型胶原），有的形成纤维网（如 Ⅳ、Ⅴ、Ⅷ型胶原）；在超微结构上，有的有横纹（如 Ⅰ、Ⅱ、Ⅲ、Ⅴ、Ⅺ 及 Ⅻ型胶原），有的无横纹（Ⅳ、Ⅵ、Ⅶ、Ⅷ 及 Ⅹ型胶原）。有横纹的胶原纤维束直径及走向因组织而异。

表 5-2 胶原的类型

胶原型号	纤维长度	组织分布
I	300nm	骨、角膜皮肤和肌腱
II	300nm	软骨、玻璃体
III	300nm	皮肤、动脉、子宫、胃肠道
IV	390nm	基底膜
V	300nm	胎盘、骨和皮肤
VI	105nm	子宫、皮肤、角膜、软骨
VII	450nm	羊膜、皮肤、食管
VIII	150nm	地塞麦膜内细胞
IX	200nm	软骨、玻璃体
X	150nm	沉钙软骨
XI	不明确	软骨、椎间盘
XII	不明确	皮肤、肌腱、表皮
XIII	不明确	内皮细胞、表皮
XIV	不明确	皮肤、肌腱、软骨

在细胞外基质中，胶原含量最高，刚性和抗张强度最大，故它是细胞外基质的骨架结构，胶原原纤维与其他分子结合共同发挥作用。胶原原纤维与细胞表面接触还可影响细胞的生长和形态。

2. 胶原的合成、装配和降解　在组织中，胶原不断地进行合成和降解，处于动态平衡。成纤维细胞、成软骨细胞、成骨细胞、成牙质细胞、肌原细胞、脂肪细胞、内皮细胞以及某些上皮细胞等都可生成胶原。所产生胶原的类型和数量因细胞种类及其生理、病理状态而异。

因各型胶原的各种 α 链分别由一个结构基因编码，故胶原基因转录后需进行大量而精确的剪接生成 α 链的 mRNA，从 mRNA 翻译出的肽链还须通过复杂的修饰过程才能变成功能完善的分子。编码修饰酶的一些基因可调控胶原的生成。

（1）胶原的合成　前 α 链（pre-α-chain）首先在粗面内质网附着核糖体上合成。前 α 链除带有内质网信号肽外，在 N 端和 C 端还各含有一段不含 Gly-X-Y 序列的前肽（prepeptide）。新合成的前 α 链进入内质网腔后信号肽被切除，肽链中的脯氨酸和赖氨酸被羟基化成羟脯氨酸和羟赖氨酸，其中一些羟赖氨酸残基被部分糖基化修饰。经过修饰的前 α 链自发聚合形成三股螺旋结构。这种带前肽的三股螺旋胶原分子称为前胶原（procllagen）。然后前胶原分子进入高尔基复合体，经过进一步糖基化修饰，被包装成分泌泡分泌到细胞外。

（2）胶原的装配　前胶原被分泌后，在细胞外被两种专一性不同的蛋白水解酶水解，分别切去 N 端及 C 端的前肽，在两端各保留一小段非螺旋的端肽区（telopeptide regions），形成原胶原分子。原胶原分子进一步自发聚合并交联，组装成特定的有序结构，形成胶原原纤维（collagen fibril）。在细胞外基质中，胶原原纤维常聚集成束，形成光镜可见更粗的胶原纤维（collagen fiber）。

原胶原共价交联后成为具有抗张力强度的不溶性胶原。胚胎及新生儿的胶原因缺乏分子间的交联而易抽提。随年龄增长，交联键日益增多，胶原纤维亦日益紧密，从而导致皮肤、血管及各种组织变得僵硬，成为老化的一个重要方面。

（3）胶原的降解　胶原更新转换率一般较慢，但在某些特殊生理（胚胎发育）或病理（创伤愈合、炎症反应）情况下的局部区域，胶原转换率加快并同时伴有类型的转变。胶原分子被胶原酶降解后，才能被一般蛋白酶进一步降解，如 Ⅰ-Ⅲ 型胶原需在胶原酶将分子近羧基端 1/4 处的 Gly-Ile 或 Gly-Leu 间肽键断开后，才能被一般蛋白酶降解。但各种胶原若经酸或煮沸处理，破坏其三股螺旋结构，则可被蛋白酶降解。

胶原酶通常以无活性形式广泛分布于组织中。在创伤组织、癌变组织及分娩后的子宫中胶原酶活性显著增高。癌细胞可分泌专一水解 Ⅳ 型胶原的胶原酶，为其浸润转移开辟途径。一些蛋白酶如纤溶酶及激肽释放酶等可以活化胶原酶。结缔组织还可以合成胶原酶抑制剂，从前胶原水解下的前肽也能抑制胶原酶。某些激素也可以调节胶原的合成和降解，如糖皮质激素可诱导胶原酶合成，甲状旁腺素增高骨骺端胶原酶活性，雌二醇和孕酮抑制子宫胶原降解。胶原酶的活化与抑制对于调节胶原的转换率具有重要作用。

（二）弹性蛋白

弹性蛋白（elastin）是弹性纤维的主要成分，为高度疏水性蛋白质。弹性蛋白分子中含有高比例的疏水性氨基酸残基，使之成为体内对抗化学及蛋白酶作用最强的蛋白之一。它以随机方式排列，彼此之间相互联接，形成网状结构。弹性蛋白与胶原相似，富含甘氨酸及脯氨酸，但羟脯氨酸含量很少，完全没有羟赖氨酸，亦没有糖基化修饰。因弹性蛋白没有胶原的 Gly-X-Y 重复序列，不形成规律的螺旋结构，而呈无规则卷曲状。弹性蛋白分子间借赖氨酸残基间交联形成富有弹性的网状结构，长度可伸长几倍，可像橡皮条一样回缩（图 5-5）。

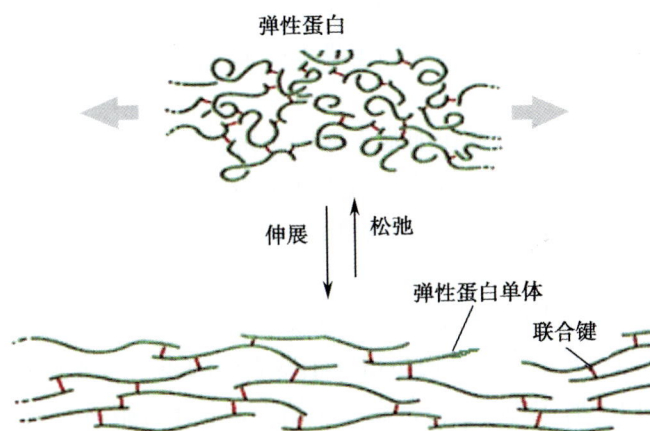

图 5-5　弹性蛋白分子结构模式图（引自 Alberts，2002）

弹性蛋白在皮肤结缔组织中含量特别丰富，在不同动物的皮肤中弹性蛋白占其干重的 2%～70%，使皮肤具有高度弹性。胶原纤维与弹性纤维相互交织，分别赋予皮肤组织韧性和弹性，并防止皮肤组织过度伸展和撕裂。

弹性蛋白的生物合成及加工尚不清楚，其降解主要由弹性蛋白酶催化。细菌的胶原酶对其无作用。

弹性纤维除主要由弹性蛋白构成外，在其表面还有由糖蛋白构成的微原纤维（microfibrils）

一、Ⅳ型胶原

Ⅳ型胶原（type Ⅳ collagen）是构成基膜的主要结构成分，约占全部组成的 50%。非连续三股螺旋结构的Ⅳ型胶原，以其 C 端球状头部之间的非共价键结合及 N 端非球状尾部之间的共价交联，构成基膜基本框架的二维网络结构。

二、层粘连蛋白

层粘连蛋白是一种富含唾液酸的糖蛋白，位于透明层内侧，介于细胞和Ⅳ型胶原间，也是基膜中的主要成分。层粘连蛋白以其特有的非对称型"十"字结构，相互之间通过长、短臂臂端的相连，装配成二维纤维网络结构，进而通过内联蛋白（endonexin）与Ⅳ型胶原二维网络相连接。层粘连蛋白也可结合于作为细胞外基质受体的细胞膜整合蛋白。

三、内联蛋白

内联蛋分子呈哑铃状，在基膜的组装中具有非常重要的作用。它不仅形成Ⅳ型胶原聚纤维网络与层粘连蛋白纤维网络之间的连桥，而且还可协助细胞外基质中其他成分的结合。

四、渗滤素

渗滤素（perlecan）是一种大的硫酸类肝素蛋白聚糖分子，它可与许多细胞外基质成分和细胞表面分子交联结合。

五、核心蛋白多糖

基膜中除以上成分外，还具有核心蛋白多糖（decorin）等多种蛋白。核心蛋白多糖是一种主要存在于结缔组织中与胶原纤维相关的蛋白多糖，有多种生物学活性，调节和控制组织形态发生、细胞分化、运动、增殖及胶原纤维形成等过程，对防止组织和器官纤维化的发生有重要意义。核心蛋白多糖广泛分布在所有哺乳动物组织细胞外基质中，更多地分布在以Ⅰ型胶原为主的组织细胞外基质中。

基膜作为细胞外基质的一种特化和特殊的结构存在形式，具有多方面的重要功能。它不仅是上皮细胞的支撑垫，在上皮组织与结缔组织之间起结构连接作用；同时，在机体组织的物质交换运输和细胞的运动过程中，还具有分子筛滤和细胞筛选的作用。例如，肾小体滤过膜基膜允许小分子从毛细血管进入肾小囊，但阻止血液中蛋白质通过；在上皮组织中，基膜允许淋巴细胞、巨噬细胞和神经元突触穿越通过，但却可以阻止其下方结缔组织中的成纤维细胞与上皮细胞靠近接触。此外，伤口愈合、组织的再生、细胞的迁徙等许多生命活动现象，均与基膜的生物学功能有着非常密切的关系

第三节　细胞外基质与疾病

人体是由多细胞构成的生物体。由胶原和非胶原糖蛋白构成的细胞外基质，不仅是将各种细胞连接在一起，赋予各种组织、器官的基本结构和形状，而且在人体的发育、细胞分化与移行、信号转导等生理过程和炎症、损伤与修复、免疫应答以及肿瘤转移等病理过程中发挥重要的功能和作用。

一、细胞外基质与肺疾病

由 N- 酰葡糖胺与葡糖醛酸组成的透明质酸是肺脏细胞外基质的重要组成成分。透明质酸由间质细胞特别是成纤维细胞合成，通过淋巴循环入血。医学研究发现，透明质酸在肺脏发挥水合作用，维持内环境的稳定，维持细胞的结构和功能，调节炎症反应，影响组织的修复及重构，保护肺组织免受损伤等防护作用。

SARS 和新冠病毒感染人体后，患者肺部组织受损，为了及时修复这些损伤，成纤维细胞大量增殖并聚集大量的细胞外基质而形成"瘢痕"组织，导致肺的纤维化。肺纤维化后，肺会变得干硬，缺乏弹性而影响呼吸功能。肺纤维化以肺内成纤维细胞增殖和细胞外基质在肺组织内过多沉积为特征，因此透明质酸是反映肺纤维化的一个较好的指标。

支气管哮喘是一种由肥大细胞、嗜酸性粒细胞和 T 淋巴细胞等多种细胞参与发病的慢性气道炎症性疾病。哮喘主要是由 IgE 介导的 I 型变态反应，在刺激免疫活性细胞（浆细胞、巨噬细胞等）增殖的同时，炎症会促进成纤维细胞增殖，透明质酸合成增加；哮喘时呼气困难，晚期二氧化碳堆积，pH 值下降，影响透明质酸特异性降解酶的活性，透明质酸降解代谢率降低。导致哮喘患者的气道壁基质中、平滑肌束周围透明质酸沉积增多，气道下层体积增加，加重哮喘的气道狭窄。

CD44 是细胞表面最重要的透明质酸受体，可选择性地与多种癌基因信号转导分子或（和）细胞骨架蛋白结合，促进肿瘤细胞异常移动，诱导信号转导，进而促进肿瘤发生发展。

二、细胞外基质与肝疾病

肝脏由肝实质细胞（肝细胞）和非实质细胞（贮脂细胞、血窦内皮细胞、Kupffer 细胞和陷窝细胞）组成，细胞外基质主要由贮脂细胞产生。根据胶原的形态和结构特点及分布部位，肝脏的胶原可分为两大类：①纤维性胶原，包括 I 、III 、V 、VI 、V 型胶原，分布于血窦周围和门脉区，作为核心使 I 、III 型胶原形成粗大的纤维。VI 型胶原呈串珠样结构分布于 I 、III 和 V 型胶原形成的纤维束之间起黏附作用。②基底膜性胶原即 IV 型胶原，相互连接形成三维网格状结构，主要分布于肝血窦内皮下，为肝细胞和内皮细胞功能基底膜的主要成分。正常人肝脏的胶原含量约为 5.5 mg/g 肝湿重，肝纤维化和肝硬化时肝脏胶原含量可增加数倍。

纤维连结蛋白质可分为血浆性纤维连结蛋白质（可溶性）和细胞性纤维连结蛋白质（不溶性），血浆性纤维连结蛋白质主要由肝细胞产生，细胞性纤维连结蛋白质主要由贮脂细胞、巨噬细胞及血管内皮细胞产生。在肝纤维化早期其含量增多，作为以后胶原沉积的支架。

肝细胞的层连蛋白分子内部有可与细胞表面受体和肝素结合的功能区。它和 IV 型胶原一起构成基底膜的主要成分，分布于血管、胆管基底膜上，肝血窦内皮下亦有少量分布，这对于维持肝细胞的分化状态有重要意义。

三、细胞外基质与糖尿病肾病

糖尿病肾病是糖尿病常见且严重的微血管并发症，其早期主要表现为肾小球高滤过、高灌注和肾脏肥大，此期是可逆的，随着病变的发展导致不可逆的肾小球硬化和肾衰竭。细胞间黏附分子 -1（intercellular adhesion molecule-1，ICAM-1），又名 CD54，是细胞间黏附所必需的单链跨膜糖蛋白，属黏附分子中免疫球蛋白超家族成员。ICAM-1 的主要受体是淋巴细胞功能相关抗原、巨噬细胞分化抗原 1，二者均为整合素 β2 家族成员。正常肾脏细胞中，ICAM-1 呈低水平表达，且与配体淋巴细胞功能相关抗原和巨噬细胞分化抗原 –1 的亲和力较低。

糖尿病患者中血浆醛固酮含量升高，醛固酮可通过血清及糖皮质激素诱导蛋白激酶及核因子 κB 信号途径上调 ICAM–1 表达，产生醛固酮诱导的肾脏炎症及纤维化。

高糖刺激因素通过丝裂原活化蛋白激酶 – 激活蛋白 1、蛋白激酶 C– 核因子 κB 等信号途径上调 ICAM–1 的表达，使 ICAM–1 与淋巴细胞功能相关抗原亲和力增加，使淋巴细胞功能相关抗原阳性白细胞易于黏附至 ICAM–1 阳性内皮细胞表面，而后穿过内皮到达炎症组织，可造成相应毛细血管堵塞和内皮细胞损伤，血管通透性增强，蛋白漏出，形成蛋白尿。肾小球的炎性细胞也释放一些因子如转化生长因子 β、血小板源生长因子，导致细胞外基质扩张、蛋白尿和肾小球硬化。ICAM–1 的持久增强表达可导致肾脏组织器官结构和功能的严重损伤。

1781 年，意大利博物学家 Fontana 首先在鱼皮肤中发现了细胞核。除细菌、放线菌、蓝藻及人类成熟的红细胞外，其他真核细胞在整个生活周期或其生活周期的某一阶段中均含有细胞核。

细胞核的出现是生命进化的重要一步，也是真核生物和原核生物最主要的区别。原核细胞没有核，其 DNA 等物质位于细胞质内，称为拟核。真核的出现标志着细胞的区域化，核膜将遗传物质包围在核内，使其复制、转录等过程与细胞内的其他生命活动分开，保证了细胞的遗传稳定性。细胞内转录和翻译依次在胞核与胞质中进行，保证了真核细胞具有更多、更复杂的基因表达调控环节。

细胞核是真核细胞内最大的细胞器，其形状、大小、数目及位置都和细胞功能有关。①核的形状与细胞形态相适应：球形、立方形或多边形细胞如卵细胞、生精细胞、肝细胞及神经元，其胞核多呈球形；柱状、矮柱状细胞如胃肠、子宫、输卵管等上皮细胞，其胞核呈椭球形。②核的大小与细胞大小有关：动物细胞核的直径一般在 10μm 左右。通常生长旺盛的细胞，如卵细胞、肿瘤细胞核较大；分化成熟的细胞则核较小。③核的数量与细胞分化程度有关：通常一个细胞含有一个核，但有些细胞有双核甚至多核，如肝细胞、心肌细胞可有双核，破骨细胞可有 6～50 个或更多个细胞核；人体内成熟红细胞不含细胞核。④核的位置与细胞功能有关：如脂肪细胞因含大量脂肪，核被挤向边缘；胃肠上皮细胞核位于细胞基底部，有利于细胞的分泌与吸收功能。

细胞核是遗传物质储存、复制和转录的场所，是细胞生命活动的控制中心。间期核的基本结构包括核被膜、核仁、染色质和核基质。

第一节　核被膜

在光学显微镜下观察到细胞中最显著的区域，即为细胞核，其实光学显微镜看到的不是膜本身，而是由于膜内外物质密度不同而形成的光学界面。直到 20 世纪 50 年代电子显微镜应用，才看到膜结构，并发现核膜是包围核物质的内质网的一部分（图 6-1）。从而进一步认识到核膜实际上就是遍布于细胞中"内膜系统"的一部分，它的意义就在于对核物质的"区域化"。其功能是将 DNA

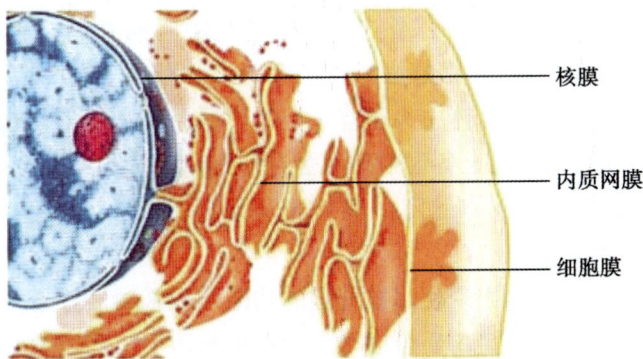

核膜

内质网膜

细胞膜

图 6-1　内质网与核膜（引自陈诗书）

和细胞质分隔开，使细胞核成为细胞的指令中心，构成核的保护性屏障（图 6-1）。

核膜由内外两层平行的单位膜组成，每层单位膜厚约 7.5nm。电镜下结构组成包括外核膜、内核膜、核周隙、核孔和核纤层（图 6-2）。

一、外核膜

外核膜（outer nuclear membrane）是核被膜朝向胞质的一层膜。与粗面内质网膜相连续，外核膜被认为是内质网膜的特化区域，外表面亦有核糖体附着，可进行蛋白质的合成。

二、内核膜

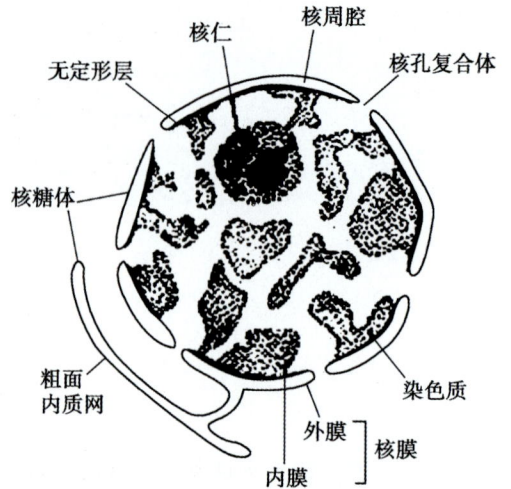

图 6-2　核内膜、外膜（引自 Alberts et al）

内核膜（inner nuclear membrane）是核被膜朝向核质的内层膜，与外核膜平行排列，外表面无核糖体附着。内核膜上有一些特异蛋白，如核纤层蛋白 B 受体（LaminB receptor），为核纤层 laminB 提供结合位点，从而把核膜固着在核纤层上。

三、核周隙

内外核膜之间的腔隙称核周隙（perinuclear space），亦称核周腔，与粗面内质网腔相通，宽 20 ～ 40nm，内含多种蛋白质和酶。

四、核孔

核被膜上内、外核膜连接融合形成穿通核被膜的环形孔道称为核孔（nuclear pore），其数目、大小及分布因细胞种类、功能状态及外界温度而异。核孔直径在 40 ～ 100nm，哺乳动物的核孔一般为核被膜面积的 5%～ 15%，3000 ～ 4000 个。一般来说，合成功能旺盛的细胞其核孔数目较多。核孔并不是简单地由两层核膜融合而成的孔洞，而是由一组蛋白质颗粒按特定方式排列形成的结构，故称核孔复合体（nuclear complex）。核孔复合体在核孔内外膜处各有 8 个对称分布的蛋白颗粒——孔环颗粒，每对孔环颗粒之间有边围颗粒，每组边围颗粒位于核孔朝向胞质和核内一侧分别称为胞质环和核质环；在胞质环和核质环中间由一组环绕核孔的蛋白结构相连，共有内、中、外 3 组，由核孔中心向外侧依次称为环带亚单位、柱状亚单位和腔内亚单位。核孔复合体中央还有一个中央颗粒（central granule）。以上各颗粒间有蛋白质细丝相连，维持核孔复合体稳定，调节物质运输（图 6-3、6-4）。

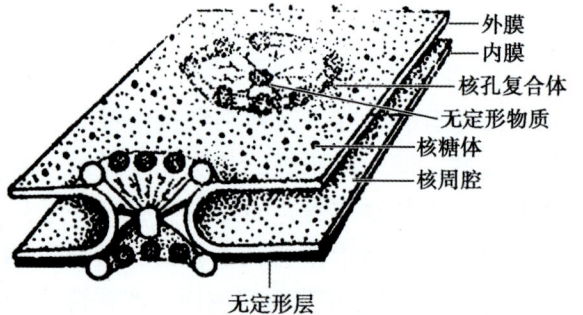

图 6-3　核膜与核孔

核膜的出现使真核细胞的功能出现区域性分工。以核膜为界，遗传物质的复制、转录发生在细胞核中，蛋白质合成则发生在细胞质中。当细胞作为一个整体完成细胞分裂、蛋白质合成等功能时，核孔对细胞活动所需要成分的定向运输起到决定性作用。核内转录加工形成的 RNA、组装完成的核糖体亚基前体通过核孔运至胞质中，DNA 复制、RNA 转录所需的各种酶蛋白，组装染色体的组蛋白，核糖体的组成蛋白均在胞质中合成，经核孔定向运送至细胞核。

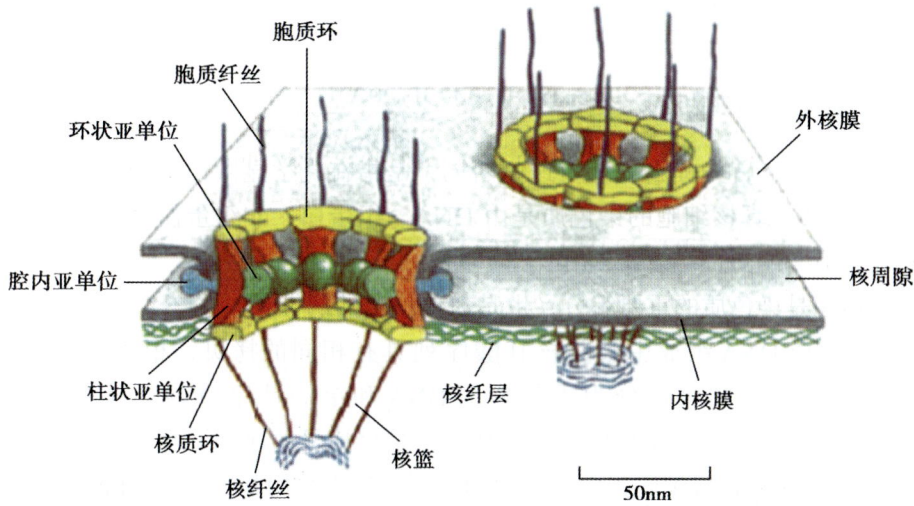

图 6-4　核孔复合体结构模式图（引自陈誉华）

五、核纤层

核纤层（nuclear lamina）位于核膜的内表面，由中间纤维蛋白形成，为核被膜提供支架。在细胞间期，核纤层为染色质提供锚定部位，在分裂期通过其磷酸化及去磷酸化过程对核膜的崩解和重组起调控作用。磷酸化时，核纤层蛋白解聚，核被膜裂解；去磷酸化时，核纤层蛋白聚合，在间期核的装配中发挥作用（图 6-5、6-6）。

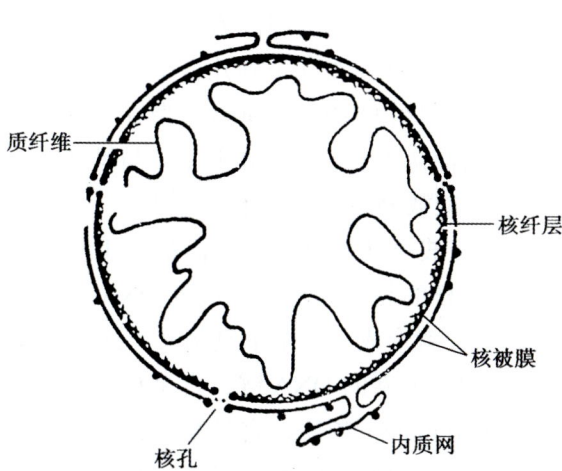

图 6-5　核膜与核纤层（引自陈诗书）

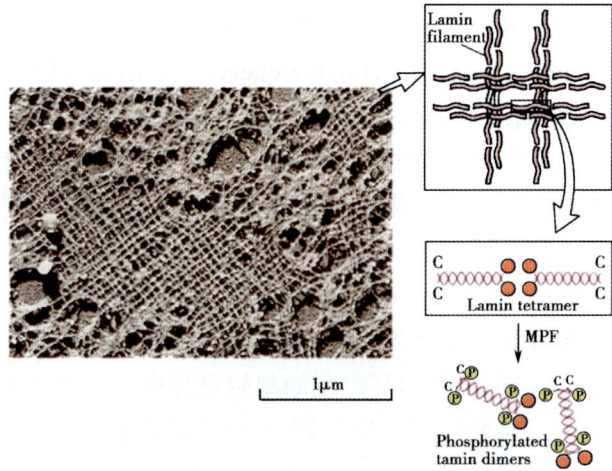

图 6-6　核纤层结构（引自 Ward 和 Coffey）

第二节　染色质和染色体

染色质（chromatin）和染色体（chromasome）是真核细胞遗传物质在细胞周期不同阶段的两种存在形式，是细胞内遗传信息在不同时期的贮存形式。染色质是指间期细胞核内由 DNA、组蛋白、非组蛋白及少量 RNA 组成的线性复合结构；染色体是指细胞在有丝分裂或减数分裂的

异染色质分为结构（或恒定）异染色质和功能（兼性）异染色质。①结构（或恒定）异染色质（constitutive heterochromatin），是指核内两条同源染色体上同时都出现的异染色区，在所有细胞核内永久呈现异固缩状态，如在着丝点附近出现的异染色质。②功能（或兼性）异染色质（facultative heterochromatin），是指不同细胞类型或在不同发育时期出现的不同异染色质区，在同源染色体上两者也可不同，甚至原来的常染色质也可转变为异染色质。兼性异染色质中了解得最清楚的是哺乳类动物的 X 染色体。雄性动物只有 1 条 X 染色体，完全是常染色质。雌性动物有 2 条 X 染色体，当胚胎发育到一定时间（人为第 16 天），在间期核内其中一条可高度螺旋化转变为异染色质，称为 Barr 小体（barr body），呈块状，紧靠核膜，形如鼓槌，可以作为鉴别胎儿性别的标志。

二、染色质的包装

人类每个体细胞内均有 46 条染色体，共含 $2 \times 3.2 \times 10^9$ 核苷酸对，全部 DNA 总长可达 2m，而细胞核的直径小于 $10\mu m$。这意味着染色质 DNA 必须经过一系列折叠压缩，才能存在于细胞核中并准确高效地行使复制、转录等功能。目前已知，染色质 DNA 在核内分四个等级进行压缩，染色质的基本组成单位是核小体，由核小体进一步形成螺线管、超螺线管和染色单体，被逐级压缩成细胞分裂中期的染色体。

（一）染色质的一级结构——核小体

核小体（nucleosome）是一种串珠状结构，由核心颗粒和连接线 DNA 两部分组成，即由约 200bp DNA 和一个核心组蛋白八聚体（H_2A、H_2B、H_3、H_4 各两分子）及连接组蛋白 H_1 组成，DNA 双链分子 140bp 缠绕组蛋白八聚体外周 1.75 圈，形成直径 11nm、高 5.7nm 的扁圆柱形核小体核心颗粒（core particle）。相邻核心颗粒之间为一段长约 60bp DNA，称线状 DNA（linear DNA），线状 DNA 上结合着非组蛋白和组蛋白 H_1，组蛋白 H_1 可使 DNA 螺旋圈保持稳定并控制染色质纤维进一步折叠盘曲，使核小体中 DNA 的长度被压缩了 7 ~ 10 倍（图 6-10）。

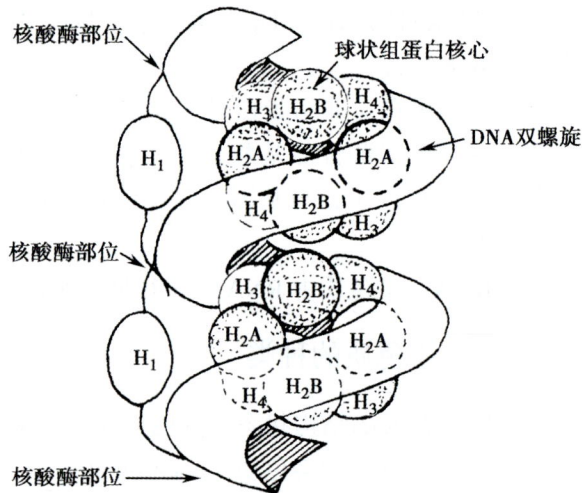

图 6-10　核小体结构模式图（引自左伋，1999）

（二）染色质的二级结构——螺线管

螺线管（solenoid）是在核小体基础上建立的更为紧密的染色质二级结构，由核小体螺旋化形成，每 6 个核小体绕成一圈，形成外径 30nm、内径 10nm、相邻螺旋间距为 11nm 的中空管状结构。此即电镜下所见 30nm 染色质纤维。形成螺线管时，DNA 长度又压缩了 6 倍（图 6-11、6-12）。

（三）染色质的三级结构——超螺线管

30nm 的螺线管进一步盘绕，即形成超螺线管（supersolenoid），管的直径为 400nm，该结构为染色质的三级结构，此时 DNA 长度又压缩了 40 倍。

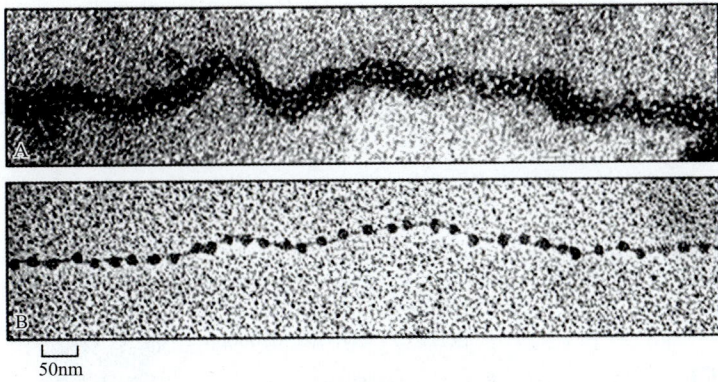

图 6-11 处理前后的染色质丝的电镜照片

A. 自然结构：30nm 纤丝（引自 B.Hamkalo）；

B. 解聚的串珠状结构（引自 V.Foe）

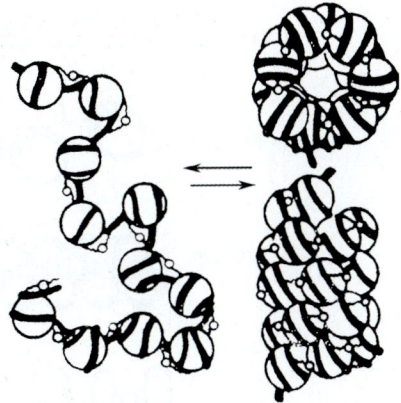

图 6-12 核小体与螺线管（引自 Thorpe.N-O）

（四）染色质的四级结构——染色单体

超螺线管经过再一次折叠，可形成染色单体（chromatid），即染色质的四级结构。这一过程 DNA 又压缩了 5 倍（表 6-1）。

表 6-1 染色质的包装

	DNA 双螺旋分子
	↓（1/7 包扎率）
一级结构直径～ 11 nm	核小体
	↓ 1/6
二级结构直径～ 30 nm	螺线管
	↓ 1/40
三级结构直径～ 0.4 nm	超螺线管
	↓ 1/5
四级结构直径～ 1.2 μm	染色单体

由 DNA 双螺旋分子开始，经历核小体、螺线管、超螺线管和染色单体四个等级都是经过螺旋化实现的，故称为多级螺旋化模型（multiple coiling model）（图 6-13）。在这种四级结构模型中，DNA 双螺旋分子总共被压缩了约 8400 倍。

目前对染色质高级结构的形成尚有争议。由 Laemmli 等人提出的染色体"袢环"模型已引起人们的重视，该模型认为 30nm 染色质纤维形成的袢环沿染色单体纵轴向外伸出，形成放射环，环的基部连在染色单体中央的非组蛋白支架上，每个 DNA 袢环平均包含 315 个核小体，约 63000 个碱基对，每 18 个袢环呈放射状平面排列形成微带（miniband），再沿纵轴构建成染色单体（图 6-14）。

染色体 DNA 全长的螺旋化和折叠紧密程度不同，形成了染色体的显带现象。

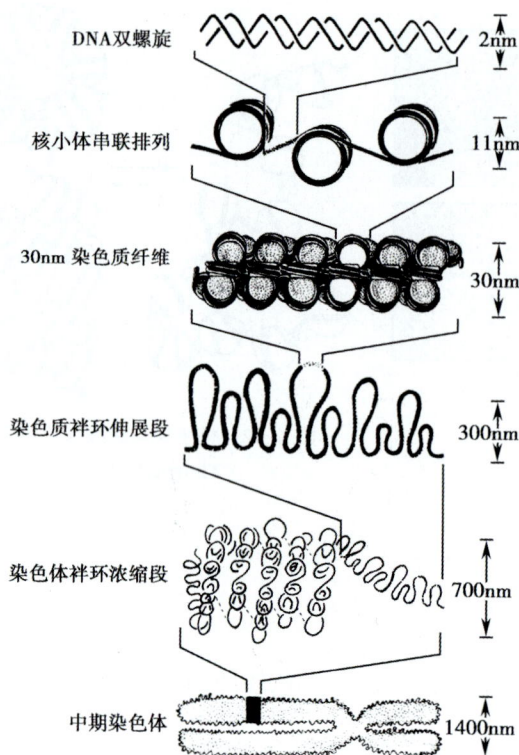

图 6-13   染色体多极螺旋化模型
（引自 Thorpe.N-O ）

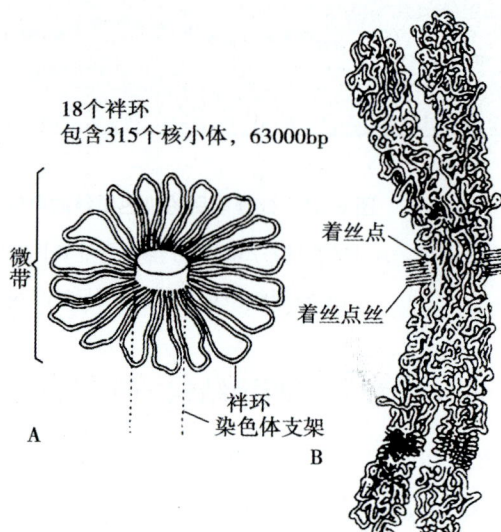

图 6-14   A.染色体"袢环"模型（引自左仅，
1999）。B.染色体

三、染色体

染色体（chromosome）是真核细胞分裂期遗传物质的存在形式。其长度约为染色质的万分之一。这种有效的包装方式，保证了细胞在分裂过程中能够把携带遗传信息的 DNA 以染色体形式平均分配给子细胞。

（一）染色体的形态特征

染色体的形态结构特征以细胞分裂中期最为典型，称为中期染色体。不同生物体的染色体常具有不同的大小、数目和形态。

1. 人类中期染色体的形态和结构

（1）染色单体   在细胞分裂间期，组成染色体的 DNA 和组蛋白进行了复制和组装，因此每一个中期染色体均由两条完全相同的染色单体构成。每一条染色单体由一个 DNA 双链经过盘曲折叠压缩万倍而成，两条染色单体互称为姐妹染色单体（sister chromatid），它们由着丝粒连在一起。在细胞分裂后期，着丝粒一分为二，纺锤丝牵引每个单体移向细胞两极，保证细胞在分裂过程中能够把复制后的 DNA 平均分配给两个子细胞（图6-15）。

（2）着丝粒和主缢痕   两条染色单体通过一个着丝

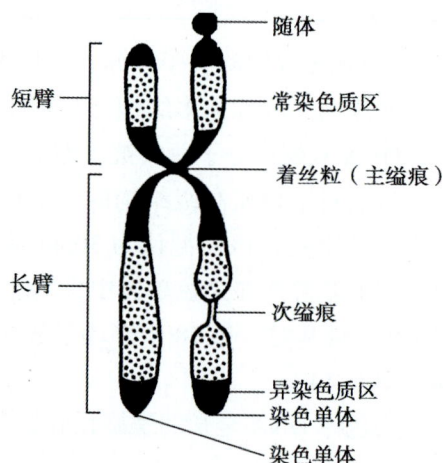

图 6-15   人类中期染色体形态模式图

粒彼此相连，此处内缢，又称主缢痕。着丝粒区有一特殊结构为纺锤丝附着位点，在细胞分裂时与染色体移动有关。着丝粒将染色体横向分为两臂，长臂（q）和短臂（p）。

染色体上着丝粒的位置是恒定的。如将染色体沿纵轴分为八等分，再根据着丝粒在染色体中的位置不同，染色体通常分为 4 类：①中央着丝粒染色体（metacentic chromosome），②亚中着丝粒染色体（submetacentric chromosome），③近端着丝粒染色体（subteloeentric chromosome），④端着丝粒染色体（telocentric chromosome）（图 6-16）。

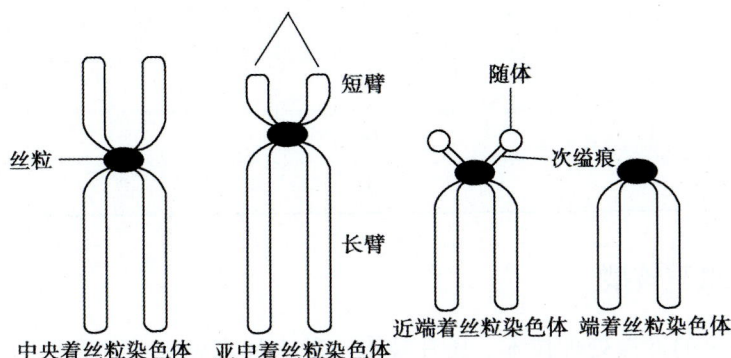

图 6-16 根据着丝粒位置对染色体的分类（引自 DeRobertis）

（3）次缢痕和随体 在某些染色体臂上也可见到浅染内缢的区段称次缢痕。人类近端着丝粒染色体短臂的远侧有一个以细丝样结构相连的染色体节称随体（satellite），随体与短臂间的细丝样结构也属于次缢痕区，此处是核糖体 rRNA 基因存在的部位。其表达产物与构成核仁及维持核仁结构和形态相关，又称为核仁组织者（NOR）。

（4）端粒 端粒是存在于染色体末端的特化部位，可以防止染色体末端的彼此黏着。端粒是高度重复的 DNA 序列，进化上高度保守，人体细胞中的保守序列为 GGGTAA。端粒是染色体稳定的必要条件。正常染色体每复制一次，端粒序列减少 50～100 个 bp，因而，端粒也被称为细胞的生命钟，当端粒缩短到一定程度，即是细胞衰老的标志。肿瘤细胞具端粒酶活性，能进行端粒的合成，因此表现出无限繁殖的特性。

2. 染色体的数目 不同生物细胞中染色体的数目不同。但同一物种不同个体、不同细胞中染色体的数目都是恒定的，例如人为 46 条，果蝇为 8 条，小鼠有 40 条等（表 6-2）。正常的高等动物体细胞为二倍体，记为 2n，即每一体细胞有两套同样的染色体，一套来自母体，一套来自父体，互为同源染色体，每个基因表达时会受到其等位基因的调节作用。在生殖细胞形成中，发生了减数分裂，成为单倍体，记为 n，数目是体细胞的一半。经过受精，精卵结合，恢复二倍体的染色体数量。保持恒定的染色体数目对维持物种的遗传稳定性具有重要意义。

表 6-2 不同生物细胞染色体数目与 DNA 含量

物种	染色体数目	DNA 含量（bp）
MS_2	1	3×10^3
噬菌体	1	5×10^4
T4	1	5×10^5
枯草杆菌	1	2×10^6
大肠杆菌	1	4.2×10^6

续表

物种	染色体数目	DNA 含量（bp）
啤酒酵母	34	1.4×10^7
果蝇	8	1.4×10^8
海胆	52	1.6×10^9
蛙	26	4.5×10^9
小鸡	78	2.1×10^9
小鼠	40	4.7×10^9
玉米	20	3×10^9
人	46	3.2×10^9

（二）染色体组与核型

50 年代发展起来的低渗处理技术、压片技术、秋水仙素处理技术和细胞培养技术，是染色体分析的关键技术，借助这些技术人们于 1956 年可以对染色体进行准确地观察计数。

1. 染色体组　染色体组是指携带着控制一种生物生长发育、遗传和变异全部信息的一组染色体。它们在形态和功能上各不相同，是一组非同源染色体。人体每个体细胞内含有两个染色体组，即是二倍体，2n=46。

2. 染色体分组　1960 年在美国丹佛（Denver）会议上确立了世界通用的细胞内染色体组成的描述体系——丹佛体制。此体制根据染色体的长度和着丝粒位置将人类染色体顺次从 1 编到 22 号，并分为 A、B、C、D、E、F、G 共 7 个组，X 和 Y 染色体分别归入 C 组和 G 组（表 6-3）。

表 6-3　人类染色体分组及其形态特征（非显带标本）

组别	染色体编号	大小	着丝粒位置	次缢痕	随体
A	1～3	最大	中央、亚中着丝粒	1 号可见	——
B	4～5	大	亚中着丝粒	——	——
C	6～12；X	中等	亚中着丝粒	9 号可见	——
D	13～15	中等	近端着丝粒	13 号偶见	有
E	16～18	较小	中央、亚中着丝粒	16 号可见	——
F	19～20	小	中央着丝粒	——	——
G	21～22；Y	最小	近端着丝粒	——	21，22 有；Y 无

3. 核型（karyotype）　一种生物所特有染色体的数目及其形态特征称为核型。核型包括染色体数目、大小、着丝粒的位置、随体有无、次缢痕的有无和位置等。将成对的染色体按形状、大小依顺序排列起来可得到核型图（karyogram）（图 6-17），通常是将显微摄影得到的染色体照片剪贴而成。

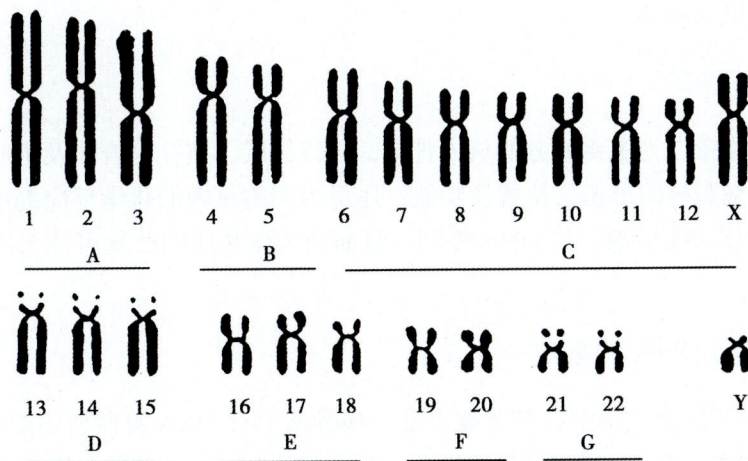

图 6-17　人类染色体非显带核型图

4. 染色体显带核型　用物理、化学因素处理染色体后，再用染料进行染色，使染色体臂上呈现特定的深浅相间带纹（band）的方法称为染色体显带技术（chromosome banding）。显带技术可分为两大类，一类是产生的染色带分布在整条染色体的长度上如：G 带（图 6-18、6-19）、Q 带和 R 带；另一类是局部性的显带，它只能使少数特定的区域显带，如 C、T 和 N 带。

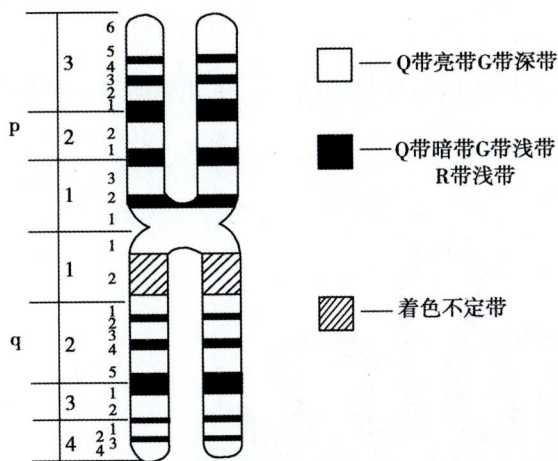

图 6-18　染色体显带

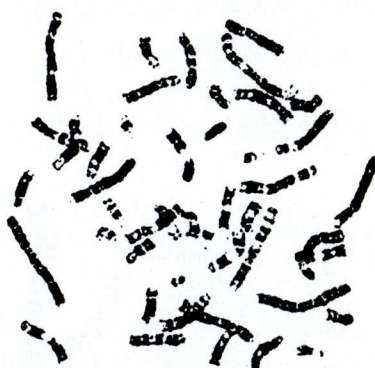

图 6-19　人类 G 显带核型，深染带显示的是染色体上富含 AT 的区域

第三节　核基质

核基质（nuclear matrix）是指真核细胞核内除染色质和核仁之外的无定形液体部分。近年来研究发现核基质中除液体成分外，还有一种类似于细胞质中细胞骨架的核内结构网架，又称核骨架（nucleoskeleton），主要成分是纤维状的酸性非组蛋白。

一、核基质的化学组成

核基质的化学组成较为复杂，组分如下：①蛋白质成分多数为酸性非组蛋白性的纤维蛋白。②少量 RNA 和 DNA 成分，研究表明在细胞周期中染色体的所有 DNA 都会以某种程度附着于核骨架上。③少量磷脂和糖类。

二、核基质的功能

核基质是以纤维蛋白为主要成分的核内骨架，与核纤层、核孔复合体及胞质中间纤维形成统一网络系统，维持细胞核的形态、位置及功能，还可为细胞核内的化学反应提供空间支架，或直接参与某些重要的核功能活动，如 DNA 复制。目前认为核基质的改变可能与细胞分化及癌细胞发生有关。

（一）核基质与 DNA 的复制

DNA 是以复制环的形式锚定在核骨架上的，核骨架上有 DNA 复制所需要的酶，如 DNA 聚合酶 α、DNA 引物酶、DNA 拓扑异构酶 II 等。DNA 的自主复制序列也是结合在核骨架上；核基质是 DNA 复制的支撑物。

（二）核基质与基因表达调控

核基质上有 RNA 聚合酶的结合位点，基因只有结合于核基质才能进行转录，即 RNA 的合成是在核基质上进行的，并在这里进行加工和修饰。

（三）核基质与染色体的构建

染色质的螺线管纤维就是结合在核骨架上，形成放射环状的结构，在分裂期进一步包装成光学显微镜下可见的染色体（图 6-20）。

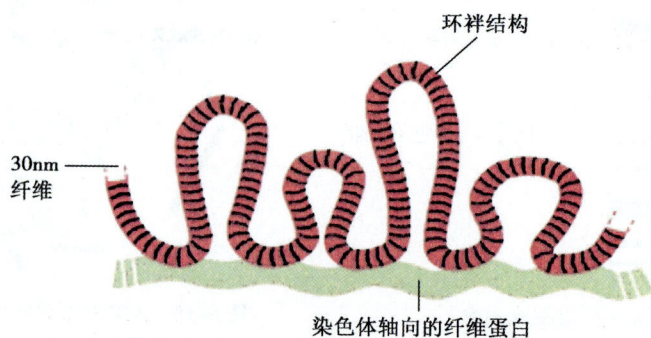

图 6-20　染色质结合在核骨架 / 染色体骨架上

第四节　核　仁

核仁（nucleolus）见于真核细胞间期核内，一般为 1～2 个，核仁的数量和大小因细胞种类或细胞生理功能状态而不同。一般来说，蛋白质合成旺盛或分裂增殖较快的细胞，如神经细胞、卵细胞、胰腺泡细胞等，核仁较大，数目也较多；而蛋白质合成功能不活跃的细胞，如精子细胞、成熟血细胞、肌细胞等，核仁少甚或缺如。核仁在细胞分裂前期消失，分裂末期又重新出现。

一、核仁的形态结构和化学组成

核仁呈圆或卵圆形，是外周无界膜包围的一种网络状结构。核仁的主要化学组分为 RNA、DNA 和蛋白质等。蛋白质含量很高，约占 80%，RNA 约占 11%，DNA 约占 8%。

在电镜超薄切片中可以看到，核仁包括互相不完全分隔的 3 个部分：核仁组织区、纤维成分和颗粒成分。

核仁组织区（nucleolar organizing region）呈浅染区，位于核仁中央部位，又称纤维中心。是由数条从染色体上伸出的 DNA 袢环组成，上有 rRNA 基因，故称为 rDNA。rDNA 串联排列，高速转录大量 rRNA，构建形成核仁。每一个 rRNA 基因的袢环称为一个核仁组织者（nucleolar organizer），简称 NOR。人类 rDNA 只分布在 5 种染色体上，它们在 13、14、15、21、22 号染色体（近端着丝粒染色体）上的次缢痕部位（图 6-21）。

纤维成分（fibrillar component）：细丝纤维部分，在核仁组织区周围，是转录出来的线形 RNA 分子。

颗粒成分（granular component）：这些颗粒是已合成的核糖体前体颗粒，由 rRNA 和胞质输入的蛋白质组成，多位于核仁外周。

核仁周边染色质（nucleolar associated chromatin）：相连在 rDNA 片段两侧的非 rDNA 染色质，结构上围绕在核仁周围。此外，核仁中无定形的蛋白质液体物质称为核仁基质（nucleolar matrix）。

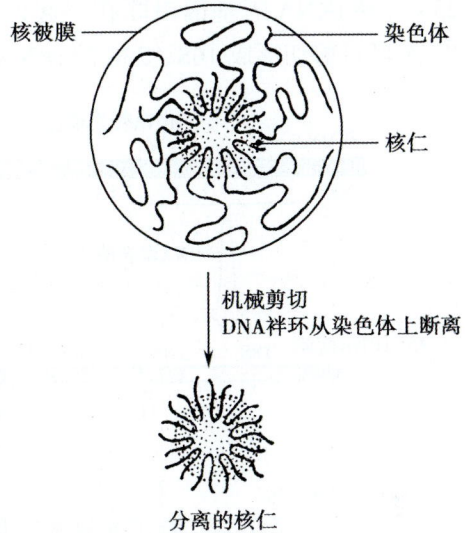

图 6-21　核仁的构建（引自 Alberts）

二、核仁的功能

核仁是核糖体前体合成和装配的重要场所，与细胞内蛋白质的合成密切相关；代谢旺盛的细胞核仁相对较大。

1. 转录 rRNA（图 6-22）　编码 rRNA 的 DNA 片段称 rDNA 基因，为中度重复序列基因，人的一个体细胞核内约有 200 个拷贝。转录时，RNA 聚合酶沿 rDNA 分子排列，并由起始端向末端移动，转录好的 rRNA 分子从聚合酶处伸出，愈靠近末端愈长，并且从左右两侧均可伸出，形成羽毛状或圣诞树状。

2. rRNA 的加工　核仁的纤维成分是新合成的 rRNA，是 45S rRNA 的长纤维大分子，甲基化后在核酸酶的催化下，剪切形成 28S、18S、5.8S 三种

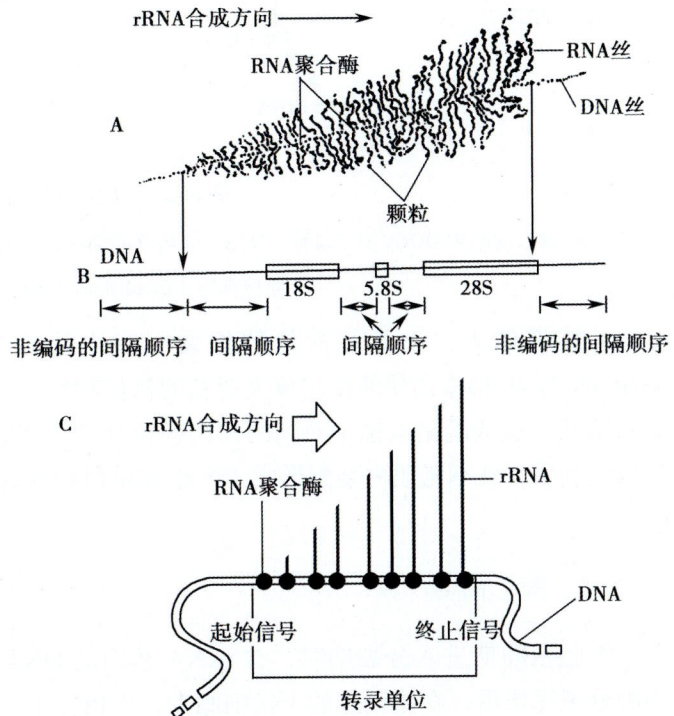

图 6-22　rDNA 转录单位转录示意图（引自 DeRoberfis）

A. rDNA 在转录。B. 一个转录单位（rRNA 基因）。

C. 一个转录单位转录示意图

rRNA。

真核细胞 rRNA 基因首先转录成一个 45S 的 rRNA 前体，在核仁经过剪切形成 18S、5.8S 和 28S 三个 rRNA。5S rRNA 在 1 号染色体核仁外区域转录，然后运到核仁内参与核糖体组装。原核细胞的 rRNA 基因也要先被转录成一个 rRNA 前体，再经过加工成为成熟 rRNA。5S、16S、23S 三种 rRNA 的基因串联在一起，先转录成一个 30S 转录物（为 30S 前体 RNA），30S 前体 RNA 经过剪切形成 16S、23S 的 rRNA 前体（图 6-23）。

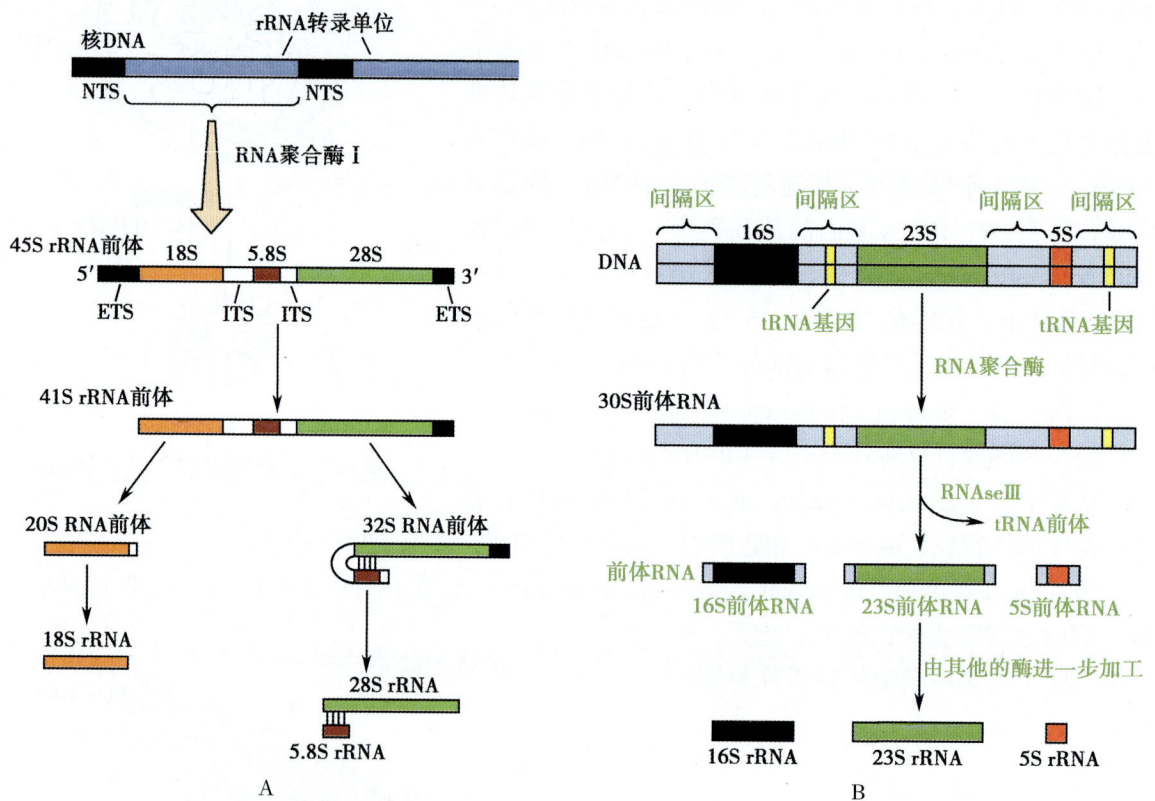

图 6-23 rRNA 转录加工过程

A. 真核细胞 45srRNA 加工过程，NTS：非转录间隔区，ETS：外侧转录间隔区，ITS：内侧转录间隔区。

B. 原核细胞（E.coli）前体 rRNA 的转录与加工

3. 核糖体大、小亚基前体的组装 剪切后的 28SrRNA、5.8SrRNA 连同来自核仁外的 5SrRNA 与 49 种蛋白质装配组成大亚基的核仁颗粒，18SrRNA 与 33 种蛋白质装配组成小亚基的核仁颗粒，这些就是电镜下看到的核仁颗粒结构。组装完成的核糖体大、小亚基前体通过核孔，进入细胞质，在细胞质内装配形成 40S 小亚单位和 60S 大亚单位，最终结合成功能性核糖体（图 6-24）。

三、核仁周期

细胞从间期进入分裂期时，含 rRNA 基因的 DNA 袢环逐渐缩回至相应染色体，核仁消失。细胞分裂完毕后，在刚诞生的子代细胞中，染色体上含 rRNA 基因的区段重新松解和伸展，这些 DNA 袢环又重聚在一起组建新的核仁。

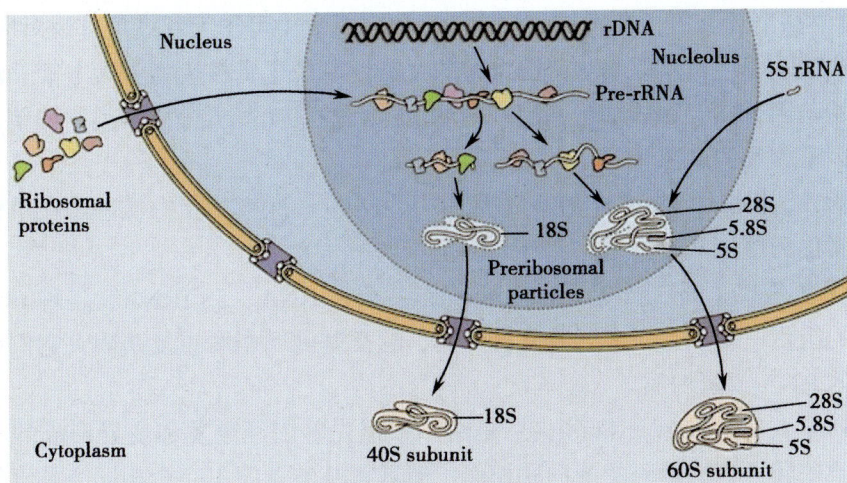

图 6-24　核糖体大、小亚基前体的组装

第五节　细胞的遗传

一、遗传的中心法则

DNA 是生物体遗传信息的携带者，决定生物体的性状和行为。真核细胞中的 DNA 因核膜的存在与胞质分开，能避免被胞质中的危险因素如 DNA 酶（DNase）所降解。以 DNA 为模板产生信息分子的过程称为转录（transcription）；转录出的信息分子 mRNA 与胞质中的核糖体及其他辅助分子结合共同参与蛋白质合成，这一过程称为翻译（translation）。这种 DNA → RNA →蛋白质的信息流动方式为分子生物学经典的中心法则（central dogma）。完整的中心法则还应包括 RNA → DNA 的逆转录和 RNA 复制过程。

二、基因与基因转录

（一）原核细胞的基因结构

原核细胞只有一条环状染色体，是单倍体，因此每个基因的表达不会受到同源染色体上相应基因的干扰。原核细胞的基因结构有如下特点：①功能相关的结构基因可串联在一起，受上游共同调控区的控制，当基因开放时，这几个基因转录在一条 mRNA 链上，同时翻译，最终形成功能相关的几种蛋白质。②原核细胞的结构基因中没有内含子（intron）成分，它们的基因序列是连续的，因此转录后不需剪切加工，并可以边转录边翻译，同步进行。③原核细胞的 DNA 绝大部分是用于编码蛋白质，没有间隔区或间隔区很小。④细菌基因无重叠现象。

（二）真核细胞的基因结构

真核细胞 DNA 含量大，结构复杂，组成多条染色体。高等真核细胞都是二倍体，每个基因都对应有等位基因。真核细胞的基因大多以和组蛋白结合成核小体的形式存在于细胞核内，还有很少部分存在于细胞质的线粒体内。

一般认为，随着进化，生物的功能越来越多，组织越来越复杂，生物的 DNA 总量也应越来越多，但事实却出现了例外。例如一些植物和两栖类动物，它们的 DNA 量可高达 10^{10}bp 到

10^{11}bp，比人类要高出几十倍，有人认为，这种现象在进化中可扩大和发展基因对环境的适应性，显示出生物多样性。总之，真核细胞基因结构的复杂性赋予了真核生物更为丰富、精细的功能。

1. 真核细胞基因分类　真核细胞基因中的功能序列按其功能可分为四类，即单一基因、串联重复基因、基因家族和假基因。

（1）单一基因（solitary gene）　在人的基因中，25%～50%的蛋白质基因在单倍体基因组中只有一份，故又称为单一基因。

（2）串联重复基因（tandemly repeated genes）　45S rRNA、5S rRNA、各种 tRNA 基因以及蛋白质家族中的组蛋白基因是呈串联重复排列的，这类基因叫串联重复基因。它们编码了同一种或近乎同一种的 RNA 或蛋白质。

（3）多基因家族（multigene family）　是由一个祖先基因经重复和变异形成的，拷贝之间高度同源又有细微差异，它们编码的蛋白质相似，但其氨基酸顺序不完全相同，是真核生物基因结构中最显著的特征之一。多基因家族分为两类，一类是串联排列于特殊的染色体区段的基因簇（genecluster），它们常可同时转录，合成功能相关或相同的产物；另一类是分散存在于不同染色体上的基因家族，可能对同一个体中不同的细胞类型呈现差别性表达，发挥其生理作用。

（4）假基因　与功能基因结构相似，但是它没有相应的蛋白质产生，所以叫假基因（pseudogene）。这些基因在进化中因核苷酸序列发生了缺失、倒位、点突变而形成。

2. 真核细胞基因结构特点　①真核细胞基因包括了编码序列和非编码序列两部分。编码序列在 DNA 分子中也是不连续的，编码的外显子被非编码的内含子序列隔开，形成镶嵌排列的断裂形式，称为断裂基因（split gene）。外显子的不同组合（剪切拼接）可产生不同的基因表达产物。②真核生物转录在细胞核内进行，基因转录后需加工切去内含子成为成熟的 mRNA 进入细胞质。翻译是在细胞质内完成的，转录和翻译不同步进行。③真核生物的 DNA 在基因组中含有大量的低度、中度、高度反复出现的频率不等的重复序列。编码的重复序列可在短时间内形成大量蛋白如组蛋白、rRNA 等。有些重复序列尤其是反向序列的空间构象可形成十字架结构、茎环结构等参与基因表达的调控。④真核基因中约90%的基因不表达，仅约10%的基因表达。⑤真核生物 DNA 大多与蛋白质结合形成有序的高级结构即染色质或染色体。染色质结构蛋白中包括组蛋白和非组蛋白，这两种蛋白质均参与染色质的构建与基因表达的调控。

3. 真核细胞基因构建　真核细胞基因根据功用的不同分为结构基因、45SrRNA 基因、5SrRNA基因和 tRNA 基因。结构基因序列决定组成生物性状的蛋白质或酶分子的结构，每个结构基因的两侧都有一段不被转录的非编码区，称为侧翼序列（flanking sequence），其上有一系列功能区称为调控序列，这些结构包括启动子、增强子和终止子等，对基因的有效表达起着调控作用。

（1）外显子与内含子　一个结构基因序列可以含有几段编码序列，称为外显子（exon）；两个外显子之间的序列无编码功能称内含子（intron）。不同结构基因序列所含外显子、内含子数目和大小也不同。例如，人血红蛋白 β 珠蛋白基因有 3 个外显子和 2 个内含子，全长约 1700 个碱基对，编码 146 个氨基酸（图 6-25）。

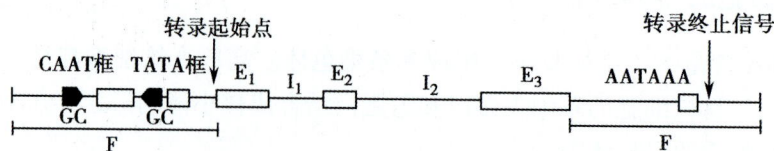

图 6-25　人血红蛋白 β 珠蛋白基因

E：外显子。I：内舍子。F：侧翼顺序。G：GC 框

（2）GT-AG 法则 在每个外显子和内含子的接头区存在高度保守的一致序列，称为外显子 - 内含子接头，即在每个内含子 5′端开始的两个核苷酸为 GT，3′端末尾是 AG，这种接头形式即为通常所说的 GT-AG 法则（图 6-26）。

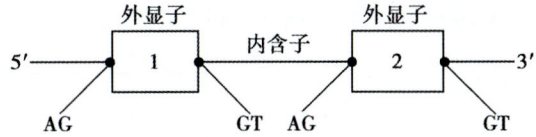

图 6-26 外显子与内含子的接头区

（3）编码链与反编码链 一个结构基因的 3′→ 5′单链作为 mRNA 合成的模板，称模板链；模板链相对应的 5′→ 3′单链由于与转录产物 mRNA 的序列相同，称为编码链（coding strand）或有义链（sense strand），而模板链却如同照相的底片，其碱基序列与 mRNA 及编码链都呈互补关系，因此又称为反编码链（anticoding strand）或反义链（antisense strand）。

（4）启动子 启动子（promoter）是一段特异的核苷酸序列，通常位于基因转录起始点上游 100bp 的范围内，是 RNA 聚合酶结合部位，可决定转录的起始点，启动转录过程。常见的启动子包括：① TATA 框（TATA box）位于基因转录起始点上游 25～30 个核苷酸处，其序列由 TATAA′TAA′T 7 个碱基组成，高度保守。TATA 框通过与 RNA 聚合酶Ⅱ结合，能够准确识别转录起始点。② CAAT 框（CAAT box）位于转录起始点上游 50～70 核苷酸处，由 9 个碱基组成。其序列为 GGT′CCAATCT，其中只有一个碱基（T/C）可以变化。CAAT 框与转录因子 CTF 结合，促进转录。③ GC 框（GC box）有两个拷贝，分别位于 CAAT 框的两侧，其序列为 GGCGGG，能与转录因子 SP1 结合，起到增强转录效率的作用。

（5）增强子 增强子（enhancer）位于启动子上游或下游，其作用是增强启动子转录，提高基因转录的效率。增强子发挥作用的方向可以是 5′→ 3′，也可以是 3′→ 5′。

（6）终止子 终止子（terminator）是位于 3′端非编码区下游的一段碱基序列，在转录中提供转录终止信号。原核生物的终止子目前研究得比较清楚，由一段反向重复序列（invertal repeat sequence）及特定的序列 5′-AATAAA-3′组成，二者构成转录终止信号。AATAAA 是多聚腺苷酸（polyA）附加信号，反向重复序列是 RNA 聚合酶停止工作的信号，该序列转录后，可以形成发卡式结构，后者阻碍了 RNA 聚合酶的移动，其末尾的一串 U 与模板中的 A 结合不稳定，从而使 mRNA 从模板上脱落，转录终止。因此，与启动子的作用不同，终止子的终止作用不是在 DNA 序列本身，而是发生在转录生成的 RNA 上。

上述侧翼序列中的特殊结构均属于基因转录的顺式调控因子，也称调控序列（regulator sequence），它们均可对基因的表达起到调控作用（图 6-27）。

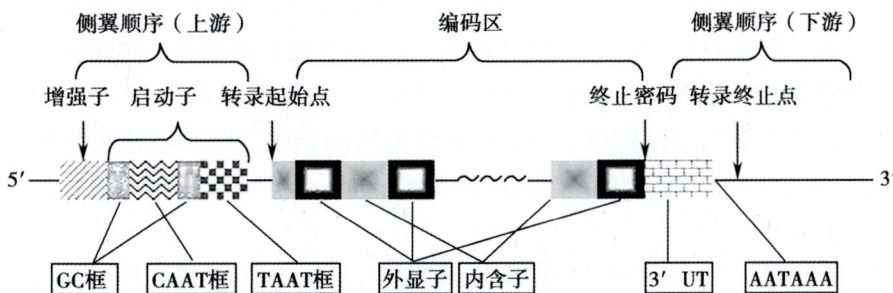

图 6-27 结构基因：侧翼序列与编码区

（三）原核细胞的基因转录

在原核细胞，转录和翻译同时进行。mRNA 分子在合成还未结束时就已经结合在核糖体上进行着翻译和降解（图 6-28）。

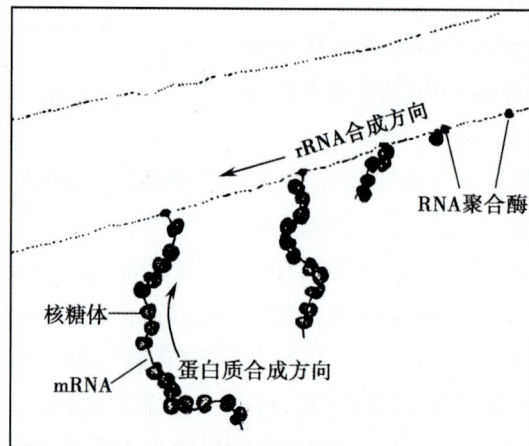

图 6-28　电镜下细菌的转录和转译

原核细胞 DNA 分子是一条双螺旋多核苷酸链，在转录时，DNA 双链在解旋酶和解链酶的作用下局部解开，暴露出碱基序列，然后其中的一条链为模板，在 RNA 聚合酶和 Mg^{2+} 或 Mn^{2+} 的作用下，以四种核糖核苷三磷酸 ATP、UTP、GTP、CTP 为原料，按照碱基互补的规则合成 RNA 分子。在转录时，模板与转录产物的方向相反。转录产物 mRNA 合成的方向是由 $5' \rightarrow 3'$，即新的核苷酸序列添加在 $3'$-OH 端。

1. 原核细胞转录相关因子

（1）RNA 聚合酶　原核细胞中只有一种 RNA 聚合酶，催化转录形成各种 RNA 分子。

（2）ρ 因子　ρ 因子是一种蛋白质。当转录进行到基因末端时，ρ 因子能识别终止信号并与之结合，使 RNA 聚合酶不能继续作用而使转录终止。

2. 原核细胞基因转录过程

（1）转录的起始　首先 RNA 聚合酶的 σ 亚基识别基因上游的启动子，使全酶（$\alpha_2 \beta \beta' \sigma$）与启动子结合并形成复合体，这是转录起始的关键，随后 DNA 双链从局部打开，原核生物转录起始不需引物，按照碱基互补配对原则将第一个核苷三磷酸结合到模板的转录起始点上。

（2）转录的延长　随着 RNA 聚合酶向前移动，DNA 解链区也跟着推进，并按模板的碱基序列配对加入相应的核苷三磷酸（ATP、GTP、CTP、UTP），RNA 链得以不断延长。

（3）转录的终止　模板 DNA 在 AT 丰富区存在一连串的 A 碱基，故新生 RNA 链的终止端带有多个 U 核苷酸。寡聚 U 序列可能提供信号使 RNA 聚合酶脱离模板，转录停止。

3. 原核细胞基因转录后加工　原核生物的 mRNA 一般不需要修饰加工。在它的 $3'$ 端还尚未转录完成之前，其 $5'$ 端已与核糖体结合，开始蛋白质的合成，即所谓转录与翻译的偶联。但 tRNA 和 rRNA 则需要在合成初级转录产物的基础上，进一步剪切修饰才能成为具有生物功能的成熟分子。

rRNA 基因的 38S 初级转录产物在核酸酶的作用下，剪切成 3 种 rRNA，即 5SrRNA、16SrRNA、23SrRNA。其中 16SrRNA 参与 30S 小亚基形成，5SrRNA、23SrRNA 参与 50S 大亚基形成。如图 6-29 所示，大肠杆菌中各种 rRNA、tRNA 的前体共存于同一初级转录物中。

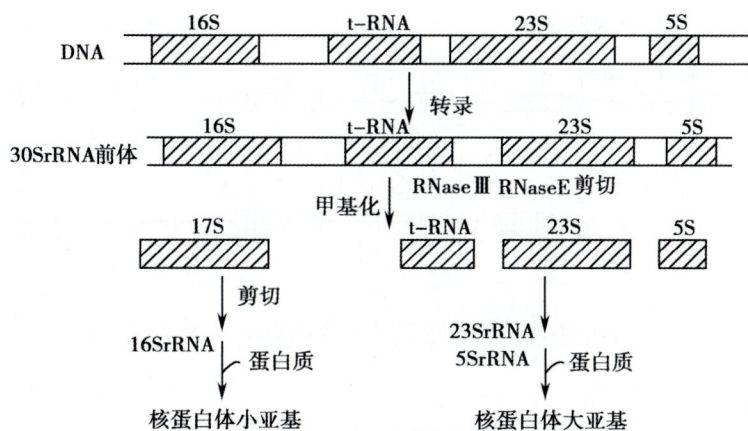

图 6-29　原核细胞 rRNA、tRNA 基因转录后的加工

（四）真核细胞的基因转录

真核细胞内，转录和翻译在时间、地点上完全分开，先在细胞核内进行转录，然后在细胞质中进行翻译。真核细胞基因转录也分为转录的起始、延长和终止三个阶段。转录过程中参与的酶系、其他蛋白因子、mRNA 转录后的修饰加工都与原核生物有很大的区别，其中最为复杂的是转录后的加工修饰。

1. 真核细胞转录相关因子

（1）三种 RNA 聚合酶　真核细胞有三种 RNA 聚合酶，即 RNA 聚合酶 Ⅰ、Ⅱ、Ⅲ，三种酶各有分工，它们专一性地转录不同的基因，RNA 聚合酶 Ⅰ 催化合成 rRNA，RNA 聚合酶 Ⅱ 催化合成 mRNA 或 mRNA 前体，RNA 聚合酶 Ⅲ 催化合成 5SrRNA 及 tRNA 等（表 6-4）。

表 6-4　真核细胞 RNA 聚合酶的特点及功能

酶	部位	基因转录产物
Ⅰ	核仁	5.8S、18S 和 28S rRNAs
Ⅱ	核质	所有编码蛋白质的基因（mRNA）及某些小核 RNA（snRNA）
Ⅲ	核质	tRNA、5SrRNA 及某些小核 RNA（snRNA）等

（2）相关转录因子　参与真核细胞转录过程的有一类特殊的蛋白因子，它们能够与 DNA 的特殊序列结合调节基因转录，被称为转录因子（transcription factor，TF）。迄今为止，研究得较为清楚的转录因子是 TFⅡD，此外 TFⅡA、TFⅡB、TFⅡE、TFⅡF、TFⅡH 等在 RNA 聚合酶 Ⅱ 作用时也是必需的。

2. 真核细胞转录后加工

（1）核内异质 RNA（hnRNA）的合成与加工　真核生物基因的转录是在细胞核中进行的。对于任何一个特定的基因来说，DNA 双链分子中只有一条链带有遗传信息，即前述的反编码链（又称模板链），而另一条链为其互补顺序，称为编码链。转录时，以 DNA 的反编码链为模板，从转录起始点开始，以碱基互补的方式合成一个 RNA 分子。由于外显子、内含子和部分侧翼顺序都一同转录出来，这种 RNA 分子称为核内异质 RNA（hnRNA）。hnRNA 要经过剪接、戴帽、加尾等加工过程才能形成成熟的 mRNA（图 6-30）。

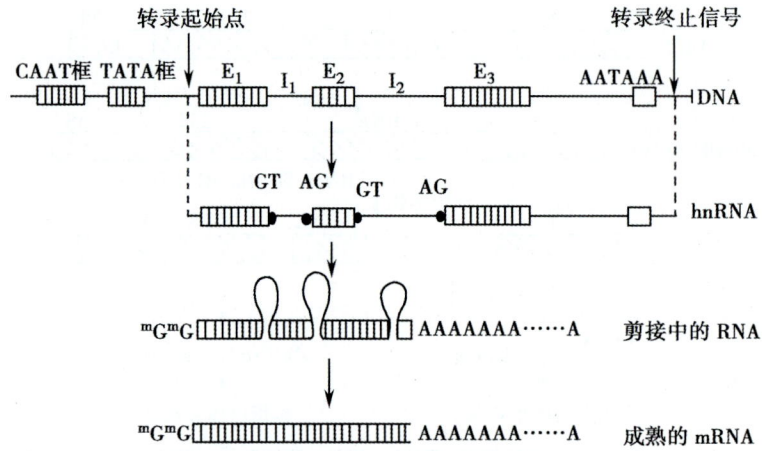

图 6-30　真核细胞 mRNA 转录后的加工

1）剪接（splicing）　剪接是指在酶的作用下，按"GU-AG"法则将 hnRNA 中的内含子切掉，然后把各个外显子按照一定顺序准确地拼接起来，形成可以连续编码的 mRNA 的过程（图 6-31）。如果剪切点 GU 或 AG 发生突变，则 hnRNA 无法完成剪切过程。例如人血红蛋白 β 珠蛋白的 hnRNA 的内含子剪切点顺序发生改变，不能形成成熟的 β 珠蛋白 mRNA，进而不能合成正常的血红蛋白，导致障碍性贫血疾病。

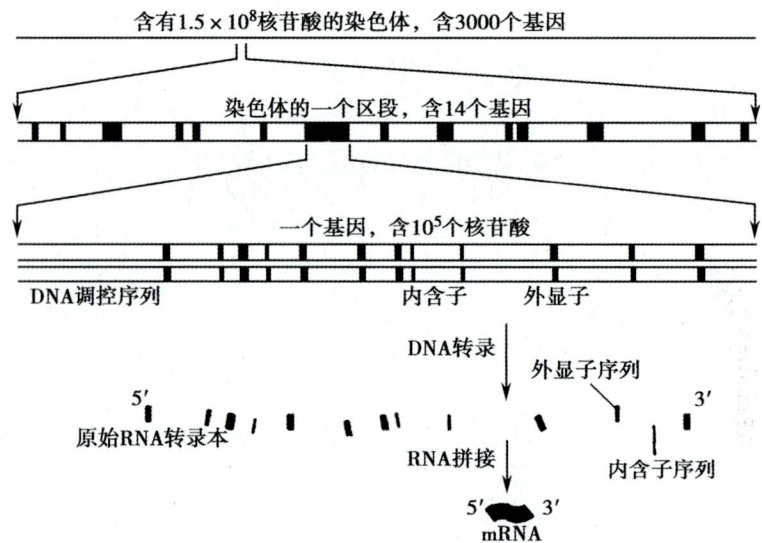

图 6-31　内含子的剪切与外显子拼接（引自凌诒萍，2002）

在 mRNA 剪接研究中的重大发现是选择性剪接（alternative splicing），即在同一个基因中，其剪接位点和拼接方式可以改变，从而导致一个基因能产生多个具有明显差异的相关蛋白产物。例如肌肉收缩蛋白通过可变剪切可产生出不同功能的骨骼肌纤维和平滑肌纤维，两种肌纤维的不同比例加上适当的神经刺激，会使不同部位的肌肉或遒劲有力，或精巧细致。例如肌钙蛋白 T 基因有 18 个外显子，如果全部表达将产生 259 个氨基酸的蛋白质，但实际上肌钙蛋白 T 的长度变化很大，在 150～250 个氨基酸，分析表明，所有肌钙蛋白 T 的 mRNA 都含有 1～3、9～15 和 18 号外显子，但 4～8 号外显子可以任意组合，16 和 17 号相互排斥，每条 mRNA 只含其中之一（图 6-32）。

（a）肌钙蛋白T

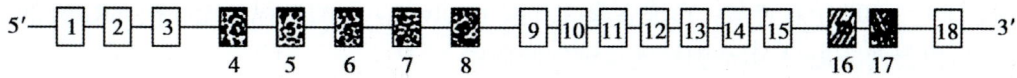

（b）α-原肌球蛋白

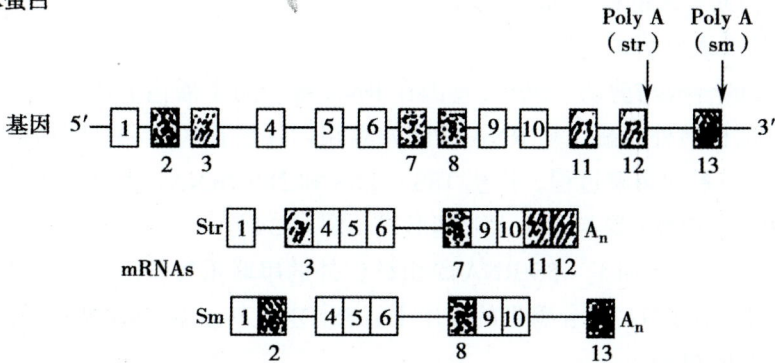

图 6-32　肌蛋白表达过程中的可变剪接（str：横纹肌；sm：平滑肌）

选择性剪接和编辑机制，在结构基因的差异表达和生物物种多样性的形成中均发挥着重要的作用。

2）戴帽（capping）　戴帽发生在 hnRNA 的 5'端，5'端连接一个 7- 甲基鸟苷（m^7G）–5' – 三磷酸为帽，"帽"使 mRNA 移入细胞质后，能够被核糖体的小亚基识别，并与之结合而进行翻译（图 6-33）。

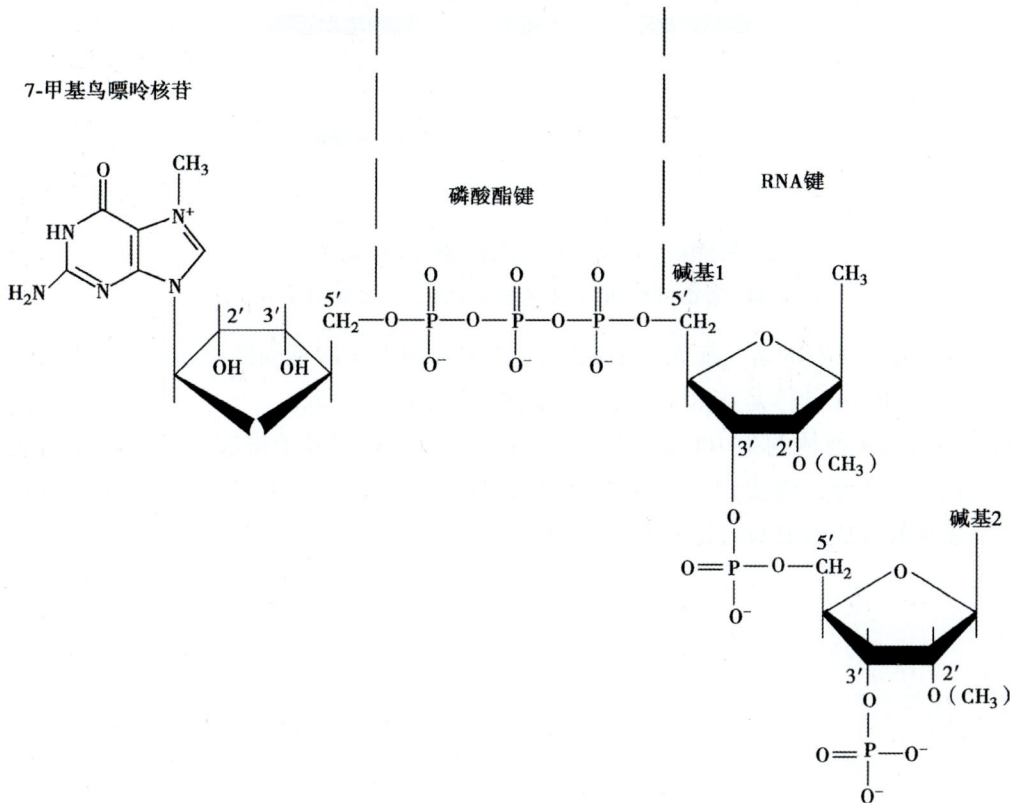

图 6-33　mRNA5'端戴帽结构

3）加尾（tailing）　加尾是指剪接的 mRNA 在 5′端戴帽的同时，其 3′端在腺苷酸聚合酶的作用下加接 100～200 个腺苷酸，形成多聚腺苷酸（poly A）尾的过程，能保护 mRNA 的 3′末端稳定，并且可以促使 mRNA 由细胞核转运到细胞质中。

hnRNA 经过剪接、戴帽和加尾过程，形成了成熟的 mRNA，进入细胞质后即与核糖体小亚基结合而作为蛋白质合成的模板进行翻译。

（2）rRNA 的合成与加工

1）45SrRNA 的合成与剪切　rRNA 基因在 RNA 聚合酶 I 催化下转录产生一个大的 45S 初级产物，初级产物被核酸外切酶（从 RNA 链的游离端切除核苷酸）和核酸内切酶（从核酸内部裂解 RNA 链）进行一系列裂解过程，产生 18S、5.8S 和 28S rRNA，其中 18S rRNA 参与 40S 小亚基形成，5.8S 和 28S rRNA 参与 60S 大亚基形成（图 6-34）。

2）5SrRNA 的合成与加工　5SrRNA 是由核仁外的串联重复基因编码，独立于上述其他 3 种 rRNA 的基因转录。在 RNA 聚合酶Ⅲ的作用下，5SrDNA 转录为 5SrRNA，转运至核仁中，直接参与核糖体大亚基的组装。

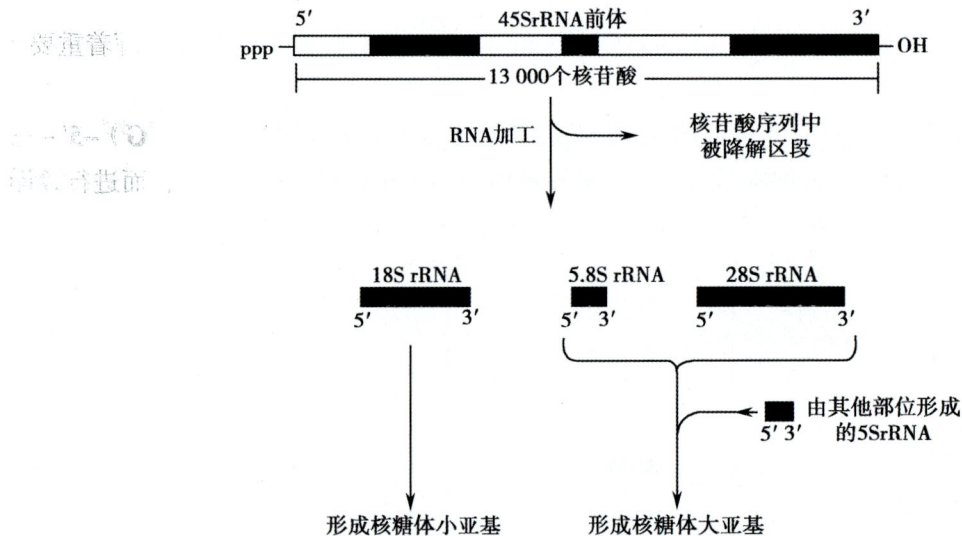

图 6-34　真核细胞 rRNA 的合成与加工（引自 B.Alberts et al）

（3）tRNA 的合成与加工　在人体细胞中有 1300 个 tRNA 的基因拷贝，成簇存在并被间隔区分开，真核细胞 tRNA 前体是在 RNA 聚合酶Ⅲ的作用下转录而成。

真核生物 tRNA 前体约为 100 个核苷酸长度，经剪切和外显子拼接，并经 3′端残基用 CCA 序列取代等化学修饰，为蛋白质合成过程中氨基酸的结合提供位点。最终形成固定的含有 75～85 个核苷酸的成熟 tRNA 分子（图 6-35）。

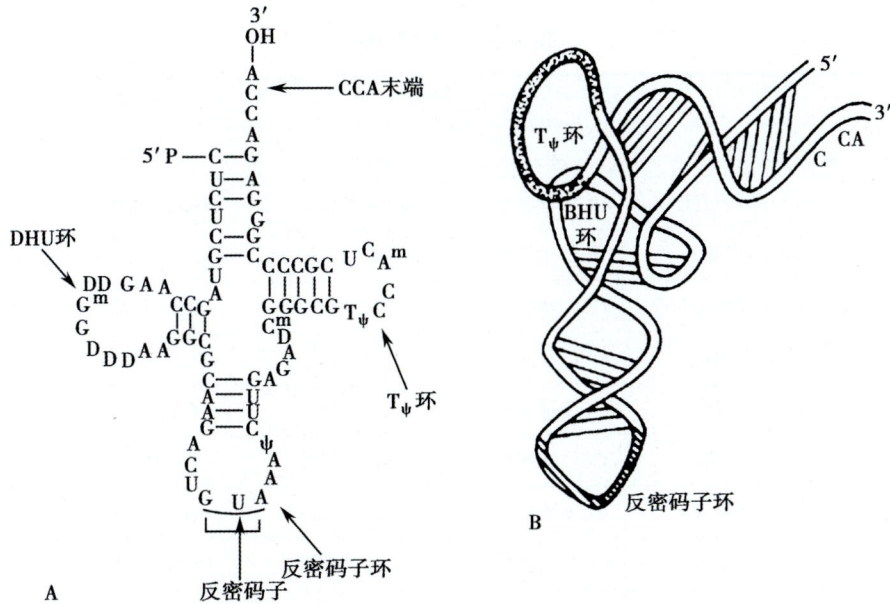

图 6-35　tRNA 的一级、二级、三级结构

A. 酵母 tRNA 的一级结构与二级结构；B. tRNA 的倒 L 形三级结构

第六节　遗传信息翻译

翻译（translation）是指 mRNA 碱基序列所包含的遗传信息被表达为蛋白质中氨基酸顺序，最后表达为细胞功能的过程，即蛋白质的生物合成。翻译过程在核糖体上进行，需要 200 多种生物大分子参加，包括 3 种 RNA、内质网、核糖体、氨基酸、能量供应和各种翻译因子等。翻译后的初始产物大多数是无功能的，需要经过进一步的加工才可成为具有一定生物活性的蛋白质，这一加工过程称为翻译后修饰。其方式主要包括 N 端脱甲酰基、N 端乙酰化、多肽链磷酸化、糖基化和多肽链切割等。

一、遗传密码与 mRNA

构成蛋白质分子的氨基酸有 20 种，而构成核酸的碱基却只有 4 种，它们能否为 20 种氨基酸编码呢？最初由 Nirenberg 在 1961 年运用人工合成多聚核苷酸体外翻译技术，发现在用由单一尿苷酸序列组成的模板 PolyU 时，可生成由单一苯丙氨酸序列组成的肽链产物，由此破译了第一个遗传密码，即 UUU 编码苯丙氨酸。在此基础上，Khorana 等人经过多年研究，逐步破译了编码 20 种氨基酸的密码子。

研究发现 4 种碱基以三联体形式组合成 $4^3=64$ 种遗传密码。其中，61 个密码子分别为 20 种氨基酸编码，其余 3 个不编码任何氨基酸而作为蛋白质合成的终止信号，即终止密码（stop codon）。至 1967 年正式完成了遗传密码表（遗传密码词典）的编制工作，蛋白质合成的直接模板是 mRNA，而不是 DNA，所以遗传密码中的 4 种碱基是构成 mRNA 的碱基，即 A、G、C、U（表 6-5）。

表 6–5　遗传密码表

第一碱基 (5′端)	第二碱基				第三碱基 (3′端)
	U	C	A	G	
U	UUU 苯丙氨酸	UCU 丝氨酸	UAU 酪氨酸	UGU 半胱氨酸	U
	UUC 苯丙氨酸	UCC 丝氨酸	UAC 酪氨酸	UGC 半胱氨酸	C
	UUA 亮氨酸	UCA 丝氨酸	UAA 终止	UGA 终止	A
	UUG 亮氨酸	UCG 丝氨酸	UAG 终止	UGG 色氨酸	G
C	CUU 亮氨酸	CCU 脯氨酸	CAU 组氨酸	CGU 精氨酸	U
	CUC 亮氨酸	CCC 脯氨酸	CAC 组氨酸	CGC 精氨酸	C
	CUA 亮氨酸	CCA 脯氨酸	CAA 谷氨酰胺	CGA 精氨酸	A
	CUG 亮氨酸	CCG 脯氨酸	CAG 谷氨酰胺	CGG 精氨酸	G
A	AUU 异亮氨酸	ACU 苏氨酸	AAU 门冬氨酸	AGU 丝氨酸	U
	AUC 异亮氨酸	ACC 苏氨酸	AAC 门冬氨酸	AGC 丝氨酸	C
	AUA 异亮氨酸	ACA 苏氨酸	AAA 赖氨酸	AGA 精氨酸	A
	AUG 异亮氨酸	ACG 苏氨酸	AAG 赖氨酸	AGG 精氨酸	G
G	GUU 缬氨酸	GCU 丙氨酸	GAU 门冬氨酸	GGU 甘氨酸	U
	GUC 缬氨酸	GCC 丙氨酸	GAC 门冬氨酸	GGC 甘氨酸	C
	GUA 缬氨酸	GCA 丙氨酸	GAA 谷氨酸	GGA 甘氨酸	A
	GUG 缬氨酸	GCG 丙氨酸	GAG 谷氨酸	GGG 甘氨酸	G

1. 遗传密码的通用性　一个特定的碱基序列无论在哪一种生物体中均编码同一种氨基酸。但这种通用性并不是绝对的，也有一些例外存在。如 AUG 在原核细胞中编码甲酰甲硫氨酸，在真核生物中则编码甲硫氨酸（即蛋氨酸）；线粒体 DNA 有 3 个遗传密码与通用密码不同：CUA 编码苏氨酸，AUA 编码甲硫氨酸，UGA 编码色氨酸；而在通用密码中，这 3 个密码子依次为亮氨酸、异亮氨酸的密码和终止密码。

2. 遗传密码的简并性　在 61 种编码氨基酸的密码中，除甲硫氨酸和色氨酸仅有一种密码子外，其余氨基酸都各被 2 ~ 6 个密码子编码，这种现象称为遗传密码的简并性。简并的遗传密码的第三个碱基变化，不会引起氨基酸种类的改变，这对保持物种的稳定性非常有利。

3. 遗传密码阅读的无间隔性　在翻译过程中，遗传密码的阅读是连续的，每个三联体之间没有作为"符号"的碱基存在。

4. 遗传密码的重叠性与非重叠性　有编码功能的 DNA 序列，从起始信号到终止信号，中间有一段可读顺序，即连续的氨基酸密码不能被更多的终止子打断阅读，称为开放阅读框架（ORF），如被多次打断此序列就是非编码序列。遗传密码的非重叠性，是指阅读框架是固定的；重叠性遗传密码的阅读框架会发生移动（只能移动 1 个或 2 个碱基，而不能移动 3 个），在一个新的起始点开始，这样较小的 DNA 序列能携带较多的遗传信息，相同的 DNA 序列，由于阅读框不同（起止点不同）产生的蛋白质会不同或不完全相同。

二、反密码子与 tRNA

tRNA 是一类能联结 mRNA 与氨基酸的小 RNA 分子，固定的含有 75 ～ 85 个核苷酸。tRNA 分子的形状都呈三叶草形，它们是单链 RNA 分子，但有局部片段回折，部分碱基配对成双螺旋臂，不配对的部位呈环状。

1. tRNA 分子主要的成分包括以下四个部分：① 3′端有 CCA 3 个碱基，以共价键与相应的氨基酸连接。②反密码环上有 3 个碱基构成反密码子，能识别 mRNA 的密码，并以氢键与之连接。③ D 环，含有二氢尿嘧啶，识别特异性的氨酰 tRNA 合成酶，决定本 tRNA 特异性结合并运送某种氨基酸。④ T 环又称 TΨC 环，在蛋白合成时，它与核糖体的 5S rRNA 互补结合，识别核糖体位置（图 6-36）。

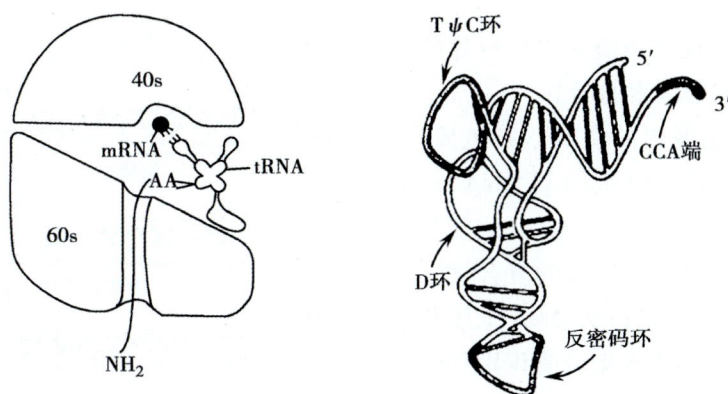

图 6-36　图示核糖体大小亚基与 mRNA、tRNA 的可能结合部位

2. tRNA 运送氨基酸主要有以下二个步骤，以保证蛋白质合成的精确性。

第一步，特异的 tRNA 选择正确的氨基酸形成氨酰 tRNA，该过程是由 D 环激活的氨酰 –tRNA 合成酶特异性催化完成的。

第二步，正确的氨酰 –tRNA 以 TΨC 环识别到达核糖体上，依据反密码子与 mRNA 相应的密码子对应。

三、核糖体与遗传信息的翻译

在多肽链合成前，核糖体的大、小亚基是分开的，各自游离于细胞质中。合成开始的第一步是游离于细胞质中的小亚基首先与 mRNA 结合。

在起始因子作用下，携带起始氨基酸的氨酰 –tRNA 上的反密码子与小亚基上的 mRNA 的起始密码子（AUG）互补结合，形成了起始复合物。之后，小亚基与大亚基结合，形成一完整的核糖体，进行肽链的合成。

一个核糖体附着到一个 mRNA 分子的起始部位沿着 5′–3′方向移动并合成多肽时，另一个核糖体又附着到此 mRNA 的起始部位，开始翻译合成另一条多肽链。结果多个核糖体可以在同一条 mRNA 模板上，按不同进度翻译出多条相同的多肽链。这种同时进行翻译的聚合体也称为多聚核糖体（polyribosome）。

第七节 真核细胞基因表达的调控

真核生物机体的生长发育，组织细胞的生长、分裂、分化等一切生命现象均是基因表达在时间和空间上有条不紊地调控的结果。同一个体的体细胞均携带着相同的遗传信息，但每个细胞在一定时期内，一定条件下，只有部分特定的基因表达，例如表皮细胞合成角蛋白、肌细胞合成肌红蛋白、成纤维细胞合成胶原蛋白。由于机体的不同发育阶段、不同的微环境及功能状态，决定了基因表达的调控，使不同细胞形成不同的表型。

真核基因表达调控包括转录前、转录、转录后、翻译、翻译后水平的调控。

一、转录前的调控

转录前基因的功能状态既受内部自我调控系统的调节，又受外部激素等因素的调节。

1. 非组蛋白与组蛋白的调节 染色质中的 DNA 带负电荷，带正电荷的组蛋白与 DNA 结合，抑制 DNA 转录功能。非组蛋白带负电荷，它能与带正电荷的碱性组蛋白结合成为带负电荷的复合物，与同样带负电荷的 DNA 相斥，组蛋白从 DNA 上脱落下来，而裸露的 DNA 就可以被 RNA 聚合酶识别并结合，启动转录（图 6-37）。组蛋白的甲基化、乙酰化、磷酸化、泛素化等也可影响所结合基因的转录。

2. 信号分子的调控作用 神经递质、肽类激素等信号分子可能通过膜受体 cAMP 系统来调节基因的表达功能，固醇类激素则通过核内受体直接作用于染色质。

3.DNA 水平的调控 转录前由基因数量和顺序的改变实现其表达调控，主要途径包括基因丢失、基因扩增和基因重排等。

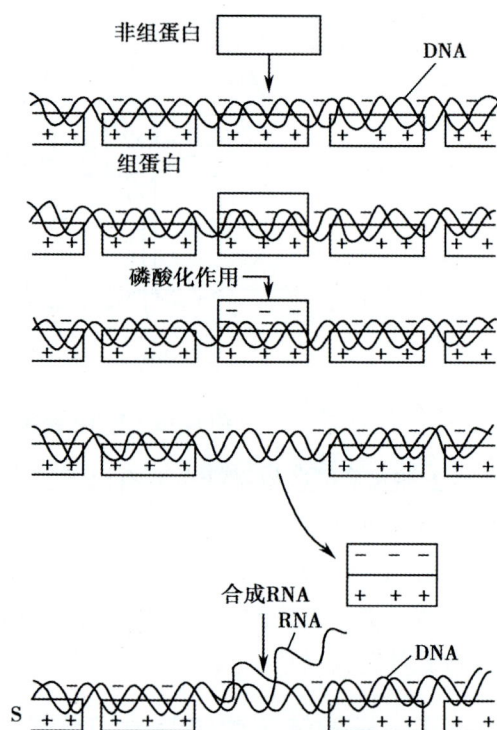

图 6-37 组蛋白转位模型图解

二、转录水平的调控

转录水平的调控主要是指对转录的启动、起点的精确性和转录速度等的调节。在真核基因表达不同水平的调控中，转录水平的调节是其中的关键环节。在转录水平的调控中顺式作用元件（DNA 性质）和反式作用因子（蛋白质性质）两者相互作用可导致二者空间构型的改变，影响基因的表达。

（一）基因调控的顺式作用元件

顺式作用元件（cis-acting element）一般不编码蛋白质，多位于基因侧翼序列或内含子中，只影响与其自身同处在一个 DNA 分子上的基因。包括启动子（promotor）、增强子（enhancer）、沉默子（silencer）、衰减子（dehancer）和终止子（terminator）等 DNA 序列片段。顺式作用元件是被反式作用因子（trans-actingfactor）所识别的对基因表达有调节活性的 DNA 序列，可决定转录起始位点和调节 RNA 聚合酶 Ⅱ 型活性。

（二）基因调控的反式作用因子

真核细胞中存在有多种被称为基因调节蛋白的特异性 DNA 结合蛋白，它们能够与靶基因附近的 DNA 序列结合，促进或抑制该基因的转录，通常将这类基因调节蛋白叫反式作用因子（trans-actingfactor）或称转录因子（transcription factor）。顺式作用元件是反式作用因子的结合位点。

反式作用因子可识别启动子、增强子等顺式作用元件中的特异靶序列；对基因表达具有正调控和负调控作用，即可激活或抑制基因的表达。

三、转录后的调控

指核内异质 RNA（hnRNA），hnRNA 剪切掉内含子和非编码区的侧翼序列、戴帽和加尾等加工过程。此过程中 hnRNA 剪切的选择性、拼接的编辑性和 mRNA 稳定性的调节都决定转录后 mRNA 的特性。同时，微小 RNA（miRNA）可降解特定的 mRNA。环状 RNA（CircRNA）像海绵一样吸附 miRNA，减弱其对靶 mRNA 的降解作用。长链非编码 RNA（LncRNA）可通过多种机制调控 mRNA。

四、翻译水平的调控

翻译过程受核糖体数量、mRNA 成熟度、相关因子、各种酶类的作用，它们将影响翻译的速度、翻译产物的完整性或产物的生物活性。

五、翻译后的调控

翻译初产物往往是一个大的无活性多肽分子，需要经过酶切、磷酸化等一系列修饰、加工和组装后才有活性。翻译产物的乳酸化、琥珀酰化、泛素化、类泛素化等修饰与蛋白的活性、核转位或降解过程有关。

以上每一水平的基因调控都影响基因最终的表达结果。但对大多数基因来说，转录水平的调控是最重要的控制点。深入研究基因表达的调控机制，对揭示生命的奥秘、防治遗传性疾病和恶性肿瘤及改造生命等都具有不可估量的前景。

第八节 细胞核与疾病

细胞核是细胞讯息与控制最重要的来源，是细胞功能及细胞代谢、生长、增殖、分化的控制中心。如果细胞核结构和功能出现异常就会导致各种疾病发生。

一、细胞核形态异常与肿瘤

肿瘤细胞与正常细胞相比，核比例大，外形不规则，外突或内陷、或分叶、或出芽，核呈肾形及桑葚状不等，异染色质比例大，且聚集在近核膜处，分布不均匀。核仁增大，数目增多，表现为 rRNA 转录活性增强，反映出肿瘤细胞代谢活跃、生长旺盛的特点。同时，核孔数目显著增加，有利于核内外物质的频繁转运。

二、染色体异常与肿瘤

染色体异常可能是肿瘤发生的原因，也可能是肿瘤发生的结果。所有肿瘤细胞都有染色体异常，染色体异常被认为是癌细胞的特征。肿瘤细胞群通过淘汰和生长优势，逐渐形成占主导地位的细胞群体，即干系（stem line）。干系的染色体数称为众数（modal number）。干系以外有时还有非主导细胞系，称为旁系（side line）。伴随条件改变，旁系可以发展为干系。有的肿瘤没有明显的干系，有的则可以有两个或两个以上的干系。

1. 肿瘤的染色体数目异常　正常人体细胞为二倍体细胞，肿瘤细胞多数为非整倍体，但个别染色体的增多或减少并不是随机的，比较常见的是 8、9、12 和 21 号染色体的增多或 7、22、Y 染色体的减少。染色体数也可成倍地增加，如 3 倍、4 倍等，但通常不是完整的倍数，故称为高异倍性（hyperaneuploid）。许多实体肿瘤染色体数或者在二倍体数上下，或在 3～4 倍数，而癌性胸腹水的染色体数变化更大（图 6-38）。

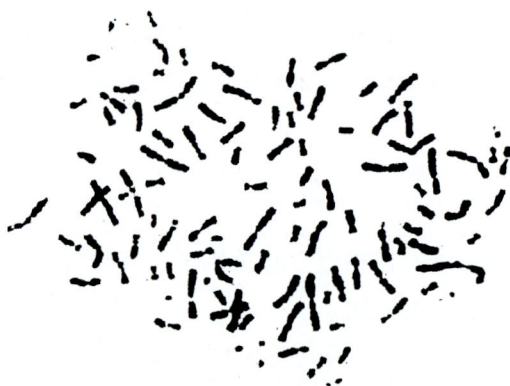

图 6-38　一个癌细胞的染色体共 104 条，包括许多异常的染色体（引自 Thompson）

2. 肿瘤的染色体结构异常　在 56 种人体肿瘤中发现 3152 种染色体结构异常，包括易位、缺失、重复、环状染色体和双着丝粒染色体等。结构异常的染色体又称为标记染色体（marker chromosome）。重要而常见的标记染色体如慢性粒细胞白血病（CML）患者细胞中的费城（Ph）染色体，是由 22 号染色体长臂与 9 号染色体长臂之间部分区段易位形成的，大约 95% 的慢性粒细胞白血病（CML）有 Ph 染色体，有时 Ph 染色体先于临床症状出现，故又可用于早期诊断。另有一些标记染色体和染色体结构异常不是某一肿瘤所特有，例如巨大亚中着丝粒染色体、巨大近端着丝粒染色体、双微体、染色体粉碎等。

染色体畸变与肿瘤相关基因的激活、扩增、丢失等重要事件有关，是目前相关领域的研究热点。

细胞骨架（cytoskeleton）是真核细胞中由蛋白纤维交织而成的立体网架体系。狭义的细胞骨架指细胞质骨架，它包括微管、微丝和中间纤维 3 种类型。广义的细胞骨架，包括细胞质骨架、细胞核骨架、细胞膜骨架和细胞外基质等纤维体系。

1928 年 Klotzoff 提出了细胞骨架的原始概念，但限于当时的技术方法问题，电镜下一直未观察到想象中的硬性"骨架"结构。直到 1963 年，电镜标本采用戊二醛常温固定方法后，才相继观察到微管、微丝、中间纤维的形态结构。以后陆续发现了细胞核骨架、细胞膜骨架和细胞外基质，它们相互连接形成细胞的"骨架"网络体系，并随机体细胞的各种生理活动状态而发生动态改变。

目前，人们对细胞骨架的研究已由形态观察为主进入到分子水平。细胞骨架不仅在保持细胞形态、维持细胞内各结构成分的有序性排列方面起重要作用，而且与细胞的多种生命活动如细胞运动、细胞分裂、细胞分化、细胞物质运输、细胞信息传递、能量转换、基因表达等密切相关，它几乎参与细胞的一切重要生命活动。总之，细胞骨架是当今细胞生物学中最为活跃的研究领域之一。

第一节　微　丝

微丝（microfilament，MF）是广泛存在于各种真核细胞中的骨架网络纤维，是一种实心的蛋白纤维细丝，常以束状或网状等形式分布于细胞质的特定空间位置上。微丝除参与构成细胞骨架成分及维持细胞形态外，还参与细胞内外物质转运、细胞间的信息传递及一些特殊结构的形成或功能活动的发生等。

一、微丝的化学组成

微丝主要由肌动蛋白（actin）组成，此外微丝结合蛋白与其共同构成微丝的网络空间结构。

肌动蛋白是微丝的基本组成单位，其相对分子量为 43×10^3，外观呈哑铃状。立体结构由两个结构域（domain）组成，两个结构域之间有 ATP（或 ADP）和阳离子（Mg^{2+} 或 Ca^{2+}）结合位点，每个结构域各自分别又由两个亚结构域组成（图 7-1A、7-1C）。肌动蛋白分子具有明显的极性，有氨基和羧基的暴露的一端为正端（plus end），另一端则称为负端（minus end）。在 Mg^{2+} 等阳离子的诱导下，它们能"首尾"相接形成螺旋状的肌动蛋白丝（图 7-1、7-2）。

在细胞中肌动蛋白的存在方式有两种：一种是游离状态的球状肌动蛋白单体，称为球状肌动蛋白（globular actin，G-actin）简称 G- 肌动蛋白；另一种是由 G- 肌动蛋白"首尾"相接聚合而成的螺旋状纤维多聚体，称为纤维状肌动蛋白（filamentous actin，F-actin）简称 F- 肌动蛋白（图 7-1C、7-2B）。这两种形式的肌动蛋白在一定条件下可互相转换，但 F- 肌动蛋白构成微丝的主体。

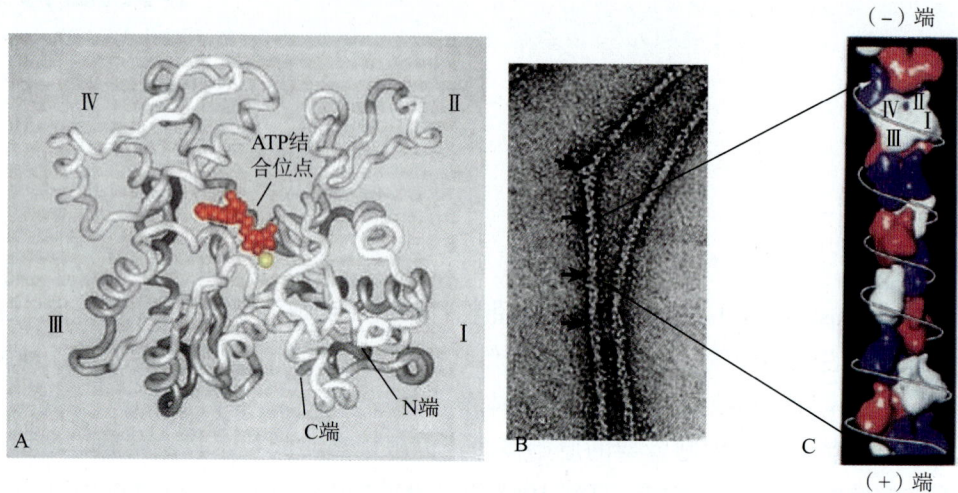

图 7-1　肌动蛋白三维结构与肌动蛋白纤维

A. 肌动蛋白单体三维结构，一分子 ATP 和 Ca^{2+} 结合于分子中间核苷结合槽。

B. 肌动蛋白纤维电镜照片。C. 肌动蛋白纤维分子模型

肌动蛋白在真核生物细胞进化过程中高度保守。目前，在哺乳动物及鸟类细胞中，已经分离到 6 种不同亚型的肌动蛋白，按其等电点的不同可分为 α、β 和 γ 3 种异构体。其中，4 种为 α 肌动蛋白，分别为骨骼肌、心肌、血管及肠壁平滑肌细胞所特有；另两种为 β 肌动蛋白和 γ 肌动蛋白，可见于所有非肌细胞和肌细胞中。由于肌动蛋白基因是由同一祖先基因进化而来的，因而不同细胞中的非同种 α 肌动蛋白分子之间仅有个别氨基酸的差异（通常为 4 ～ 6 个）。

二、微丝的形态结构

微丝是一种较细的、可弯曲的蛋白纤维细丝（图 7-1 B、7-2 B），其直径为 5 ～ 10 nm，长短不一。比较传统的模型认为微丝是由两条肌动蛋白单链呈右手螺旋盘绕形成的纤维，近年来则倾向于认为微丝是由一条肌动蛋白单体链形成的右手螺旋，每个肌动蛋白单体周围都有 4 个单体，呈上、下及两侧排列。由于肌动蛋白具有极性，因而微丝也具有极性。

微丝的结构具有可变性，可依其所在细胞的细胞周期及功能状态而改变其存在形式和空间位置。微丝既可以相互聚合形成线状的微丝束，又可以相互交织成网状结构或呈溶胶状态，这也是人们在常规状态下不易观察到微丝的原因之一。

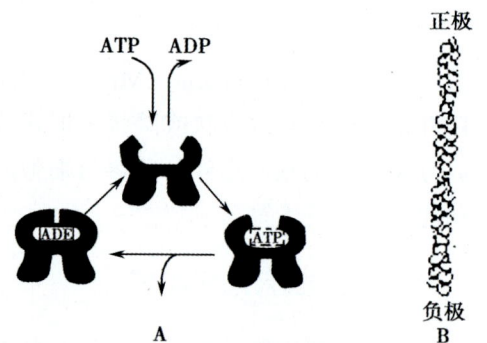

图 7-2　肌动蛋白及微丝的极性（引自 Alberts et al，1994）

A. 肌动蛋白的哑铃状结构，ATP 结合位点处于分子内部。B. 在微丝中所有单体的极性指向同一方向，故微丝也具有极性

三、微丝的组装及影响因素

（一）微丝的组装

球状肌动蛋白（G-肌动蛋白）单体聚合形成纤维状多聚体（F-肌动蛋白）的过程，称微丝的组装；反之，由纤维状多聚体解离成球状肌动蛋白单体的过程，称微丝的去组装。体外实验表明，球状肌动蛋白单体在适宜的条件下，即具备 ATP 和一定的盐浓度（主要是 K^+ 和 Mg^{2+}），可自我组装，形成微丝（图 7-3）。

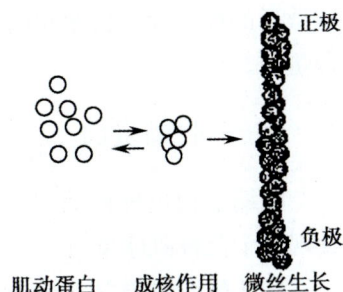

图 7-3　提纯的 G- 肌动蛋白在试管中形成微丝

微丝的组装步骤为：成核期→延长期→平衡期三个阶段。首先由球状肌动蛋白单体"首尾"相接，形成二聚体，继而形成稳定的三聚体（多聚体），即核心作用（图 7-3）。此期是微丝组装的限速步骤，需要一定的时间，当核心形成后，球状肌动蛋白在核心两端迅速地聚合、延长，形成直径约 7 nm 的具有极性的螺旋纤维。微丝延长到一定时期，肌动蛋白聚合入微丝的速度与其从微丝上解离的速度达到平衡，即 G- 肌动蛋白在微丝头端（正端）不断聚合，使微丝延长，而尾端（负端）不断解离，使微丝缩短，微丝长度基本不变，此时即进入平衡期。在微丝正进行的聚合与解离过程中，正端延长长度等于负端缩短长度，此现象又称"踏车"现象。

在体内大多数非肌细胞中，微丝持续性地进行组装与去组装的动态过程，这与微丝所在细胞的形态改变及细胞运动等机能活动密切相关，反映了微丝的动态结构特征。肌细胞中的细丝、小肠上皮微绒毛中的轴心微丝等，反映了微丝的永久性结构特征。大多数质膜下的微丝组装形成后，尚需形成复杂的三维空间网络，称组装后重组。

（二）影响微丝组装的因素

微丝组装与肌动蛋白是否达到临界浓度及环境有密切关系。通常 ATP 及一定浓度的 Mg^{2+} 是微丝组装时必需的能量及离子环境。在含有 Ca^{2+} 以及低浓度 Na^+、K^+ 等阳离子溶液中，微丝表现为去组装，由 F- 肌动蛋白趋于解聚成 G- 肌动蛋白；而在 Mg^{2+} 和高浓度的 Na^+、K^+ 溶液诱导下，G- 肌动蛋白则组装为 F- 肌动蛋白，新的 G- 肌动蛋白不断加入，使微丝延长。溶液 pH 值 > 7.0 时，有利于微丝的组装。

四、微丝的特异性药物

细胞松弛素（cytochalasins）是真菌的代谢性产物，与微丝结合后可以将微丝切断，并结合在微丝末端抑制肌动蛋白在该部位的聚合，停止微丝的组装，因而用细胞松弛素处理细胞可以破坏微丝的三维空间网络结构，并阻止细胞的运动，但对解聚没有明显影响。

鬼笔环肽（phalloidin）是从毒蕈中提取的一种双环杆肽，与微丝有较强的亲和作用，荧光标记的鬼笔环肽可清晰地显示出细胞内的微丝。鬼笔环肽可增强肌动蛋白纤维的稳定性，抑制解聚，从而可防止微丝降解。实验研究发现，鬼笔环肽仅与 F- 肌动蛋白结合，而不与 G- 肌动蛋白结合。

五、微丝结合蛋白及其功能

微丝体系中除了肌动蛋白外，还包括许多微丝结合蛋白（microfilament associated protein）。这些结合蛋白通过调节 G- 肌动蛋白形成 F- 肌动蛋白以及 F- 肌动蛋白组装成微丝束等过程，影响微丝的稳定性、长度和构型。各种细胞中都含有微丝结合蛋白，表 7-1 是最常见的几类微丝结合蛋白。

（一）收缩蛋白

收缩蛋白也称移动因子，指促进细胞中微丝移动的蛋白，即肌球蛋白（myosin）。目前，已发现有十几种肌球蛋白。

1. Ⅱ型肌球蛋白（myosin Ⅱ） Ⅱ型肌球蛋白的分子量为 460×10^3，由 4 条多肽链（两条重链和两条不同类型的轻链）组成，形似豆芽状，由杆部和头部组成（图 7-4）。可在骨骼肌、心肌和平滑肌细胞中组成粗肌丝参与肌丝滑行；并在应力纤维和收缩环等具有收缩功能的细胞结构中发挥作用。

表 7-1 微丝结合蛋白

名称	功能
毛缘蛋白（fimbrin）	将平行微丝连接成微丝束
束捆蛋白（fascin）	将平行微丝横向连接成束
细丝蛋白（filamin）	横向连接相邻微丝，形成三维网络结构
肌球蛋白Ⅰ（myosin Ⅰ）	与肌动蛋白结合可引起非肌肉细胞收缩；与血影蛋白一起可将微丝束连接至微绒毛膜上
肌球蛋白Ⅱ（myosin Ⅱ）	介导细胞变形、运动和胞内物质运输
血影蛋白（spectrin）	在红细胞膜下与微丝相连成网；与肌球蛋白一起可将微丝束连接至微绒毛膜上
纽蛋白（vinculin）	在细胞连接部位介导微丝连接到质膜上
α- 辅肌动蛋白（α-actin）	黏接多条微丝的端点，将平行微丝连接成束；并介导微丝连接到质膜上
踝蛋白（talin）	介导微丝连接到质膜上形成黏着斑
张力蛋白（tensin）	维持微丝锚着点的张力
截断蛋白（fragmin）	高 Ca^{2+} 浓度下可切断长微丝
绒毛蛋白（villin）	见于微绒毛中，低 Ca^{2+} 浓度时促进微丝束形成，高 Ca^{2+} 浓度下可切断长微丝，阻止其装配
前纤维蛋白（profilin）	结合到 G 肌动蛋白单体上，调节微丝的装配
封端蛋白（capping protein）	结合于微丝的一端，抑制肌动蛋白单体的增加或减少
肌钙蛋白（troponin）	参与细肌丝组成，对肌丝滑动具有一定的调节作用
肌动蛋白相关蛋白（actin-related protein）	在微丝体内组装中起成核作用
胸腺素（thymosin）	结合到 G 肌动蛋白单体上，调节微丝的装配
凝胶形成蛋白（gel-forming protein）	可将微丝交联成网状结构
成束蛋白（bunding protein）	可将平行排列的微丝交联成束状结构

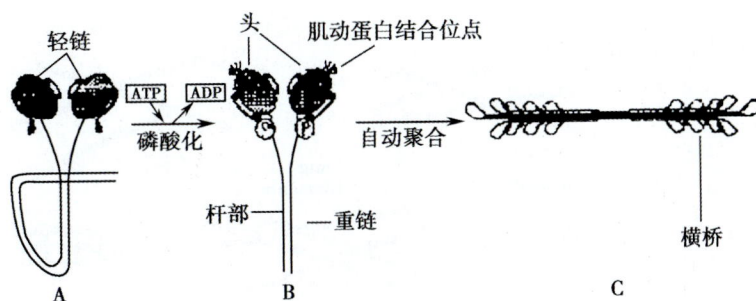

图 7-4　肌球蛋白的结构及聚合（引自 B.Alberts et al）

A. 无活性状态。B. 活性状态。C. 双极粗丝

2. Ⅰ型肌球蛋白和Ⅴ型肌球蛋白　这两类蛋白主要参与细胞骨架与生物膜的相互作用，如Ⅴ型肌球蛋白主要参与细胞内的膜泡运输；Ⅰ型肌球蛋白与胞吞作用、吞噬泡运输以及细胞突起形成等相关。

（二）调节蛋白

调节蛋白是一类对收缩蛋白质（肌动蛋白、肌球蛋白）起调节作用的蛋白，种类较多。

1. 原肌球蛋白（tropomyosin，Tm）　Tm 分子长度约 40 nm，两条平行的多肽链形成的 α-螺旋位于肌动蛋白螺旋沟内，对肌动蛋白与肌球蛋白头部的结合有调节作用（图 7-4）。

2. 肌钙蛋白（troponin，Tn）　Tn 含有 3 个亚基：Tn-C、Tn-T 和 Tn-I。Tn-C 可以与 Ca^{2+} 结合，Tn-T 与原肌球蛋白有很高的亲和力，Tn-I 则可以抑制肌球蛋白头部马达结构域的 ATP 酶活性。细肌丝上每隔 40 nm 结合一个肌钙蛋白复合体，对肌丝滑动具有一定的调节作用。

3. 肌动蛋白单体结合蛋白　细胞内游离的肌动蛋白常与胸腺素（thymosin）或前纤维蛋白（profilin）等肌动蛋白单体结合蛋白结合，使得肌动蛋白组装过程受到限制。只有接受外界刺激被结合的 G-肌动蛋白才会被释放，才有机会组装成微丝。

4. 成核蛋白（nucleation proteins）　肌动蛋白的体内组装离不开 Arp（肌动蛋白相关蛋白，actin-related protein）复合物的成核作用。在外部信号的刺激下，Arp2/3 复合物被活化，与细胞膜或其他细胞结构相结合，为肌动蛋白单体提供起始结合位点，从而启动肌动蛋白的组装过程。

（三）连接蛋白

连接蛋白是一类在微丝之间或微丝与质膜之间起连接、固定、沟通作用的蛋白质。对不同细胞特异功能的发挥起重要作用。

1. 交联蛋白（cross-linking protein）和集束蛋白（bundling protein）　包括 α-辅肌动蛋白（α-actinin）、束捆蛋白（fascin）、毛缘蛋白（fimbrin）和绒毛蛋白（villin）、细丝蛋白（filamin）（图 7-5、7-6）等，它们将平行的微丝连接成微丝束，亦可横向连接相邻微丝，形成三维网络结构。

2. 锚定蛋白（ankyrin）　是一类能与细胞膜上的特异性跨膜蛋白结合的蛋白，它可将微丝或微丝束的端部或侧面固定在细胞膜下（图 7-5），即介导微丝连接到质膜上，如纽蛋白（vinculin）、踝蛋白（talin）、α-辅肌动蛋白等。

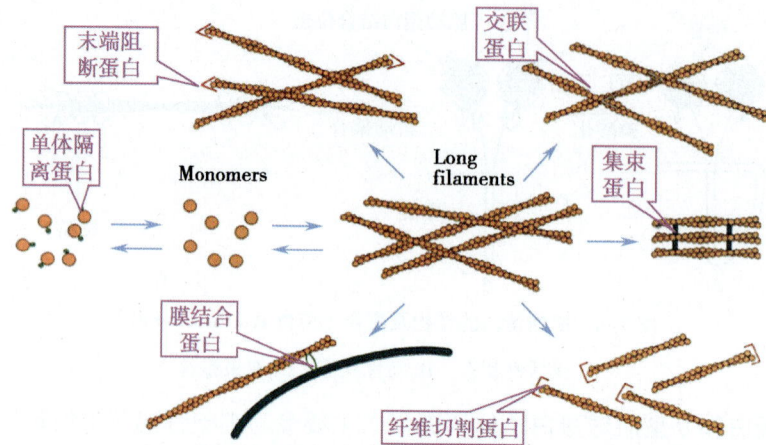

图 7-5　微丝结合蛋白的种类与功能示意图（引自 G. Karp 2002）

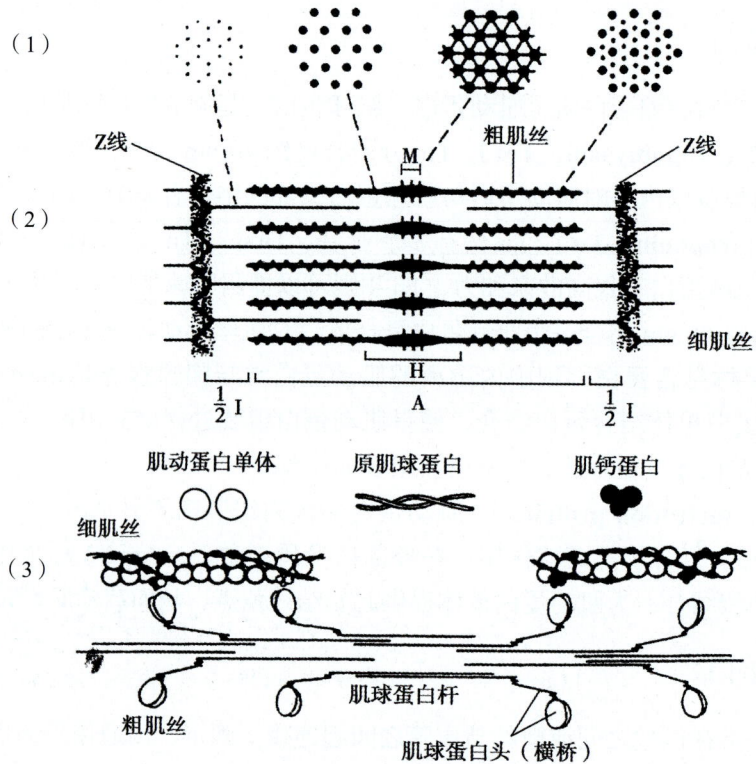

图 7-6　粗、细肌丝的分布与结构模式图

（1）肌节不同部位的横切面 – 粗肌丝和细肌丝的分布。（2）一个肌节的纵切面 – 两种肌丝的排列。
（3）粗肌丝与细肌丝的分子结构

六、微丝的功能

在细胞中，肌动蛋白在微丝结合蛋白的协同作用下，通过形成独特的束状或网络结构发挥功能。

（一）维持细胞形态、参与细胞运动

在大多数细胞中，细胞质膜下有一层由微丝及其结合蛋白交联成凝胶状三维网状结构，称

为细胞皮层（cell cortex）或称肌动蛋白皮层（actin cortex）。细胞皮层具有较强的动态性，可赋予细胞膜一定的强度和韧性，在维持细胞形态中发挥重要作用。目前认为，细胞的多种生理活动，如阿米巴运动（amoiboid motion）、胞质环流（cyclosis）、变皱膜运动（ruffled membrane locomotion）和细胞吞噬作用（phagocytosis）等都与细胞皮层内微丝网络在溶胶态和凝胶态之间的转化相关。在细胞内，微丝还可形成其他特化结构，如应力纤维（stress fiber）和微绒毛。应力纤维由大量反向平行排列的微丝构成，通过黏着斑与细胞外基质作用，对细胞形态发生、细胞分化和组织构建等可能都有一定的影响。微绒毛的轴心部分是由 20～30 个同向平行排列的微丝组成的束状结构，微丝束的正极指向微绒毛顶端，下端终止于细胞膜下的端网结构（terminal web）。微丝束对微绒毛形态起着支持作用。由于微绒毛内的微丝束不含有肌球蛋白、原肌球蛋白和 α-辅肌动蛋白等，故该微丝束无收缩能力。

（二）参与肌收缩

骨骼肌收缩的基本结构和功能单位是肌节（sarcomere），其主要成分是肌原纤维，而肌原纤维由粗肌丝（thick myofilament）和细肌丝（thin myofilament）组成（图 7-6）。粗肌丝直径约 10 nm，长约 1.5 mm，由肌球蛋白（myosin）组成。肌球蛋白的头部突出于粗肌丝的表面，并可与细肌丝上肌动蛋白结合，构成粗肌丝与细肌丝之间的横桥（图 7-6）。细肌丝直径约 5 nm，由肌动蛋白、原肌球蛋白和肌钙蛋白组成，又称肌动蛋白丝。

目前公认的骨骼肌细胞的收缩机制是肌丝滑动学说（sliding filament hypothesis）。H.E.Huxley 和 J. Hanson 于 1954 年提出的肌丝滑动学说认为：肌肉收缩时，肌丝并没有缩短，只是固定在 Z 线上的细肌丝向粗肌丝的 M 线方向滑动，引起肌节缩短，肌原纤维随之缩短，从而导致整条骨骼肌纤维收缩变短。肌细胞收缩时，粗肌丝伸出的横桥可将储存在 ATP 中的化学能转化为机械能，推动细肌丝和粗肌丝发生相对滑行。

（三）参与细胞分裂

胞质分裂是细胞分裂的关键事件之一。动物细胞胞质分裂开始时，肌动蛋白和肌球蛋白 II 将在赤道板周围细胞膜下陷处组装形成反向排列的微丝束，称为收缩环或称缢环（contractile ring）。随着肌动蛋白与肌球蛋白的相对滑动，收缩环不断收紧，两子细胞最终被缢环分开。

（四）参与细胞内物质运输

细胞富含微丝的部位，物质的运输主要是在肌球蛋白介导下以微丝为轨道进行的。ATP 水解释放的能量促使"携带"特定运输小泡的肌球蛋白沿着微丝进行运输。如小鼠黑色素细胞中黑色素颗粒的运输就是依赖肌球蛋白 V（myosin V）进行的；若肌球蛋白 V 基因突变，黑色素颗粒则不能被释放到胞质且不能聚集于细胞周边。

（五）参与细胞信号转导

当胞外的某些配体与膜受体结合，激发位于细胞膜下的肌动蛋白发生结构变化，促使胞内激酶变化的信号转导通路被启动。研究发现，微丝主要参与 Rho-GTPase 介导的信号转导。Rho（Ras homology）蛋白家族属 Ras 超家族，其成员主要包括 cdc42、Rae 和 Rho。当 cdc42 被激活后，胞内肌动蛋白被触发形成丝状伪足；而 Rae 被激活后，不仅可触发 F- 肌动蛋白在肌球蛋白纤维的介导下形成应力纤维，还可促进细胞形成黏着斑。

（六）参与受精

微丝的组装和收缩运动是受精的必备条件。当精子与卵子接触时，精子顶体与细胞核之间的胞质中所含有的 G- 肌动蛋白聚合形成 F- 肌动蛋白，这是由于受精作用致使胞质内 pH 值升高，启动了微丝组装的缘故。微丝的收缩运动，为精子顶体穿过透明带提供了动力，有利于精子和卵子的融合。

第二节　微　管

微管（microtubule，MT）是由微管蛋白和微管结合蛋白组成的中空的管状结构。在不同的细胞中微管具有相似的结构特性，对低温、高压和秋水仙素等药物敏感。

微管主要存在于细胞质中，呈网状或束状分布。为适应细胞质的变化，它能很快地组装和去组装，表现为动态结构特征。微管具有重要的生物学功能，如维持细胞形态结构、参与细胞运动、细胞内物质运输、信号传导、细胞分裂等，可参与形成纺锤体、基粒、中心粒、轴突、神经管、纤毛、鞭毛等结构。

一、微管的化学组成

微管主要由微管蛋白（tubulin）组成。微管蛋白呈球形，属于酸性蛋白。微管蛋白由 α- 微管蛋白和 β- 微管蛋白单体两个天然亚基构成（图 7-7），每个亚基的分子量各为 55KD，它们的氨基酸组成和序列各不相同，但在进化中高度保守。α- 微管蛋白和 β- 微管蛋白形成微管蛋白二聚体（图 7-7），该存在形式是微管装配的基本单位；微管蛋白二聚体两个亚基均可结合 GTP，α 球蛋白结合的 GTP 从不发生水解或交换，是 α 球蛋白的固有组成部分，β 球蛋白结合的 GTP 可发生水解，结合的 GDP 可交换为 GTP。二价阳离子亦能结合于微管蛋白二聚体上。此外，微管蛋白二聚体上各有一个秋水仙素结合位点和长春花碱结合位点。

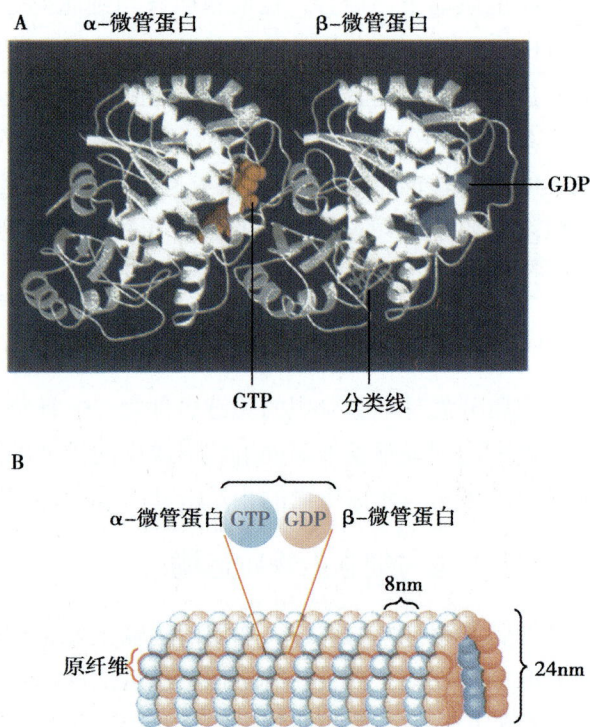

图 7-7　微管的结构和亚基组成

二、微管的形态结构

微管为中空的圆柱状结构，外径约 25 nm，内径约 15 nm（图 7-7）。微管长度差异很大，多数细胞中仅有几十纳米～几微米长，而在某些特化的细胞（如中枢神经系统的运动神经元）中可达几厘米。

微管壁由 13 条原纤维（protofilament）纵行排列合拢而成（图 7-7）。每条原纤维又是由 α/β 两种微管蛋白形成的异二聚体首尾相连而成，这种排列方式决定了微管的极性，α- 微管蛋白一端为负极，而 β- 微管蛋白的一端为正极。

在细胞中，微管有 3 种不同的存在形式：单微管、二联微管和三联微管（图 7-8）。

1. 单微管（singlet）由 13 根原纤维螺旋状包绕而成，常散在于细胞质中或成束分布，胞质中的大部分微管以此形式存在。单微管稳定性较差，易受温度、压力、pH 值等影响，出现解聚而消失，或随细胞周期而变化。

2. 二联微管（diplomicrotubule）由 A、B 两根单微管组成，A 管有 13 根原纤维，B 管与 A 管共用 3 根原纤维，故二联微管由 23 根原纤维组成。主要分布于细胞的某些特定部位，如纤毛和鞭毛的周围部分（图 7-11）。二联微管稳定性较好，一般不易发生结构的改变。

3. 三联微管（triplomicrotubule）由 A、B、C3 根单管组成。A、B 管和 B、C 管之间分别共用 3 根原纤维，故三联微管由 33 根原纤维组成。主要分布于中心粒（图 7-12）和纤毛、鞭毛的基体中。三联微管稳定性较好。

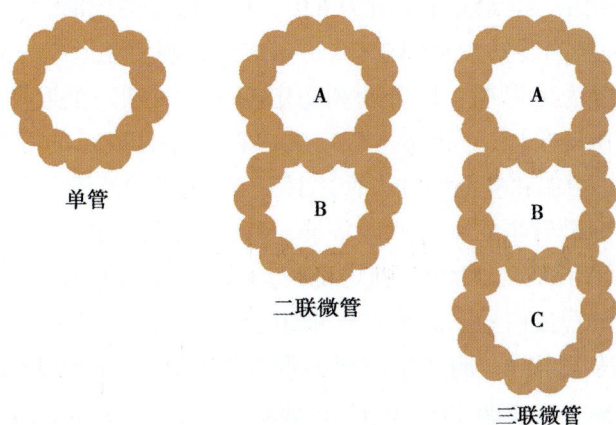

图 7-8 3 种微管的排列方式模式图

二联微管和三联微管属于细胞内稳定型微管结构，是细胞内某些永久性功能结构细胞器的主体组分。一般不易受温度、Ca^{2+} 及秋水仙素等因素的影响而发生解聚。

三、微管结合蛋白

微管结合蛋白（microtubule-associated protein，MAP）又称动力蛋白，是一类可与微管结合并与微管蛋白共同组成微管系统的蛋白，其主要功能是调节微管的特异性并将微管连接到特异性的细胞器上。

微管结合蛋白由两个结构域组成：一个是碱性的微管结合结构域（basic microtubule-binding domain），可与微管结合；另一个是酸性的突出结构域（acidic projection domain），它以横桥方式与质膜、中间纤维和其他微管纤维连接，在电镜下可见它在微管壁外呈一突起将微管纤维交联成束，并协助微管联结其他细胞组分（包括其他有关骨架纤维）。

目前，已发现的微管结合蛋白主要有 MAP-1、MAP-2、tau 和 MAP-4 等几种，前 3 种微管结合蛋白主要存在于神经中。

1. MAP-1 和 MAP-2 MAP-1 和 MAP-2 为高分子量蛋白，MAP-1 对热敏感，可见于不同生长发育阶段的神经轴突中，MAP-1 在微管间形成横桥（但不使微管成束）或作为一种胞质动力蛋白，与轴突的逆向运输有关；而 MAP-2 为一类热稳定蛋白质，与 MAP-1 不具同源性，仅见于神经元的树突中，MAP-2 在微管间或微管与中间纤维间形成横桥，能使微管成束。

2. tau 蛋白 tau 蛋白为低分子量蛋白，具有热稳定性，常分布于神经元轴突中，可加速微管的组装，使之成为稳定性较强的微管束。

3. MAP-4   MAP-4 在神经元和非神经元细胞中均存在，在进化上具有保守性。具有高度热稳定性。

另外，在非洲蟾蜍卵中还发现了 XMAP125 蛋白，在人类也有其同源蛋白。

四、微管的组装

微管组装是一个复杂而有序的过程，微管组装的相关资料主要来源于体外试验。

（一）微管的体外组装

微管的体外组装需达到以下条件：① α/β 微管蛋白达到临界浓度（1mg/mL）。②必须有 Mg^{2+}（无 Ca^{2+}）和 GTP 存在。③最适 pH 值为 6.9。④温度为 37℃时，α 和 β 微管蛋白异二聚体达到就可组装成微管。若温度低于 4℃或加入过量 Ca^{2+}，则使已形成的微管解聚为二聚体。

微管的体外组装可分为延迟期、聚合期和稳定期 3 个时期。延迟期（lag phase）又称成核期（nucleation phase），在该阶段 α 和 β- 微管蛋白首先聚合成短的寡聚体（oligomer）核心，紧接着其他异二聚体在其两端和侧面增加，使之扩展至 13 根原纤维，随即合拢成一段原始的微管（图 7-9）。由于该时期微管蛋白聚合速度较慢，为微管聚合的限速过程。随之，新的微管蛋白异二聚体不断组装到原始微管的两端，使之延长，即聚合期（polymerization phase）又称延长期（elongation phase）。微管蛋白异二聚体在正极组装的速度快于其在负极组装的速度。随着体系中微管蛋白异二聚体浓度下降，胞质中游离的微管蛋白达到临界浓度，微管组装进入稳定期（steady state phase），又称为平衡期（equilibrium phase）。即 α/β 微管蛋白异二聚体在微管正极组装的速度与微管负极去组装的速度相等，微管长度保持相对恒定，这种现象被称为踏车行为（treadmilling）（图 7-9、7-10）。

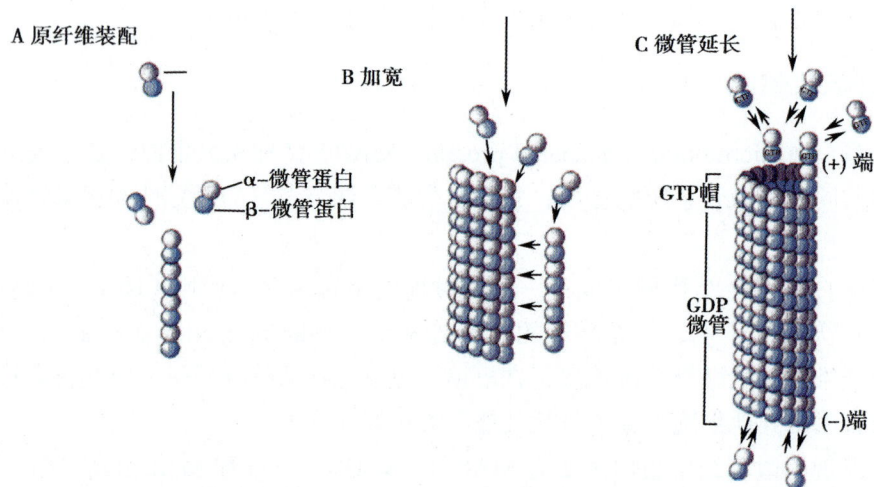

图 7-9　微管的组装过程（引自 Lodish et al，1999）

A. α 和 β 微管二聚体首先装配成原纤维。B. 形成片层。C. 围成由 13 根原纤维组成的微管

（二）微管的体内组装

微管的体内组装除了遵循体外组装的规律外，还存在高度有序的时空性。间期细胞中，胞质微管和微管蛋白亚基库处于相对平衡状态。分裂期，胞质微管的组装与去组装受细胞周期调控，

如在分裂前期，胞质微管处于去组装状态，游离的微管蛋白亚基组装为纺锤体，而分裂末期则发生相反的变化。微管聚合通常从特异性的核心形成位点开始，这些位点主要是中心体、鞭毛和纤毛的基体，称为微管组织中心（microtubule organizing center，MTOC）。多数情况下，微管的负端总是与 MTOC 相连，正极端则指向细胞边缘、轴突远端、鞭毛和纤毛顶部等。MTOC 不仅是微管体内组装的特异性核心，还可确定微管的极性及微管中原纤维的数量。

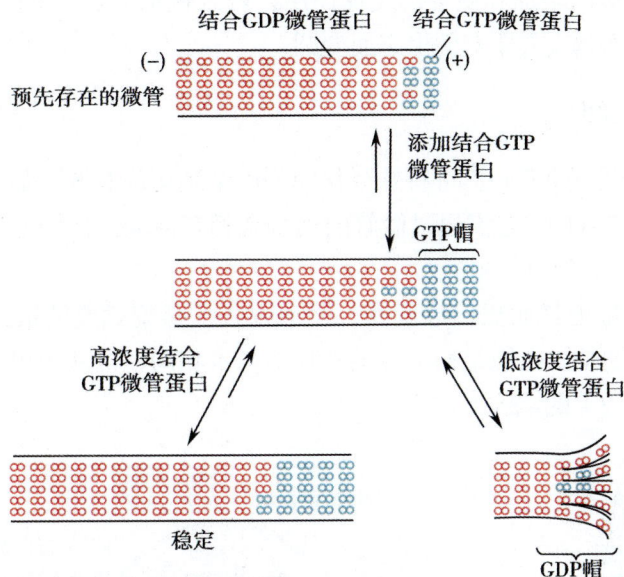

图 7-10　GTP 与微管聚合

五、微管的特异性药物

微管的特异性药物在微管结构和功能的研究中发挥了重要的作用。秋水仙素和长春花属生物碱（长春花碱，长春新碱）等一些能与微管结合的药物，可抑制微管的聚合；而紫杉醇（pacilitaxel）可促进微管的聚合，并稳定已形成的微管。

秋水仙素（colchicine）是最重要的微管工具药物，用低浓度的秋水仙碱处理活细胞，可破坏纺锤体的结构。秋水仙素与 Ca^{2+}、低温、高压等因素直接破坏微管的作用机制不同，它可与二聚体结合，而结合有秋水仙素的微管蛋白组装到微管末端，可阻止其他微管蛋白的加入，从而阻断微管蛋白组装成微管。在细胞遗传学中，常用秋水仙素来制备中期染色体。

长春碱（vinblastine）与二聚体结合的位点不同于秋水仙素，长春碱与二聚体的结合可稳定微管蛋白分子，从而增加二聚体与秋水仙素的结合。长春碱因具有阻止微管聚合、抑制微管形成的作用，在临床上常用于抗癌治疗。

紫杉醇与重水（D_2O）一样可促进微管的组装，并增加微管的稳定性，抑制微管去组装。但它们所致的微管稳定性增加对细胞是有害的，导致染色体不能移动分离，使细胞周期停止于有丝分裂期。

另外，cAMP 可活化磷酸激酶，致使微管结合蛋白磷酸化，促进微管的组装。而 RNA 可抑制微管的组装。

六、微管的功能

微管蛋白基因是一个多基因家族，使微管存在很多微管亚群，它们彼此在组成和功能上均有所区别。微管在结构与功能上的多样性，与其各亚基在不同细胞以及同一细胞不同部位的专一表达有关。微管的生物学功能主要有以下几个方面：

（一）维持细胞的形态

微管在大多数真核细胞内参与细胞形态的维持。体外培养的神经元细胞，其轴突的形成及延伸依赖于突起内微管数量的增加和微管的支撑作用；若用秋水仙素、低温等方法处理培养细胞，可使微管解聚，则培养细胞丧失原有的形态而变圆。

（二）参与细胞运动

细胞为适应内、外环境的需要，可特殊分化为一些细胞运动装置。如纤毛和鞭毛等是微管形成的细胞特化结构（图7-11），它们通过微管的聚合和相互活动，使纤毛和鞭毛收缩、摆动，从而驱动细胞运动。

通常从外形上看，鞭毛长而粗，数量少，运动方式呈螺旋式或波浪式；纤毛短而细，数量多，运动方式为节律性摆动。电镜结构：纤毛和鞭毛基本相同，以两根单微管为中心，周围环绕9组二联微管即（9×2+2）的结构形式。

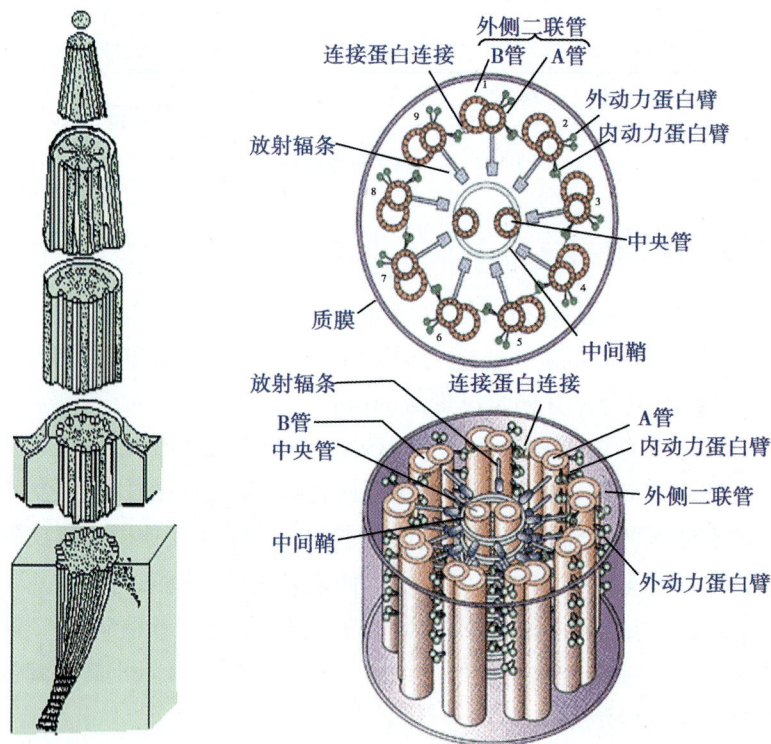

图 7-11　纤毛结构模式图

中心粒（centriole）存在于动物细胞和低等植物细胞中，是成对出现的细胞器；它与微管装配和细胞分裂直接相关。光镜下，中心体位于细胞核附近（图7-12）。中心体包括一对彼此相互垂直排列的中心粒和中心球。电镜下，中心粒为一圆柱形小体，壁由9组三联微管组成，各组三联微管相互之间大约呈30°倾斜排列，形似风车（图7-12）；其周围有质地较致密的细粒状物质。中心粒内没有中央微管，也无特殊的臂。中心粒的功能与微管蛋白的合成与聚合有关，并参与细胞分裂；其次，中心粒上存在ATP酶，因而与细胞能量代谢有关，可为细胞运动和染色体移动提供能量。

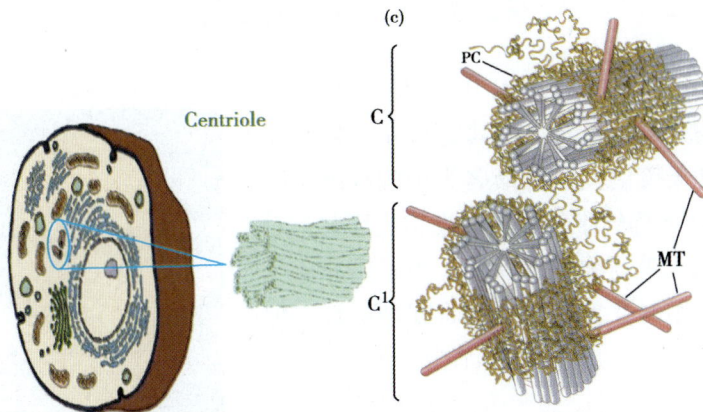

图 7-12　中心粒结构模式图

A. 光镜结构。B. 不同横切面的电镜结构。C. 主杆横切面的电镜结构（纤毛和鞭毛）

（三）参与细胞器的位移

微管可维持细胞内各细胞器的分布位置，参与细胞器位移，如细胞核与线粒体位置的固定等都需要微管的帮助。微管参与细胞器位移与微管马达蛋白有关。微管马达蛋白（motor protein）是指介导细胞内物质沿细胞骨架运输的蛋白，它也参与细胞器的位移，如培养细胞中高表达编码 tau 蛋白的基因，可干扰线粒体和内质网的分布。

（四）参与细胞内物质运输

微管与其他细胞骨架协同对细胞内物质转运起关键性的作用。在细胞内微管可作为高尔基复合体和其他小泡和蛋白质颗粒运输的轨道，并可运送到特定的区域，这种运送的距离常常可达数微米甚至更长。如神经元胞质中的物质转运依赖于微管。微管参与细胞内物质运输的任务主要由微管马达蛋白来完成，驱动蛋白（kinesin）超家族常在微管的正端，动力蛋白超家族在微管负端。

（五）参与染色体的运动及调节细胞分裂

微管是有丝分裂器的主要构成成分，可介导染色体的运动。染色体向两极的运动是依赖于纺锤体微管的作用而实现的。

（六）参与细胞内信号转导

近年来对微管参与信号转导的研究越来越多，已证明微管参与 hedgehog、JNK、Wnt、ERK 蛋白激酶信号转导通路。信号分子可通过直接与微管作用或通过马达蛋白或通过一些支架蛋白来与微管作用。在胞质中，微管分布广泛，具有很大的蛋白表面积，并可跨越质膜到细胞核，使微管具有足够的空间和条件进行信号转导。微管的信号转导功能具有重要的生物学作用，它与细胞的极化、微管的不稳定动力学行为、微管的稳定性变化、微管的方向性及微管组织中心的位置等均有关联。

第三节 中间纤维

中间纤维（intermediate filament，IF）是一类中空的纤维状结构，其直径约 10 nm，因其直径介于粗肌丝和细肌丝以及微丝和微管之间，被命名为中间纤维（图7-13），又称中间丝或中等纤维。中间纤维结构稳定，对细胞松弛素和秋水仙素等药物均不敏感，当采用非离子去垢剂和高盐处理细胞时，大部分细胞骨架被破坏，但中间纤维可以被保留下来。

一、中间纤维的化学组成

中间纤维的化学组分及其类型复杂多样，包含50多种成员，但它们是由同一多基因家族编码的多种异源性纤维状蛋白组成，具有高度同源性。根据中间纤维蛋白的氨基酸序列、基因结构和组装特性以及在发育过程的组织特异表达模式等，将它们分为 6 大类，编码为

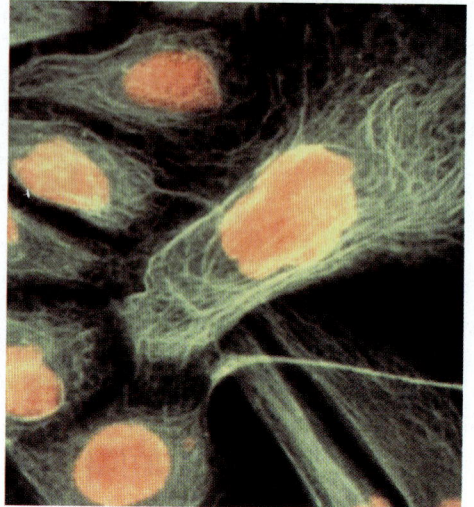

图 7-13 细胞中间纤维

Ⅰ～Ⅵ，还有 filensin 和 phakinin 两种特殊的中间纤维蛋白，是晶状体中形成串珠状中间纤维的蛋白，因其基因结构和序列同源性及聚合特征与上述 6 类蛋白不同，暂不归类，定为未归类蛋白（表 7-2）。

表 7-2 中间纤维蛋白及分布

类型	名称	分子量（10^3）	细胞定位	分布细胞
Ⅰ	酸性角质蛋白（acidic cytokeratin）	40～64	胞质	上皮细胞
Ⅱ	碱性角质蛋白（basic cytokeratin）	52～68	胞质	上皮细胞
Ⅲ	波形蛋白（vimentin）	55	胞质	间充质细胞
	结蛋白（desmin）	53	胞质	肌肉细胞
	胶质纤维酸性蛋白（glial fibrillary acidic protein，GFAP）	50～52	胞质	神经胶质细胞，星形胶质细胞，肝脏星形细胞
	周边蛋白（peripherin）	54	胞质	多种神经细胞
	α-介连蛋白（α-inter-nexin）	56	胞质	神经元
Ⅳ	神经丝蛋白（neurofil-ament protein）		胞质	神经元
	NF-L	68		
	NF-M	110		
	NF-H	130		
Ⅴ	核纤层蛋白（lamins）		胞核	
	A/C	62～72		大多数分化细胞
	B	65～68		所有细胞

续表

类型	名称	分子量（10³）	细胞定位	分布细胞
Ⅵ	融合蛋白（synemin）	182	胞质	肌肉细胞
	平行蛋白（paranemin）	178	胞质	肌肉细胞
	巢蛋白（nestin）	240	胞质	神经上皮干细胞，肌肉细胞
未归类	phakinin	46	胞质	晶体细胞
	filensin	83	胞质	晶体细胞

二、中间纤维的形态结构

中间纤维是一类中空的纤维状结构。虽然中间纤维的蛋白组分及其类型复杂多样，但它们均来自同一基因家族，因而具有较高的同源性和相似的形态结构特征。与微丝的球形蛋白和微管的球形蛋白不同，中间纤维蛋白为长的线性蛋白。中间纤维的每个蛋白单体均由 α 螺旋化杆状区（rod domain）、非螺旋化的球形头部区（N 端）（head domain）和尾部区（C 端）（tail domain）3 个区域构成（图 7–14）。杆状区高度保守，N 端的头部和 C 端的尾部区高度可变，不同类型的中间纤维蛋白在 N、C 端大小和氨基酸组成方面差别很大。中间纤维分子量的大小主要取决于 C 端的变化。

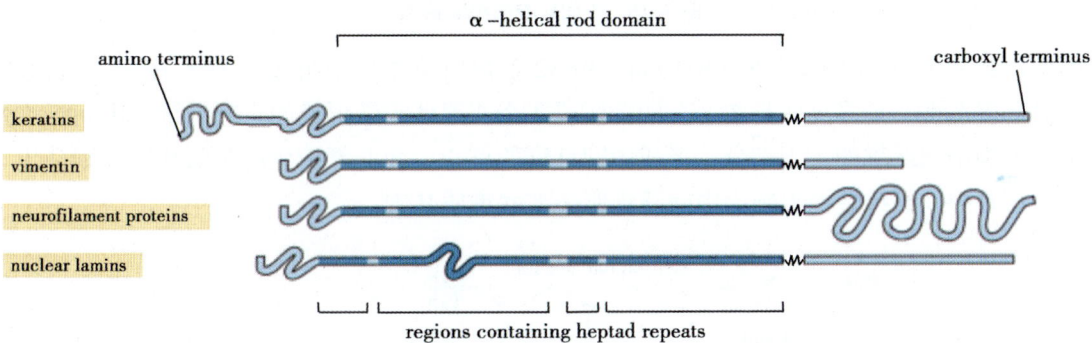

图 7–14　中间纤维蛋白的结构模型（引自 B.Alberts et al）

三、中间纤维的组装

中间纤维的组装过程如图 7–15 所示。无论由一种单体蛋白组成的中间纤维，还是由两种甚至三种不同的蛋白单体组装而成的中间纤维，其组装成中间纤维的过程基本相似，主要过程如下：

1. 首先由平行且相互对齐的 2 条多肽链缠绕形成双股超螺旋二聚体（coiled–coil dimer）。此过程主要依赖于两个中间纤维蛋白单体疏水部分的结合。

2. 两个二聚体再以反向平行且端端对齐的方式组装成四聚体（tetramer），即一个二聚体的头部与另一个二聚体的尾部相连接。由于四聚体组装过程中出现了反向平行的结构特点（这与微丝和微管的组装方式不同），致使中间纤维的两端对称，从而决定了中间纤维是非极性的。

3. 每个四聚体又以头尾相连的方式延长，进一步组装成原丝（protofilament）。

4. 两根原丝平行且相互缠绕，以半分子长度交错的原则形成原纤维（protofibril），即八聚体。

这种半分子长度交错排列可能是由于各种中间纤维蛋白单体头部有多精氨酸序列而中部非螺旋区L12具有多精氨酸结合位点所致。

5. 以四根原纤维互相缠绕盘曲，最终形成中间纤维。

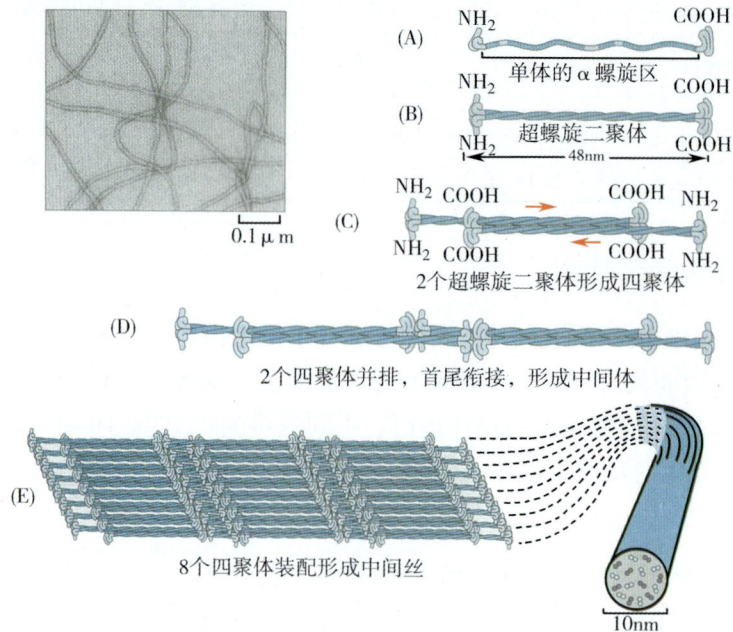

图 7-15　中间纤维的组装模型

因此，最终形成的中间纤维在横切面上由 32 个蛋白单体分子组成（图 7-16）。组装好的中间纤维具有多态性，最多见的是由 8 个四聚体或 4 个八聚体组装形成的中间纤维。中间纤维蛋白的杆部组装为中间纤维的主干部分，形成中间纤维的核心，而非螺旋化的头部和尾部则凸出于核心之外，这是中间纤维蛋白组装为中间纤维所必需的物质基础。

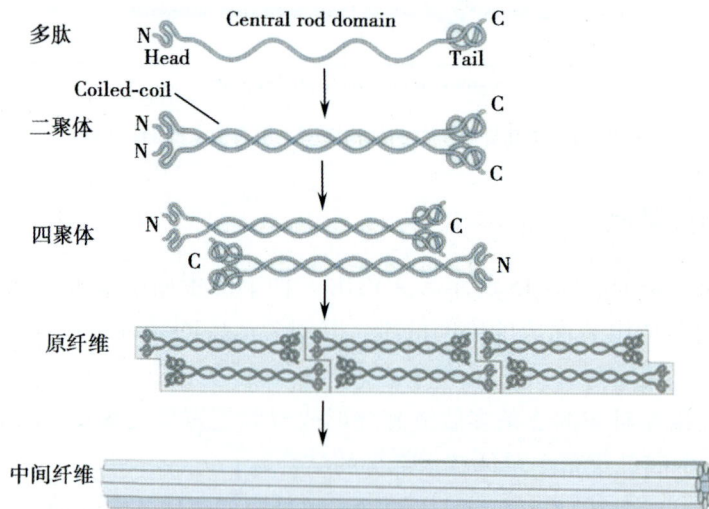

图 7-16　中间纤维的组装过程

与微丝、微管不同，中间纤维蛋白合成后，基本上均装配为中间纤维，游离的单体很少。细胞内的中间纤维蛋白均受到不同程度的化学修饰，包括乙酰化、磷酸化等。

中间纤维在体外装配时不需要核苷酸和结合蛋白，也不依赖于温度和蛋白质的浓度。但在低离子强度和微碱性条件下，多数中间纤维可发生明显的解聚，一旦离子强度和 pH 值恢复到接近生理水平时，中间纤维蛋白则迅速自我组装形成中间纤维。

在体内，大多数中间纤维蛋白都处于聚合状态，并装配形成中间纤维，很少有游离的四聚体，不存在相应的可溶性蛋白库，也没有与之平衡的踏车行为。

四、中间纤维结合蛋白

中间纤维结合蛋白（IF-associated protein，IFAP）是一类在结构和功能上与中间纤维密切联系，其本身又不是中间纤维结构组分的蛋白，有一定的组织特异性，是细胞中中间纤维超分子结构的调节者。

1. 聚纤蛋白（filaggrin） 该蛋白可与角蛋白和波形蛋白相结合，使角蛋白纤维聚集形成大的纤维聚集物，因其仅在角化上皮细胞中表达，故该蛋白的表达是角质化的分化特异性标志。

2. 网蛋白（plectin） 该蛋白能使波形蛋白纤维成束，网蛋白参与桥粒和半桥粒的构成，并可介导中间纤维与微管和质膜的连接。

3. 大疱性类天疱疮抗原Ⅰ（bullous pemphigoid antigen Ⅰ，BPAG Ⅰ） 该蛋白定位于内侧桥板，与角蛋白型中间纤维及其他中间纤维结合，将其固定在桥粒和半桥粒中，在桥粒和半桥粒中起着黏附和固定中间纤维的作用。

4. IFAP300 该蛋白亦可与角质中间纤维结合，在桥粒和半桥粒中的作用与 BPAG Ⅰ 相同，即可将中间纤维锚定在桥粒上。

5. 其他 IFAP 桥斑蛋白（desmoplakin）1 和 2 参与桥粒形成；血影蛋白及锚蛋白参与中间纤维与膜的结合。

五、中间纤维的功能

近年来，随着分子生物学及分子遗传学研究方法的迅猛发展，特别是转基因和基因敲除等研究方法的引入，有关中间纤维功能的研究取得了重大突破。

（一）参与细胞内支撑网架系统的形成

作为细胞质骨架成员之一，中间纤维外与细胞膜及细胞外基质相连，在胞质中与微丝、微管和细胞器相联系，向内与核纤层相连，进而构成精细发达的支撑网络系统，在细胞及细胞器形态维持和细胞器分布中发挥着重要的作用。

（二）用于肿瘤原发部位的诊断

中间纤维的形成及功能的发挥在不同种系的细胞及不同的发育时期均有所差异。如机体的上皮细胞可表达多种角蛋白，但在胚胎早期及成年人肝中，其上皮细胞仅表达一种Ⅰ型和Ⅱ型角质蛋白，而舌、膀胱和汗腺的上皮细胞则可表达 6 种甚至更多的角蛋白。在皮肤中则更加典型，不同层的上皮细胞可表达不同的角蛋白。利用这一特点，临床上可诊断肿瘤的原发部位。

（三）增强细胞的机械强度

中间纤维比微管和微丝更能耐受剪切力，当受到较大的变形力时，中间纤维可赋予细胞机械强度。体外实验证实上皮细胞、肌肉细胞和胶质细胞在失去完整的中间纤维网状结构后，遇到剪切力时很容易破裂。单纯性大疱性表皮松解症发病机制在于角蛋白基因突变，致使表皮基底细胞中角质蛋白纤维网络被破坏，对机械性损伤非常敏感，轻微的挤压就可破坏突变的基底细胞，使患者皮肤出现水泡。

（四）与 DNA 修复有关

作为中间纤维蛋白家族成员，核纤层蛋白构成的核纤层对 DNA 修复有一定的调节作用。研究表明，核纤层蛋白 A 为双链 DNA 断裂修复所必需的。核纤层蛋白异常患者其基因组将变得不稳定，DNA 修复滞后，端粒变短。

（五）与细胞分化有关

中间纤维的表达和分布具有严格的组织特异性，这表明中间纤维与细胞分化关系密切。如表皮细胞的分化发生在最深部的生发层（基底层），伴随着细胞的分化，细胞逐渐向表皮表层方向移动，最后形成角质细胞（keratinocyte）从表皮脱落。生发层细胞中含有前角质蛋白（prekeratin）构成的大量中间纤维束。随着细胞分化的进展，可以分别检出不同分化阶段表达的各种角质蛋白，当细胞分化到终末阶段，细胞器及胞质中的其他蛋白均消失，只有角质蛋白仍存在。

（六）参与细胞内信号转导

随着细胞内信号转导研究的深入，人们发现中间纤维影响了细胞内的主要信号通路，如细胞应激、细胞凋亡和 14-3-3 信号通路等。现将细胞质骨架的微丝、微管、中间纤维三者之间的特点比较如下（表 7-3）。

表 7-3　不同类型细胞质骨架的比较

	微丝	微管	中间纤维
成分	肌动蛋白	微管蛋白	5～6 类中间纤维蛋白
相对分子质量	43×10^3	55×10^3	$40 \times 10^3 \sim 200 \times 10^3$
纤维直径	7nm	25nm	10nm
纤维结构	双股螺旋	13 根原纤维组成的空心管状纤维	多级螺旋
极性	有	有	无
单体蛋白库	有	有	无
踏车现象	有	有	无
结合蛋白	有	有	有
特异性药物	细胞松弛素 B	秋水仙素	无
	鬼笔环肽	长春花碱	
		紫杉醇	

第四节　细胞骨架与疾病

细胞骨架是细胞生命活动中不可缺少的结构，其结构和功能异常可引起多种疾病，如肿瘤、神经系统疾病以及与衰老相关疾病等。

一、细胞骨架与肿瘤

（一）细胞骨架在肿瘤细胞中的变化

在恶性转化的细胞中，其细胞骨架结构常表现为被破坏或分布的异常。

我国学者对胃癌、鼻咽癌、食管癌、肺鳞癌、肺小细胞癌、肺腺癌、小鼠肉瘤 9 株肿瘤细胞进行观察，发现肿瘤细胞质内免疫荧光染色的微管减少甚至缺失。故微管数量减少被认为是细胞恶性转化的重要标志。而且肿瘤细胞内原有的微丝束明显减少甚至消失，常出现肌动蛋白凝聚小体。微丝束和其末端黏着斑的破坏以及肌动蛋白小体的出现，可能与肿瘤浸润转移的特性有关。

（二）中间纤维与肿瘤诊断

中间纤维具有严格的组织特异性，可根据中间纤维的种类区分上皮细胞、肌肉细胞、间质细胞、胶质细胞和神经细胞等，而且中间纤维还可进一步分出若干亚型。因绝大多数肿瘤细胞在生长时继续保持其来源细胞的中间纤维类型及其免疫学特性，故可根据中间纤维的种类，鉴别不同组织来源的肿瘤细胞及各肿瘤细胞的亚型，为肿瘤的诊断和治疗提供依据。

（三）微管和微丝与抗肿瘤药物

微管特异性药物紫杉醇和长春新碱等可通过稳定纺锤体微管抑制癌细胞分裂并诱导其凋亡，从而发挥抗癌作用。

而细胞松弛素可与微丝正端结合，干扰肌动蛋白的聚合，阻断微丝组装，导致细胞皮层松懈，进而抑制各种依赖于微丝的运动，具有潜在的抗肿瘤功能。

二、细胞骨架蛋白与神经系统疾病

许多神经系统疾病与细胞骨架异常相关，如阿尔茨海默病（Alzheimer's disease，AD）即早老性痴呆病。AD 属微管遗传性疾病，研究发现 AD 患者脑脊液中 Tau 蛋白含量明显高于正常人。对死亡 AD 患者的大脑进行分析发现，神经元中微管蛋白的数量并无异常，但微管聚集缺陷。微管聚合障碍易于扭曲变形，可能引起轴浆流阻塞，导致神经元纤维包涵体形成，使得神经信号传递紊乱，从而出现痴呆现象。

Tau 蛋白及其他细胞骨架蛋白的异常还可引起其他神经系统疾病如运动神经元疾病、帕金森病、肌强直性营养不良等。

三、细胞骨架与遗传性疾病

某些遗传性疾病常与细胞骨架的异常或细胞骨架蛋白基因的突变有关。WAS（Wiskoff-Aldrich syndrome）是一种遗传性免疫缺陷疾病，其特征是湿疹、出血和反复感染。研究表明，微丝的异常是引起 WAS 的根源所在。

随着研究方法和手段的不断改进，尤其是利用转基因小鼠或基因敲除小鼠进行研究，发现中间纤维与许多遗传疾病有关。人类遗传性皮肤病单纯性大疱性表皮松解症（epidermolysis bullosasimplex，EBS）是最典型的例证，该病是由角蛋白 14（CKl4）基因突变所致。

四、细胞骨架与衰老

老年病学研究表明，随着年龄的增加，机体细胞会出现功能低下的表现，细胞功能下降与细胞骨架的数量、结构及功能的变化有一定的关联。动物实验表明，老龄动物的神经元内微管数量减少，腹腔巨噬细胞内的微丝数量减少，使得神经信号传递、轴质的物质运输、神经元的营养和代谢以及免疫功能均会受到影响，进而导致细胞功能下降。

扫一扫，查阅本章数字资源，含PPT、音视频、图片等

　　线粒体（mitochondrion）是细胞内产生能量的细胞器，它通过氧化磷酸化（oxidative phosphorylation）作用进行能量转换，为细胞的生命活动提供主要的能量，故将它誉为细胞的"动力工厂"。另外，线粒体有自身独特的遗传系统，但其基因组数量有限，因此线粒体是一种半自主性细胞器（semiautonomous organelles）（图8-1）。目前的主流观点认为，线粒体与细菌相仿，是需氧细菌被原始真核细胞吞噬以后，在长期互利共生中逐渐演化并丧失了独立性，并将大量遗传信息转移到了宿主细胞中，成为半自主性细胞器。

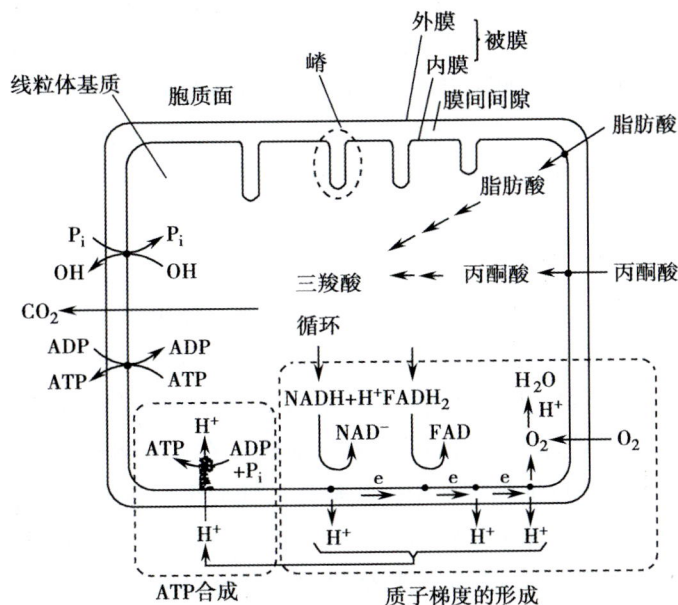

图 8-1　线粒体结构及功能示意图（引自 Alberts et al）

　　除细菌及某些厌氧型原核细胞内观察不到线粒体结构外，真核细胞，如单细胞生物（包括大多数原生动物、藻类、真菌等）和多细胞生物（包括动物与植物）内均可观察到线粒体。但哺乳动物的成熟红细胞却是例外，它们的线粒体在红细胞发育成熟的过程中逐渐退化消失。

　　早在 1850 年，科学家就通过光学显微镜发现，不同类型动物细胞中有小颗粒结构存在。1890 年，德国人 Altman 对这些小颗粒结构进行了较系统的研究，并将其命名为生命小体（bioblast）。1900 年，Michaelis 用詹纳斯绿 B（Janus green B）对线粒体进行活体染色，证明了线粒体可进行氧化还原反应。1948 年，Hogeboom 等人从肝、肾中成功分离到具有生物活性的线粒体，这为线粒体脂肪酸氧化、三羧酸循环、电子传递链和氧化磷酸化等方面的研究奠定了基础。

ATP 几乎是生物组织细胞能够直接利用的唯一能源，在糖类、脂类及蛋白质等物质氧化分解过程释放出的能量中，相当大的一部分能使 ADP 磷酸化成为 ATP，从而把能量保存在 ATP 分子内。线粒体内膜上的基粒可催化 ADP 与 Pi 合成 ATP，因此基粒也称 ATP 合成酶或 ATP 酶复合体（ATP synthase complex）。基粒是膜蛋白复合体，分子量 500KD，由疏水的 F_0 因子和亲水的 F_1 因子组成，故又称 F_0F_1 复合体。在电子显微镜下观察，基粒由头部、柄部和基片构成。其中球状的头与茎是 F_1 部分，分子量为 360kD，由 α_3、β_3、γ、δ、ε 等 9 种多肽亚基组成。①头部由 $\alpha_3\beta_3$ 组成，呈球形，是形成 ATP 的部位。②柄部具有调节质子通道的作用，由 γ、ε 亚基组成，是头部与内膜的连接部分，是寡霉素敏感蛋白质（oligomycin sensitivity conferringprotein，OSCP）。③基片即 F_0 因子，为疏水蛋白，由 3 种大小不一的亚基（a、b 和 c）组成；基片主要构成质子通道（图 8-3）。有学者认为基粒是呼吸链的复合物 V。

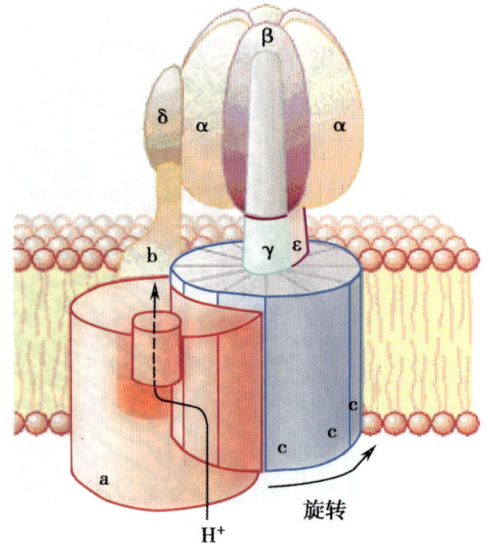

图 8-3　线粒体内膜上基粒的结构示意图（引自 Lodish et al）

（三）膜间隙（intermembrane space）

膜间隙（膜间腔）是内外膜之间的腔隙，延伸至嵴的轴心部，腔隙宽 6~8nm。由于外膜具有大量亲水孔道与细胞质相通，因此外室的 pH 值与细胞质的相似。标志酶为腺苷酸激酶。

（四）基质腔（matrix space）

基质腔又称内室（inner chamber），为内膜和嵴包围成的空间，其内充满了电子密度较低的可溶性蛋白质和脂肪等基质（matrix）成分。除糖酵解在细胞质中进行外，其他的生物氧化过程都在线粒体中进行。其中，催化三羧酸循环、脂肪酸和丙酮酸氧化的酶类均位于基质中，其标志酶为苹果酸脱氢酶（malic dehydrogenase）。此外，基质具有一套完整的转录和翻译体系，包括线粒体 DNA（mtDNA）、55S 型核糖体、tRNA、rRNA、DNA 聚合酶、氨基酸活化酶等。基质中还有一些称为基质颗粒（matrix grain）的物质，可能参与调节线粒体内的离子环境。

二、线粒体的化学组成

（一）化学组成

线粒体中脂类含量占干重的 25%~30%，其中磷脂占 90% 左右，以卵磷脂、磷脂酰胆碱、磷脂酰乙醇胺、心磷脂为主；胆固醇约 5%，还有一些游离脂肪酸及甘油三酯等。

蛋白质含量占线粒体干重的 65%~70%，多分布于内膜和基质。线粒体的蛋白质可分为可溶性和不溶性两类。可溶性蛋白质大多数是基质中的酶和一定数量的外周膜蛋白；不溶性蛋白一般是构成膜的必要组成部分，有的是结构蛋白，有的是酶蛋白。

线粒体的内、外膜根本区别在于脂类及蛋白质的比例不同。外膜脂类与蛋白质比为 1:1，内膜则为 1:3。

（二）线粒体中的酶

线粒体是细胞中含酶最多的细胞器，目前已分离出 120 多种酶，组成几十种不同的酶系（如三羧酸循环酶系、脂肪酸氧化酶系和氧化磷酸化酶系等）。每个酶系至少有 2000 个，有规则地排列在线粒体的不同部位，在线粒体行使细胞氧化功能时起重要的作用（表 8-1）。

表 8-1　线粒体中的酶

外膜	内膜	膜间隙	基质
*单胺氧化酶	*细胞色素氧化酶	*腺苷酸激酶	*苹果酸脱氢酶、柠檬酸合成酶、延胡索酸酶、异柠檬酸脱氢酶、顺乌头酸酶、谷氨酸脱氢酶、脂肪酸氧化酶系、天冬氨酸转氨酶、蛋白质和核酸合成酶系、丙酮酸脱氢酶复合物
NADH– 细胞色素 C 还原酶（对鱼藤酮不敏感）	ATP 合成酶	二磷酸激酶	
犬尿酸羟化酶	琥珀酸合成酶	核苷酸激酶	
酰基辅酶 A 合成酶	β – 羟丁酸脱氢酶		
	肉毒碱酰基转移酶		
	丙酮酸氧化酶		
	NADH 脱氢酶		

* 为标志酶

第三节　线粒体基因组

线粒体是真核细胞中除细胞核之外唯一含有 DNA 的细胞器，具有独立的遗传体系，也有自己的蛋白质翻译系统，而部分遗传密码与核密码不同，具有原核细胞基因组的特点。一方面，线粒体的基因组只有一条 DNA，称为线粒体 DNA（mtDNA），它主要编码线粒体的 tRNA、rRNA 及少数线粒体蛋白质，如电子传递链酶复合体中的亚基；另一方面，线粒体中大多数酶或蛋白质仍由核基因编码，这些蛋白在细胞质中合成后经特定方式运输至线粒体中。因此线粒体也被称为半自主性细胞器。

一、人类线粒体基因组的组成

人类线粒体基因组的全序列测定已经完成，共含 16569 个碱基对（bp），为一条双链环状 DNA 分子。双链中一条为重链（H），一条为轻链（L），重链和轻链上的编码物各不相同。利用氨基酸标记培养细胞，通过氯霉素和放线菌酮分别抑制线粒体和细胞质的蛋白质合成，从而测得人类线粒体共 37 个基因，分别编码 2 种 rRNA 分子（用于构成线粒体的核糖体）、22 种 tRNA 分子（用于参与线粒体 mRNA 的翻译）和 13 个 mRNA 序列。这 13 个 mRNA 都以 ATG（甲硫氨酸）为起始密码，并有终止密码结构，长度均超过可编码 50 个氨基酸多肽所必需的长度，可编码产生 13 种蛋白质，其中 3 个为构成细胞色素 C 氧化酶（cytochrome C oxidase，COX）复合体催化活性中心的亚单位，这 3 个亚基与细胞色素 C 氧化酶是相似的，其序列是高度保守的；还有 2 个为 ATP 酶复合体 F_0 部分的 2 个亚基；7 个为 NADH–CoQ 还原酶复合体的亚基；还有 1 个编码的蛋白质为 CoQ – 细胞色素 C 还原酶复合体中细胞色素 b 的亚基（图 8-4）。

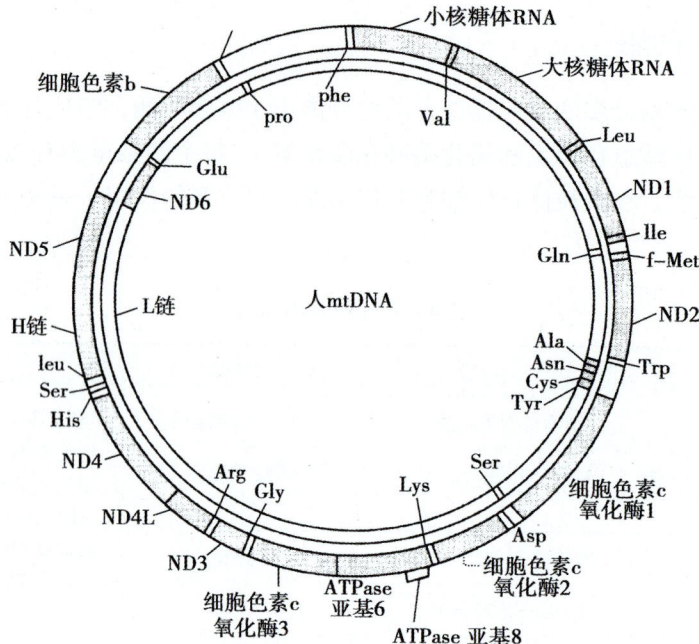

图 8-4　人类线粒体基因组编码图（引自 Lodish et al，1999）

二、人类线粒体基因组的特点

人类线粒体基因组具有下列特点：

1. 基因排列非常紧凑，除与 mtDNA 复制及转录有关的一小段区域外，无内含子序列。在 37 个基因之间，基因间隔区总共只有 87bp，只占 DNA 总长度的 0.5%，有些基因之间没有间隔，有时基因有重叠，即前一个基因的最后一段碱基与下一个基因的第一段碱基相衔接。因此，mtDNA 的任何突变都会累及基因组中一个重要功能区域。

2. mtDNA 为高效利用 DNA，有 5 个阅读框架，缺少终止密码子。

3. mtDNA 的突变率高于核 DNA，并且缺乏修复能力。

4. mtDNA 为母系遗传。

5. 部分 mtDNA 的密码子不同于核内 DNA 的密码子。

遗传密码是在长期进化中形成并保持不变的，因此细胞核内所列的密码是一种通用密码，但是真核生物线粒体的密码却有若干处不同于通用密码。以人类线粒体为例：① UGA 不是终止密码子，而是色氨酸的密码子。② AGA、AGG 不是精氨酸的密码子而是终止密码子。这样，加上通用密码中的 UAA 和 UAG，线粒体共有 4 个终止密码子。③甲硫氨酸密码子有 2 个，即 AUG 和 AUA。

第四节　线粒体的能量转化功能

线粒体是活细胞生物氧化产生能量的场所，是细胞的能量转换器。细胞内的供能物质，如葡萄糖、氨基酸、脂肪酸等，在酶的催化下被彻底氧化分解并释放能量的过程称为细胞氧化（cell oxidation），此过程中细胞要消耗 O_2，产生 CO_2，故又称细胞呼吸（cell respiration）。葡萄糖是机体主要的供能物质，它的氧化包括糖酵解、乙酰辅酶 A 的形成、三羧酸循环和电子传递偶联氧化磷酸化 4 个过程。不经线粒体的能量转化，1 分子葡萄糖只能通过无氧糖酵解产生 2 分子

ATP。而经过线粒体的有氧氧化（aerobic oxidation）过程，1 分子葡萄糖在氧化形成 CO_2 及 H_2O 的过程中，可以产生 32（或 30）分子的 ATP。所以线粒体是细胞的高效率产能细胞器。

一、糖酵解

（一）葡萄糖的转运

葡萄糖不能直接扩散进入细胞内，葡萄糖的转运（glucose transport）有两种方式：一种是与 Na^+ 共转运进入细胞，它是一个耗能逆浓度梯度转运，主要发生在小肠黏膜细胞、肾小管上皮细胞等部位；另一种是通过细胞膜上特定转运载体将葡萄糖转运入细胞内，它是一个不耗能顺浓度梯度的转运过程，主要发生在红细胞、脂肪细胞及肌肉细胞中。目前已知转运载体有 14 种，转运载体 –1（GLUT–1）主要存在于红细胞，而转运载体 –4（GLUT–4）主要存在于脂肪组织和肌肉组织。

（二）糖酵解过程

糖酵解（glycolysis）主要发生在细胞质，分两个阶段共 10 个反应。1 分子葡萄糖经第一阶段共 5 个反应，消耗 2 分子 ATP，为耗能过程，第二阶段 5 个反应生成 4 分子 ATP，为释能过程。糖酵解过程可以概括为以下方程式：

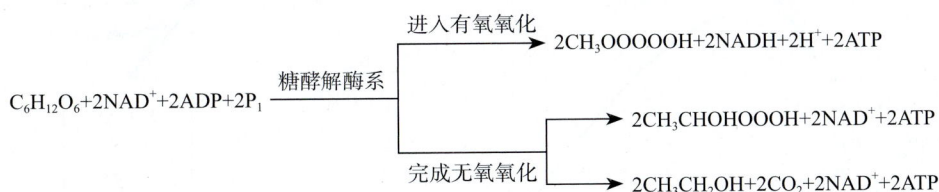

$$C_6H_{12}O_6+2NAD^++2ADP+2P_1 \xrightarrow{\text{糖酵解酶系}} \begin{cases} \xrightarrow{\text{进入有氧氧化}} 2CH_3OOOOOH+2NADH+2H^++2ATP \\ \xrightarrow{\text{完成无氧氧化}} \begin{cases} 2CH_3CHOHOOOH+2NAD^++2ATP \\ 2CH_3CH_2OH+2CO_2+2NAD^++2ATP \end{cases} \end{cases}$$

在糖酵解过程中，1 分子葡萄糖可氧化分解产生 2 分子丙酮酸。丙酮酸将进入线粒体继续氧化分解，此过程中产生的 2 对 $NADH+H^+$，由递氢体 α–磷酸甘油（肌肉和神经组织细胞）或苹果酸（心肌或肝脏细胞）传递进入线粒体，再经线粒体内氧化呼吸链的传递，最后氢与氧结合生成水，在氢的传递过程中释放的能量，其中一部分以 ATP 形式贮存。在此过程中，经底物水平磷酸化可产生 4 分子 ATP，与第一阶段葡萄糖磷酸化消耗 2 分子 ATP 相互抵消，因此 1 分子葡萄糖降解为丙酮酸可净产生 2 分子 ATP。

（三）糖酵解的生理意义

1. 迅速提供能量。当机体缺氧或剧烈运动，肌肉局部血流相对不足时，能量主要通过糖酵解获得。

2. 在有氧条件下，作为某些组织细胞主要的供能途径。如成熟的红细胞没有线粒体，完全依赖糖酵解供应能量；神经、白细胞、骨髓等代谢极为活跃，即使不缺氧也常由糖酵解提供部分能量。

二、乙酰辅酶 A 的形成

糖酵解产生的丙酮酸经过特殊的穿梭机制进入线粒体基质，在丙酮酸脱氢酶的催化下，转化为乙酰辅酶 A（乙酰 CoA）。该过程没有 ATP 的产生。反应式如下：

$$C_3H_4O_3+辅酶A（CoA）+2NAD \xrightarrow[+Mg^{2+}]{丙酮酸脱氢酶系} 乙酰\text{-}CoA+2NADH+2H+CO_2$$

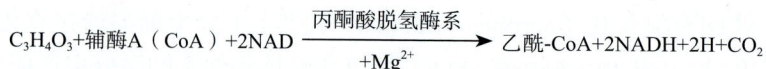

乙酰 CoA 是供能物质氧化分解的共同中间产物。生物体内的能源物质很多，无论是哪种能源物质，都要通过氧化分解形成乙酰 CoA，后者再进一步在线粒体内彻底氧化形成 H_2O 和 CO_2，同时生成大量 ATP 分子。

三、三羧酸循环

在线粒体基质中，乙酰 CoA 进入由一连串反应构成的循环体系，被氧化生成 H_2O 和 CO_2。由于这个循环反应开始于乙酰 CoA 与草酰乙酸（oxaloacetate）缩合生成的含有三个羧基的柠檬酸，因此称之为三羧酸循环（tricarboxylic acid cycle）或柠檬酸循环（citric acid cycle）（图 8-5）。

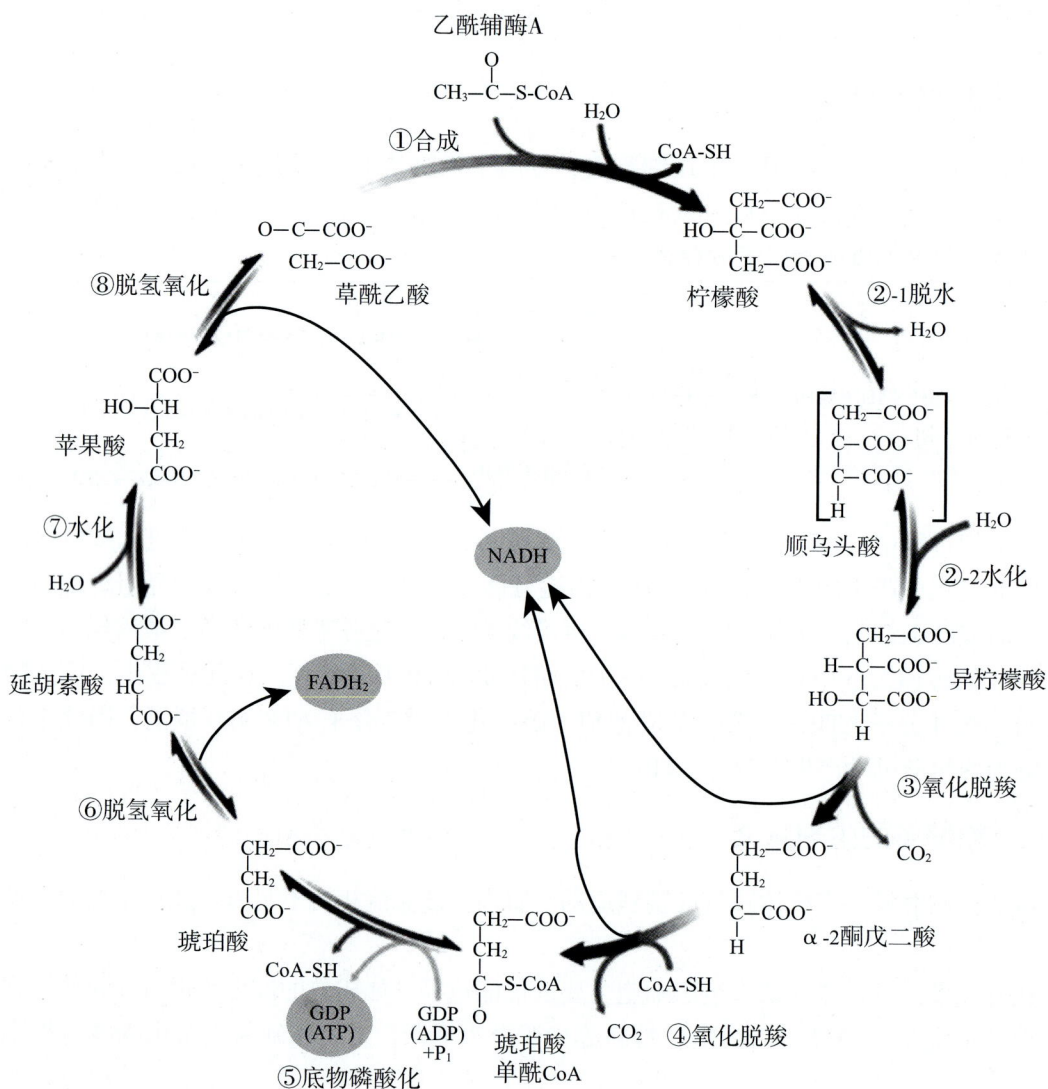

图 8-5 三羧酸循环示意图

（一）三羧酸循环过程

三羧酸循环中：① 乙酰 CoA 与草酰乙酸结合，生成柠檬酸，并释放 CoA。② 柠檬酸进一步脱去 1 分子 H_2O 而形成顺乌头酸，后者再结合 1 分子 H_2O，从而转化为异柠檬酸。③ 异柠檬酸发生脱氢、脱羧反应，生成 a- 酮戊二酸，并释放出 1 分子 CO_2，生成 1 个 $NADH+H^+$。④ α- 酮戊二酸发生脱氢、脱羧反应，并和 CoA 结合，生成含高能硫键的琥珀酰 CoA，释放出 1 分子 CO_2，并生成 1 个 $NADH+H^+$。⑤ 碳琥珀酰 CoA 脱去 CoA 和高能硫键，释放出的能量通过 GTP 转入 ATP。⑥ 琥珀酸脱氢生成延胡索酸，生成 1 分子 $FADH_2$。⑦ 延胡索酸和 H_2O 化合生成苹果酸。⑧ 苹果酸通过氧化脱氢形成草酸乙酸，并生成 1 个 $NADH+H^+$。一次循环，消耗 1 分子乙酰 CoA，生成 1 分子 ATP，释放 2 分子 CO_2 和 4 对 H^+，其中 3 对与 NAD 受氢体结合，另 1 对与 FAD 受氢体结合。

只有经过三羧酸循环，有机物才能进行完全氧化，提供大量能量，供生命活动的需要。三羧酸循环小结如下：

$$Acetyl\ CoA+3NAD^++FAD+GDP+P_i+2H_2O \longrightarrow 2CO_2+3NADH+FADH_2+GTP+2H^++CoA$$

（二）三羧酸循环的生理意义

1. 三羧酸循环是机体获取能量的主要方式 1 分子葡萄糖经无氧糖酵解仅净生成 2 分子 ATP，而有氧氧化可净生成 32（或 30）分子 ATP，其中三羧酸循环生成 20 分子 ATP。在一般生理条件下，许多组织细胞皆从糖的有氧氧化获得能量。糖的有氧氧化不但释能效率高，而且逐步释能，并逐步储存于 ATP 分子中，因此能量的利用率也很高。

2. 三羧酸循环是糖、脂肪和蛋白质三种主要有机物在体内彻底氧化的共同代谢途径 三羧酸循环的起始物乙酰辅酶 A，不但是糖氧化分解产物，它也可来自脂肪的甘油、脂肪酸和来自蛋白质的某些氨基酸代谢，因此三羧酸循环实际上是 3 种主要有机物在体内氧化供能的共同通路，人体内约 2/3 的有机物是通过三羧酸循环而被分解的。

3. 三羧酸循环是体内三种主要有机物互变的联结机构 因糖和甘油在体内代谢可生成 α- 酮戊二酸及草酰乙酸等三羧酸循环的中间产物，这些中间产物可以转变成为某些氨基酸。而有些氨基酸又可通过不同途径变成 α- 酮戊二酸和草酰乙酸，再经糖异生的途径生成糖或转变成甘油，因此三羧酸循环不仅是 3 种主要的有机物分解代谢的最终共同途径，而且也是它们互变的联络机构。

四、电子传递偶联氧化磷酸化

电子传递偶联氧化磷酸化是指三羧酸循环脱下的氢原子，通过内膜上的一系列呼吸链酶系的电子传递，最后与氧结合生成水，电子传递过程中释放的能量通过 ADP 磷酸化储存于 ATP 中。

（一）呼吸链

呼吸链（respiratory chain）又称电子传递链（electron transport chain），是由线粒体内膜上的一组酶复合体按一定的顺序排列组成，具有传递 H^+ 和电子的能力，其中传递 H^+ 的载体称为递氢体，传递电子的载体称为递电子体。递氢体主要有烟酰胺腺嘌呤二核苷酸（nicotinamide adenine dinucleotide，NAD）、黄素单核苷酸（flavin mononucleotide，FMN）、黄素腺嘌呤二核苷酸（flavin adenine dinucleotide，FAD），递电子体有泛醌（ubiquinone）、铁硫蛋白（Fe-S）和血红素 Fe、Cu，其中 Fe、Cu 通过得失电子来传递电子。

1. 递氢体和递电子体

（1）NAD 是体内烟酰胺脱氢酶类的辅酶，连接三羧酸循环和呼吸链，其功能是将代谢过程中脱下来的氢传递给黄素蛋白（图8-6）。

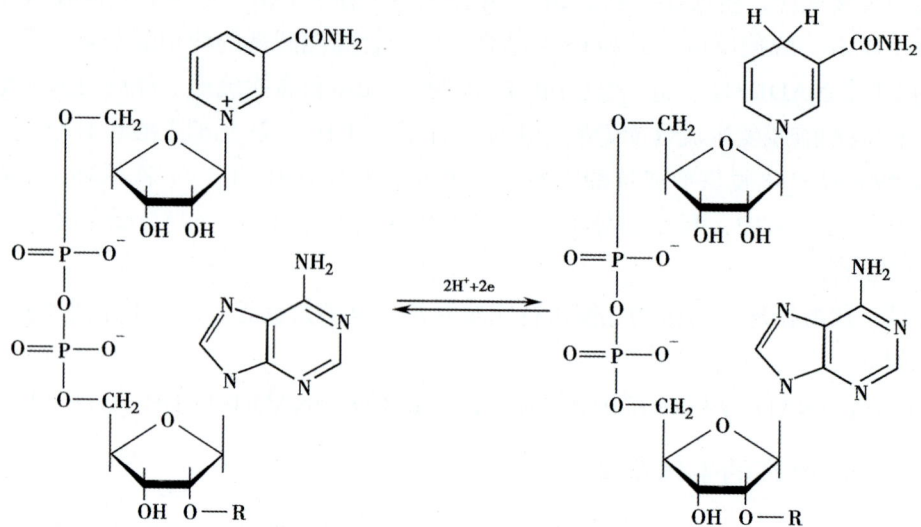

图 8-6　NAD 的结构和功能（NAD$^+$：R = H；NADP$^+$：R = $-PO_3H_2$）

（2）黄素蛋白含 FMN（图8-7）或 FAD（图8-8）的蛋白质，每个 FMN 或 FAD 可接受和提供 2 个电子及 2 个 H$^+$。从而分别作为 NADH 脱氢酶和琥珀酸脱氢酶的辅基，参与呼吸链上的电子及质子传递。

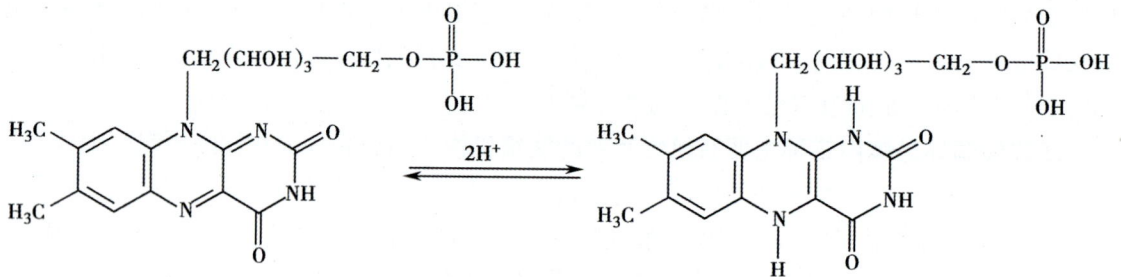

图 8-7　FMN 的分子结构

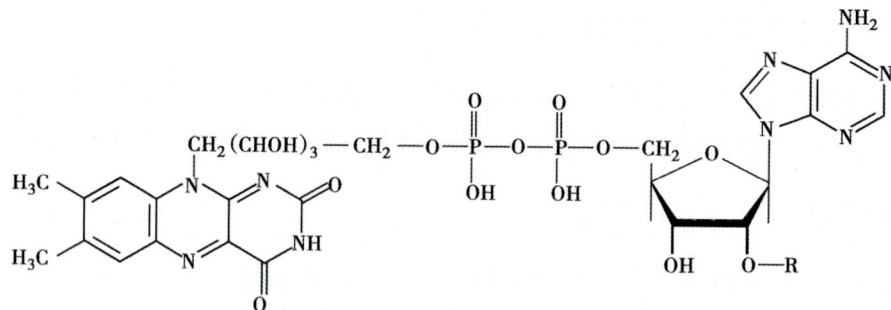

图 8-8　FAD 的分子结构

（3）铁硫蛋白在其分子结构中每个铁原子和 4 个硫原子结合，通过 Fe^{2+}、Fe^{3+} 互变进行电子传递，有 2Fe-2S 和 4Fe-4S 两种类型（图8-9）。

（4）泛醌又称辅酶 Q（CoQ），是小分子脂溶性的醌类化合物，通过氧化和还原反应传递电子。有 3 种氧化还原形式，即：氧化型醌（Q），还原型氢醌（QH$_2$）和介于两者之者的自由基半醌（QH）（图8-10）。

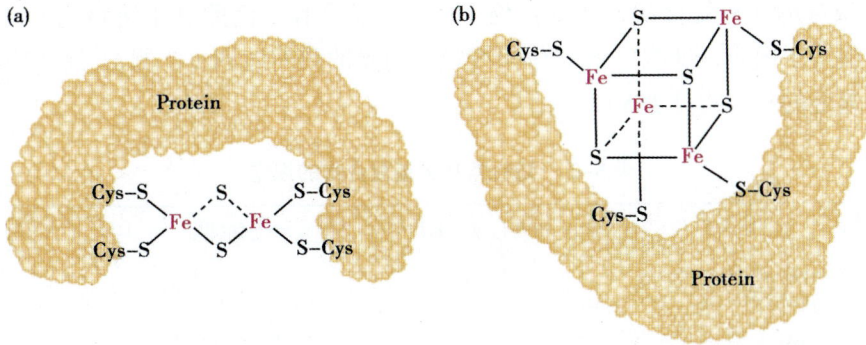

图 8-9 铁硫蛋白的结构（a）2Fe-2S，（b）4Fe-4S（引自 Lodish et al，1999）

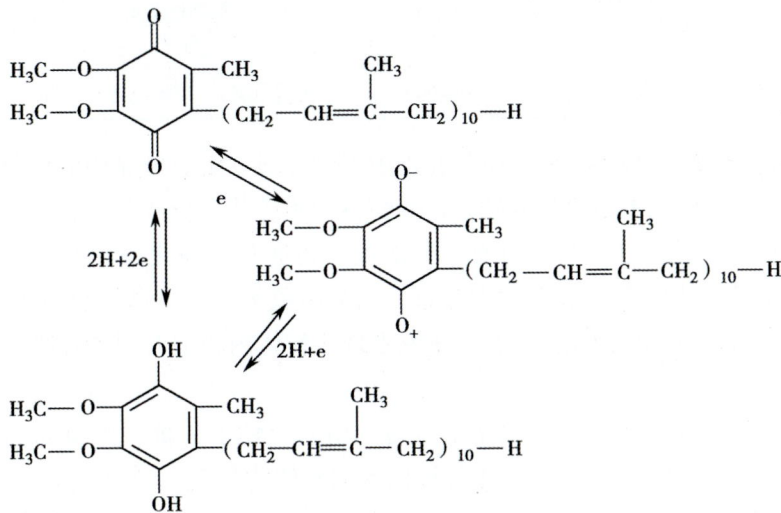

图 8-10 泛醌的分子结构

（5）细胞色素分子中含有血红素辅基，以共价形式与蛋白结合，通过 Fe^{3+}、Fe^{2+} 形式变化传递电子。呼吸链中有 5 类细胞色素，即：细胞色素 a、a_3、b、c、c_1，其中 a、a_3 含有铜原子（图 8-11）。

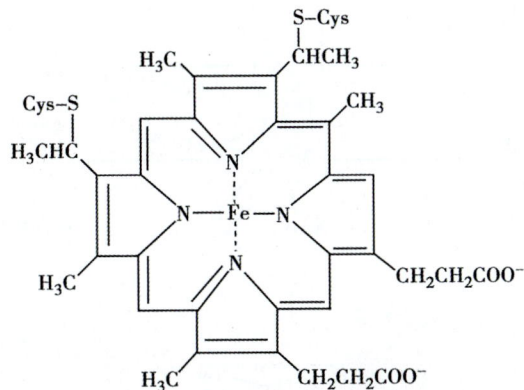

图 8-11 细胞色素 c 的结构

（6）3 个铜原子位于线粒体内膜上，与蛋白质结合形成类似于铁硫蛋白的结构，通过 Cu^{2+}、Cu^+ 的变化传递电子。

2. 呼吸链复合物的组成 利用脱氧胆酸（deoxycholate，一种离子型去污剂）处理线粒体内膜，分离出呼吸链的 4 种复合物，即复合物Ⅰ、Ⅱ、Ⅲ和Ⅳ，泛醌和细胞色素 C 不属于任何一种复合物。泛醌溶于内膜，细胞色素 C 位于线粒体内膜的膜间隙侧（C 侧），属于膜的外周蛋白。组成线粒体呼吸链的复合物见表 8–2。

表 8–2　线粒体呼吸链复合物的组成

复合物名称	酶名称	相对分子质量	功能辅基	与内膜结合方式
复合物Ⅰ	NADH–CoQ 还原酶	850 000	FMN、Fe–S	镶嵌
复合物Ⅱ	琥珀酸 –CoQ 还原酶	140 000	FAD、Fe–S 细胞色素 b	镶嵌
复合物Ⅲ	CoQ– 细胞色素 c_1 还原酶	250 000	细胞色素 b 细胞色素 c_1 Fe–S	镶嵌
复合物Ⅳ	细胞色素 c 氧化酶	162 000	细胞色素 a、细胞色素 a_3、Cu	镶嵌

3. 呼吸链的电子传递　对于呼吸链组分在内膜上的分布，主要依靠用亚线粒体颗粒和冰冻蚀刻电镜技术来研究。将线粒体用超声波破碎，线粒体内膜碎片可形成颗粒朝外的小膜泡，称亚线粒体小泡或亚线粒体颗粒，这种小泡具有正常的电子传递和磷酸化的功能。呼吸链组分及 ATP 合成酶（基粒）在线粒体内膜上呈不对称分布，如细胞色素 C 位于线粒体内膜的 C 侧，而 ATP 合成酶位于内膜的 M 侧（线粒体基质侧）。研究发现线粒体内膜上有两条呼吸链，它们的组成及电子传递路径为：

（1）NADH 氧化呼吸链的电子（质子）传递　由复合物Ⅰ、Ⅲ、Ⅳ组成主要的呼吸链，催化 NADH 的氧化。线粒体内大多数脱氢酶都以 NAD^+ 作为辅酶，在脱氢酶催化下，底物 SH_2 脱下的氢交给 NAD^+ 生成 $NADH+H^+$。NADH 在 NADH– CoQ 还原酶（复合体Ⅰ）作用下，$NADH+H^+$ 将氢原子传递给 FMN 生成 $FMNH_2$，后者再将氢传递给 Q 生成 QH_2，此时两个氢原子解离成 2 个质子和 2 个电子，2 个质子游离于介质中，2 个电子经由细胞色素还原酶（复合体Ⅲ）传递至细胞色素 C，然后细胞色素氧化酶（复合体Ⅳ）将细胞色素 C 上的 2 个电子传递给氧生成 O^{2-}，O^{2-} 与 $2H^+$ 结合生成水（图 8–12）。

（2）琥珀酸氧化呼吸链的电子（质子）传递　Ⅱ、Ⅲ、Ⅳ组成另一条呼吸链，催化琥珀酸的氧化。琥珀酸 – CoQ 还原酶使琥珀酸脱氢生成 $FADH_2$，然后将 $FADH_2$ 上的氢传递给 Q 生成 QH_2，其后的传递过程如 NADH 呼吸链（图 8–12）。

呼吸链各组分排列有序，使电子按氧化还原电位

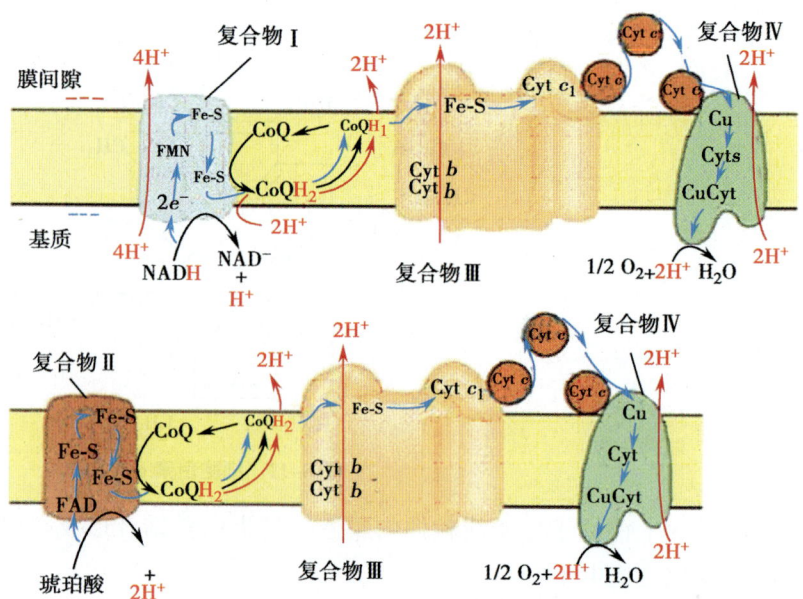

图 8–12　两条主要的呼吸链（Lodish et al. 2004）

从高向低传递，能量逐级释放，呼吸链中的复合物Ⅰ、Ⅲ、Ⅳ都是质子泵，可将质子由基质转移到膜间隙，形成质子动力势（proton-motive force），驱动 ATP 的合成。目前发现，呼吸链中产生 ATP 的部位有 3 个，分别位于 NADH 和辅酶 Q 之间、细胞色素 b 和细胞色素 c 之间以及细胞色素 a 和氧之间（图 8-13）。

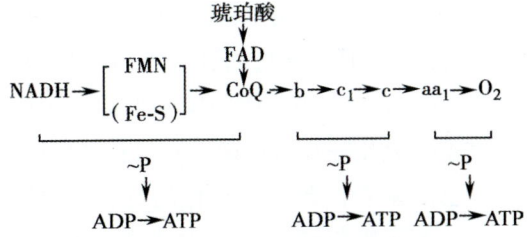

$$NADH \rightarrow \left[\begin{array}{c}FMN\\(Fe\text{-}S)\end{array}\right] \xrightarrow[]{\overset{\text{琥珀酸}}{\downarrow FAD}} CoQ \rightarrow b \rightarrow c_1 \rightarrow c \rightarrow aa_1 \rightarrow O_2$$

图 8-13 呼吸链上产生 ATP 部位的示意图

（二）氧化磷酸化的偶联机制

有关氧化磷酸化的偶联机制已经进行了许多研究，在此基础上人们提出了各种假说。20 世纪 50 年代 Slater 及 Lehninger 提出了化学偶联学说。1964 年 Boear 又提出了构象变化偶联学说。鉴于上述两种学说的实验依据不充分，支持这两种观点的人并不多。1961 年英国生化学家 P.Mitchell 提出化学渗透学说（chemiosmotic hypothesis），当时没有引起人们的重视，随后他根据积累的实验证据和生物膜研究的进展，逐步完善了这一学说。自从 Mitchell 提出化学渗透学说以来，出现了大量的验证实验结果，为该学说提供了实验依据。美国 Cohen 等人于 1978 年使用完整的大鼠肝细胞作为实验材料，以核磁共振（nuclear magnetic resonance，NMR）的方法直接观察到完整细胞中胞液与线粒体基质之间存在 H^+ 跨膜梯度。目前多数人支持化学渗透学说。

氧化磷酸化的化学渗透学说的基本观点如下：

1.线粒体的内膜中电子传递与线粒体释放 H^+ 是偶联的，即呼吸链在传递电子过程中释放出来的能量不断地将线粒体基质内的 H^+ 泵出，通过逆浓度梯度穿过线粒体内膜，泵入膜间隙。这一过程的分子机理还不十分清楚（图 8-14）。

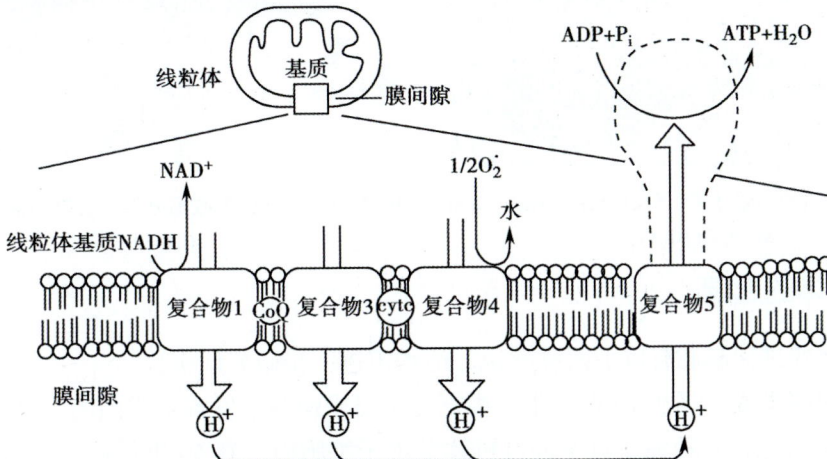

图 8-14 电子传递与质子传递偶联（注：复合物Ⅱ未显示）

2.H^+ 不能重新自由透过线粒体内膜，结果使得线粒体膜间隙处的 H^+ 浓度不断增高，基质内 H^+ 浓度不断降低，从而在线粒体内膜两侧形成一个质子跨膜势能差，使得线粒体内膜外侧的膜间隙处带正电荷，内膜内侧的基质腔带负电荷，这就是跨膜电位 $\triangle \psi$。

3.膜间隙内的 H^+ 虽然不能透过线粒体内膜，但可以通过内膜上的基粒，顺着 H^+ 浓度梯度重新回流进入线粒体基质中。基粒相当于一个特异的质子通道，帮助 H^+ 顺浓度梯度运输，运输过程中所释放的自由能用于 ATP 的合成。

总之，化学渗透学说认为在氧化与磷酸化之间起偶联作用的因素是 H^+ 的跨膜梯度运输。

每对 H^+ 通过基粒回到线粒体基质中可以生成 1 分子 ATP。以 NADH+H^+ 作底物，其电子沿呼吸链传递，在线粒体内膜中形成 3 个回路，所以生成 3 分子 ATP。以 $FADH_2$ 为底物，其电子沿琥珀酸氧化呼吸链传递，在线粒体内膜中形成两个回路，所以生成 2 分子 ATP。

总的来看，葡萄糖氧化的过程中，除酵解在细胞质中进行外，其他的过程都在线粒体内完成。1 分子葡萄糖完全氧化成 CO_2 和 H_2O 后，共产生 32（或 30）分子 ATP，其中 30（或 28）分子 ATP 是在线粒体内产生的，可见线粒体在细胞能量转换中起重要的作用。

第五节　线粒体的再生和起源

一、线粒体的再生

细胞内的线粒体可持续更新，新的线粒体通过分裂增殖不断再生，从而取代衰老和病变的线粒体。从形态上可以看到线粒体分裂的几种形式。

1. 间壁分离　分裂时先由内膜向中心内褶，与对侧接触后将线粒体分为两个（图 8-15）。

2. 收缩分离　分裂时通过线粒体中部缢缩并向两端不断拉长然后分裂为两个（图 8-16）。

3. 出芽分裂　线粒体出现小芽，脱落后长大，发育为线粒体。

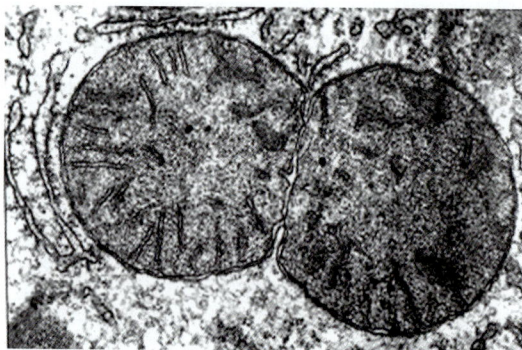

图 8-15　线粒体的间壁分裂（引自 W.J.Larsen，J.et al，Cell Biol）

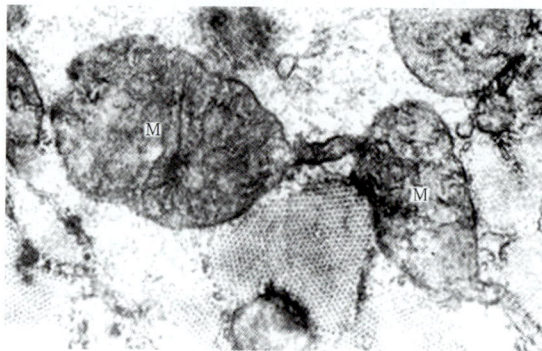

图 8-16　线粒体的收缩分裂（引自 W.J. Larsen，J.et al. Cell Biol）

二、线粒体的起源

关于线粒体的进化起源有以下两种学说，但均需进一步研究证实。

1. 内共生起源学说　早在 19 世纪末，根据光学显微镜观察发现细胞内的一种结构（线粒体）与细菌相似，认为这是一种独立自主的有机体共生于细胞内。到 60 年代初，一些学者先后明确地提出线粒体由共生于细胞内的细菌演变而来。还认为，最初的原始真核细胞吞噬了好氧细菌，细菌没有被消化而留在细胞内，以后宿主细胞就利用这种寄生细菌的呼吸作用来获得能量，这些细菌逐渐演变成为线粒体。线粒体在形态、染色反应、化学组成、物理性质、活动状态和遗传体系等方面，都很像细菌，所以人们更推崇线粒体的内共生学说。按照这种观点，需氧细菌被原始真核细胞吞噬以后，有可能在长期互利共生过程中演化成了线粒体。在进化过程中好氧细菌逐步丧失了独立性，并将大量遗传信息转移到了宿主细胞中，造就了线粒体的半自主性。线粒体遗传体系也显示出与细菌相似的特征，如：① mtDNA 为环形分子，无内含子；②核糖体为 55S 型；③ RNA 聚合酶被溴化乙锭抑制而不被放线菌素 D 所抑制；④ tRNA、氨酰基 -tRNA 合成酶不同于细胞质中的相应成分；⑤蛋白质合成的起始氨酰基 tRNA 是 N- 甲酰甲硫氨酰 tRNA，对细菌蛋白质合成抑制剂氯霉素敏感而对细胞质蛋白合成抑制剂放线菌酮不敏感。

2. 非共生起源学说 认为线粒体是由好氧细菌的呼吸器进化而成的，这种学说认为真核细胞的前身是一种进化程度较高的好氧细菌，比典型的原核细胞大，其呼吸链和磷酸化系统位于细胞膜和细胞膜内凹的结构上，在进化过程中进一步分化，这种结构逐渐演变成线粒体。

第六节　线粒体与疾病

线粒体病是指以线粒体结构和功能缺陷为主要病因的疾病。线粒体的基因突变、呼吸链缺陷和线粒体膜的改变等因素均会影响整个细胞的正常功能，从而导致病变。如线粒体功能异常与帕金森病、阿尔兹海默病、糖尿病及肿瘤等疾病的发生发展过程密切相关。

一、线粒体 DNA 突变的致病机制

1. 线粒体 DNA 丢失 自 1991 年以来，已有 10 例病人被报道有线粒体 DNA 的丢失（depletion）。通过印迹杂交、原位杂交和免疫组化分析，人们发现线粒体 DNA 丢失率可达 83%～98%。如该病患者的转录因子 A（transcription factor A，TFA）表达降低。由于线粒体 DNA 的复制需要 DNA 聚合酶 γ 及一个短的 RNA 引物，这个引物由轻链的转录产物切除而成，所以 TFA 表达降低会直接影响线粒体 DNA 的复制。线粒体 TFA 表达减少的机制可能是由于翻译过程受损，进入线粒体障碍和 TFA 的不稳定性导致的。此外，研究者将线粒体 DNA 拷贝数减少的细胞脱核后，与无线粒体 DNA 的癌细胞进行融合，发现融合细胞的线粒体 DNA 拷贝数恢复，证实线粒体 DNA 的丢失与某些核基因有关。

2. 大规模线粒体 DNA 重排 线粒体 DNA 重排包括缺失（deletion）和重复（duplication），主要见于 Kearns–Sayre 综合征、慢性进行性眼外肌瘫痪及 Pearson 综合征。已有 120 余种线粒体 DNA 缺失相关的疾病被报道，这些缺失有如下特征：自发性散在发生的，无家族史；症状随患者年龄增加而恶化；缺失区域一般不包括线粒体 DNA 的复制起始点。在已发现的各种重排中，"普通缺失"（common deletion）最为常见，缺失区域从线粒体 DNA 第 8482 位到 13460 位。如正常人卵母细胞里可检测到微量的"普通缺失"。如果某些拥有线粒体 DNA 缺失的卵母细胞逃过"退化消除"（degenerative elimination），缺失分子的克隆扩增就可能成为一个致病因素；此外，患者体内野生型线粒体 DNA 的减少在发病中也可能起主导作用；还有研究认为突变型线粒体 DNA 的增加在发病中起主导作用，主要依据是：野生型线粒体 DNA 不仅不减少，在许多组织甚至是增加的，突变型线粒体 DNA 与野生型同时增加，细胞色素 C 氧化酶功能减退与突变型线粒体 DNA 的数量相关。缺失型线粒体 DNA 因其较短，复制较快，拷贝数增加。突变型线粒体 DNA 能被转录，但不被翻译，蛋白质产物明显减少，特别是细胞色素 C 氧化酶阴性肌纤维的数量增加，使线粒体及其 DNA 呈代偿性增加。许多缺失型线粒体 DNA 分子的 D 环区可检测到 265bp 的基因重复，提示有基因重复的分子易于发生缺失，其机制未明。

线粒体 DNA 多发性缺失是一种常染色体显性遗传疾病，其基因缺失多发生在两个复制起始点之间，也有报道缺失区域涉及轻链的复制起始点和重链启动子。多发性缺失与线粒体 DNA 复制有关。线粒体 DNA 复制是受核基因控制的。如常染色体显性遗传的进行性眼外肌瘫痪基因与 10q 23.3～24.3 连锁的同时，与另一个基因与 3p 14.1～21.2 也连锁。

3. 线粒体 DNA 结构基因的突变 有两种疾病被发现有线粒体 DNA 结构基因的突变，即

Leber 遗传性视神经病（Leber's hereditary optic neuropathy，LHON）和 Leigh 病。许多线粒体 DNA 的突变与 LHON 有关，这些突变均位于结构基因上。在已发现的 10 多种突变中，有 3 个点突变被认为与发病最相关，分别位于线粒体 DNA 第 11778、3460 及 14484 位，这些突变改变了保守序列，在非 LHON 家系中未查到类似突变。线粒体 ATP 合成障碍可能是 LHON 的原发性损害。

在 Leigh 病患者的线粒体 DNA 8993 位有胸腺嘧啶到鸟嘌呤的点突变，这是一个位于高度保守区域的突变，在 ATP 酶 6 亚单位的第 4 个跨膜区造成一处由亮氨酸到精氨酸的突变，突变是异质性的，与疾病的严重程度呈正相关，但只有突变型线粒体 DNA 达到一定阈值时才导致 Leigh 病。体外培养含有 95% 的突变型线粒体 DNA 的淋巴细胞内，ATP 合成能力仅占正常对照的 52% ～ 67%，对 Leigh 病发病中能量减少可能起主要作用。

4. 线粒体 tRNA 基因突变　肌阵挛性癫痫合并破碎红纤维（myoclonic epilepsy and ragged red fiber，MERRF）一般被认为是由于线粒体 DNA 上 tRNA-Lys 基因的第 8344 处腺嘌呤到鸟嘌呤的点突变（A8344G）引起。这个突变位于 tRNALys 基因 TψC 环处，突变的发生机制仍有待查明。研究发现患者线粒体 DNA 的转录过程正常，蛋白质翻译过程受损。其可能机制是：A8344G 引起线粒体内 tRNALys 的数量减少 16% ～ 33%，氨基酸酰化能力减少 37% ～ 49%，二者加起来使 tRNALys 转运赖氨酸的能力减少 50% ～ 60%。A8344G 并不导致 tRNA 的成熟过程如 CCA 加尾等受损，可能由于点突变造成 tRNA-Lys 的次级或三级结构改变，使 tRNA-Lys 更易受核酸酶的攻击。在参与蛋白质翻译延长的几个反应中，氨基酰化反应是较为特异的，每个氨基酰 tRNA 合成酶催化特定的氨基酸与 tRNA 结合，这个反应过程最易受 tRNA 变化的影响。特别是在哺乳动物中，tRNA 的结构差异大，序列长度、次级结构、延长因子及核糖体的结构不同，互补作用不强。A8344G 不影响 tRNA 与氨基酰 tRNA 合成酶的结合位点，但有可能影响 tRNA-Lys 的高级结构，妨碍其转运功能，随着蛋白质中赖氨酸残基的增加，蛋白质合成速度也越来越低，在每个赖氨酸密码子或其附近，蛋白质翻译序列终止，不完整的蛋白质释放出来，氨基酰 tRNA-Lys 的减少是这种现象最可能的原因。这些终止位点可能是 Lys-X-Lys 结构域，接近于肽链的 C 末端。

线粒体脑肌病伴乳酸血症和卒中样发作（mitochondrial encephalomyopathy，lactic acidosis and stroke-like episodes，MELAS），主要由线粒体 DNA 上的 tRNA-Leu（UUR）基因第 3243 处发生胸腺嘧啶到鸟嘌呤的点突变引起，主要证据是：这个突变在不同种族的病人中均可被检测到，正常人无此突变。细胞融合实验证实，细胞的突变型 DNA 达到 90% 时可导致线粒体蛋白质翻译功能受抑制，细胞色素 C 氧化酶活动减弱。单肌纤维分析表明，不整红边纤维中突变型 DNA 明显比正常肌纤维高，显示突变型 DNA 在发病机制中起着重要作用。MELAS 中有细胞色素 C 氧化酶活动不正常的小动脉，每一个动脉内不同部位的收缩和舒张功能不均一，微环境的氧供应受到损害，代谢功能失调，最终导致脑血管意外发生。此外，MELAS 患者的线粒体内尚未加工的转录产物 RNA 19 增加，这种产物使线粒体核糖体 RNA 功能减退，从而抑制了蛋白质翻译。MELAS 突变还可导致 16 SrRNA 转录终止过程受损，终止蛋白与终止序列的结合数量减少一半，16 SrRNA 的合成过程异常，影响 tRNALeu 基因转录产物的正确加工，剩余的终止蛋白可能与 D 环区域终止序列结合，引起 D 环区域复制的异常终止。

5. 线粒体核糖体 RNA 基因的突变　第一个被发现的线粒体核糖体 RNA 基因突变是 12 SrRNA 基因上第 1555 位 A 到 G 的突变，这个突变导致了母系遗传的氨基苷类诱导的耳聋和家族性耳聋。氨基苷类通过连接到突变的核糖体亚单位上而影响蛋白质的翻译过程。

二、线粒体病的治疗进展

线粒体病的治疗可以从 3 个方面进行：代谢治疗、成肌细胞互补治疗和基因治疗。

代谢治疗包括：氧化磷酸化辅助因子的补充；建立代谢旁路；刺激丙酮酸脱氢酶活化；防止氧自由基对线粒体内膜的损害。目前已有一些成功的治疗报告。

成肌细胞移植是近年来兴起的一种治疗方法。细胞生物学研究表明成肌细胞相互融合成肌小管而发育为成熟的肌纤维。如将患者肌细胞与正常肌细胞在体外融合，然后输入到患者体内。一般选用多点肌肉注射的方式，患者体内就可能有更多的野生型线粒体 DNA。但目前尚未见成功的成肌细胞移植治疗线粒体病的临床报道。

基因治疗线粒体病有 3 种途径：第一种是将克隆有正常线粒体 DNA 的表达载体导入细胞核内并与染色体整合，从而在细胞质表达线粒体的蛋白质产物，然后定向运输进入线粒体。线粒体蛋白进入线粒体的一个必须条件是其 N 末端必须连接有前导序列，引导蛋白质进入线粒体，然后被蛋白酶切除。由于线粒体 DNA 与核基因组的遗传密码不同，应通过定点诱变技术改造目的基因的遗传密码，使之能被核基因表达系统所接受。第二种是转导野生型 DNA 或 RNA 进入线粒体，造成顺式或反式调控作用。所谓反式互补是导入的核酸特异地与突变型线粒体 DNA 重组，成为野生型线粒体 DNA。顺式互补是将外源基因通过表达载体系统导入线粒体，使之表达野生型的基因产物，以弥补其不足。外源核酸进入线粒体也需要前导肽的引导。已有研究成功地将一段与前导肽结合的寡核苷酸导入鼠肝线粒体，初步证实了这种途径的可行性。第三种是除去突变的线粒体 DNA。在线粒体突变 DNA 复制的单链形成期，通过特异的反义寡核苷酸与之结合，可抑制突变型 DNA 的复制。

第九章
细胞内膜系统

细胞内膜系统（endomembrane system）是指细胞质中在结构、功能以及发生上相互联系的膜性细胞器或结构。细胞内膜系统是真核细胞的特有结构，包括内质网、高尔基复合体、溶酶体、核膜以及膜性小泡等。内膜系统是细胞进化过程中膜性结构高度分化和特化的产物，它的出现为细胞内化学反应提供了丰富的膜表面，使细胞的功能活动区域化，生化反应互不干扰，大大提高了细胞的代谢活动效率。

第一节　内质网

内质网（endoplasmic reticulum，ER）在细胞内膜系统中占有中心地位，约占细胞内膜系统的 50%，广泛存在于除哺乳动物成熟红细胞以外的所有真核细胞内。1945 年 Porter 等应用电子显微镜首次对培养的小鼠成纤维细胞进行观察，发现细胞质内存在由一些小管和小泡样结构连接成网状的结构，故命名为内质网。

一、内质网的形态结构和分类

内质网是由一层厚 5 ～ 6nm 的单位膜围成的细胞器，其由小管（tubule）、小泡（vesicle）和扁囊（lamina）三种基本形态构成，它们互相分支、吻合、连通形成三维网状膜系统（图 9-1）。内质网膜与核膜外膜相连续，内质网腔与核膜腔相通。

内质网的形态结构、分布状态和数量在不同的细胞中存在很大的差异。通常与细胞的类型、生理状态以及分化程度等有关。内质网的形态结构在不同细胞中差异很大，可以由小管、小泡、扁囊三种单位结构中的一种、两种或三种随机组合组成。如鼠肝细胞中的内质网以扁囊和小管状结构为主，扁囊成组排列，并与细胞质外质区的小管相连；而睾丸间质细胞中的内质网则由大量的小管连接成网状。内质网的分布状态和数量与细胞

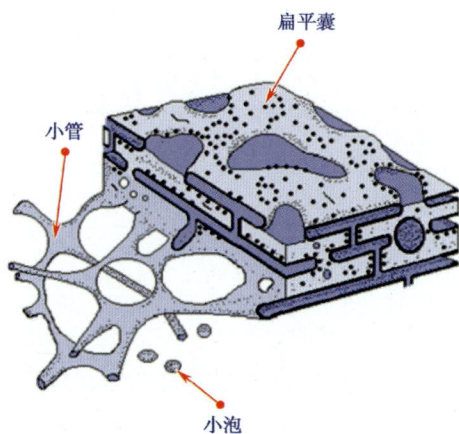

图 9-1　内质网立体结构模式图

的生理功能相关，如执行分泌功能的细胞内质网比较发达。同一细胞在不同发育时期，其内质网也不相同，例如，胚胎细胞的内质网常比较小，相对不发达，但随着细胞的分化，内质网的结构变得复杂起来。

根据内质网结构和功能的不同，将内质网分为两大类，即粗面内质网（rough endoplasmic reticulum，RER）和滑面内质网（smooth endoplasmic reticulum，SER）。

（一）粗面内质网

粗面内质网又称颗粒内质网（granular endoplasmic reticulum，GER），因其膜外表面有大量颗粒状核糖体附着而命名。

粗面内质网多为互相连通的扁囊状，也有少数的小泡和小管。粗面内质网的形态在不同类型的细胞中有所不同。例如，浆细胞和胰腺外分泌细胞都是分泌活动旺盛的细胞，它们的粗面内质网由许多扁囊平行排列，往往形成同心层板状结构，而滑膜细胞和软骨细胞的粗面内质网则为不规则的囊泡。

粗面内质网是一种可变的细胞器，蛋白质合成越多，越发达，因此可作为判断细胞功能状态和分化程度的形态指标。如高度分化的胰腺外分泌细胞在分泌旺盛时，粗面内质网增加，静止时减少；未分化或未成熟的细胞，如干细胞和胚胎细胞等，粗面内质网则不发达；肿瘤细胞中也是如此，如在实验性大白鼠肝癌中，凡分化程度高、生长慢的癌细胞粗面内质网很发达，反之在分化程度低、生长快的癌细胞中，则偶见少量粗面内质网。

（二）滑面内质网

滑面内质网又称无颗粒内质网（agranular endoplasmic reticulum，AER），膜表面光滑，无核糖体颗粒附着。滑面内质网的结构常由分支小管和小泡构成，很少有扁囊状。在汗腺细胞、皮脂腺细胞以及分泌甾类激素的细胞中滑面内质网比较丰富。

两种类型的内质网在不同细胞中的分布有所不同。在胰腺外分泌细胞中，全部为粗面内质网；在肌细胞中全为滑面内质网；而在肾上腺皮质细胞中则两种类型并存。

二、内质网的化学组成

在对内质网的化学组成进行分析时，经常用微粒体（microsome）作为研究材料。微粒体是指细胞经过匀浆和差速离心获得的由破碎的内质网片段自我融合形成的近似球形的膜囊泡状结构，表面附有核糖体的为粗面微粒体；表面光滑没有核糖体附着的为滑面微粒体。

通过对微粒体的生化分析，了解到内质网膜化学成分是由脂类和蛋白质组成。脂类约占 1/3，蛋白质约占 2/3，其中滑面内质网的脂类要比粗面内质网多一些。内质网膜脂类成分中主要为磷脂，此外还有中性脂、缩醛脂和神经节苷脂等。内质网膜含有至少 30 多种酶。主要包括：①与解毒相关的氧化反应电子传递酶系，如细胞色素 b_5、NADH- 细胞色素 b_5 还原酶、NADPH- 细胞色素 c 还原酶、细胞色素 P450 以及 NADPH- 细胞色素 P450 还原酶等。②与脂类代谢反应相关的酶，如胆固醇羟化酶、脂肪酸 CoA 连接酶、转磷酸胆碱酶等。③与糖类代谢反应相关的酶，如葡萄糖 –6– 磷酸酶、葡萄糖醛基转移酶、β – 葡萄糖醛酸酶等。④与蛋白质加工转运相关的多种酶类。其中，葡萄糖 –6– 磷酸酶是内质网膜的标志酶。

三、内质网的功能

（一）粗面内质网的功能

粗面内质网主要负责蛋白质的合成、修饰和加工、分选与转运。

1. 粗面内质网与蛋白质合成   粗面内质网膜上附着有核糖体颗粒，核糖体是蛋白质合成的场所，内质网膜为核糖体附着提供了支架。附着于粗面内质网膜上的核糖体合成的蛋白质主要为分泌蛋白、内质网腔可溶性驻留蛋白（retention protein）、溶酶体蛋白和膜蛋白等。这些蛋白质在游离核糖体上起始合成之后，将被转移至内质网膜上，在粗面内质网上，肽链边合成边进入内质网腔，合成的肽链是如何进入粗面内质网腔或被整合到粗面内质网膜中的呢？1975年提出的信号肽假说（signal hypothesis）认为：① 来自细胞核的mRNA带有合成蛋白质的密码，它进入细胞质以后，同若干核糖体结合，成为多聚核糖体，进行蛋白质合成活动。核糖体首先由mRNA上特定的信号密码（signal codon）翻译合成一短肽——信号肽（signal peptide），它由18～30个疏水氨基酸组成。② 在细胞质基质中存在着信号肽识别颗粒（signal recognition particle，SRP）[图9-2（B）]，它由6条肽链和7S的RNA组成，结构上分为不同功能区域。SRP既能识别露出核糖体之外的信号肽，还能识别粗面内质网膜上的SRP受体，又能与核糖体的A位点结合。③ 当SRP与信号肽识别并结合形成SRP-信号肽-核糖体复合物时，核糖体的蛋白质合成暂时终止。结合的SRP-信号肽-核糖体复合物由SRP介导引向粗面内质网膜上的SRP受体，并与之结合，核糖体则以大亚基与内质网膜上称为易位子（translocon）的膜通道蛋白结合。④ SRP受体在内质网膜上是一种停泊蛋白（docking protein），SRP与SRP受体的结合是临时性的，当核糖体附着于内质网膜上之后，SRP便离去[图9-2（A）]。⑤ 当能合成信号肽的核糖体与内质网膜结合之后，核糖体的信号肽便经由易位子插入膜腔内，而先前处于暂停状态的蛋白质翻译活动又恢复。进入内质网腔的信号肽，由位于内质网膜内表面的信号肽酶切除，同时合成中的肽链继续进入内质网腔，直至肽链合成终止，最后核糖体大小亚基分离，脱离内质网，重新加入"核糖体循环"。

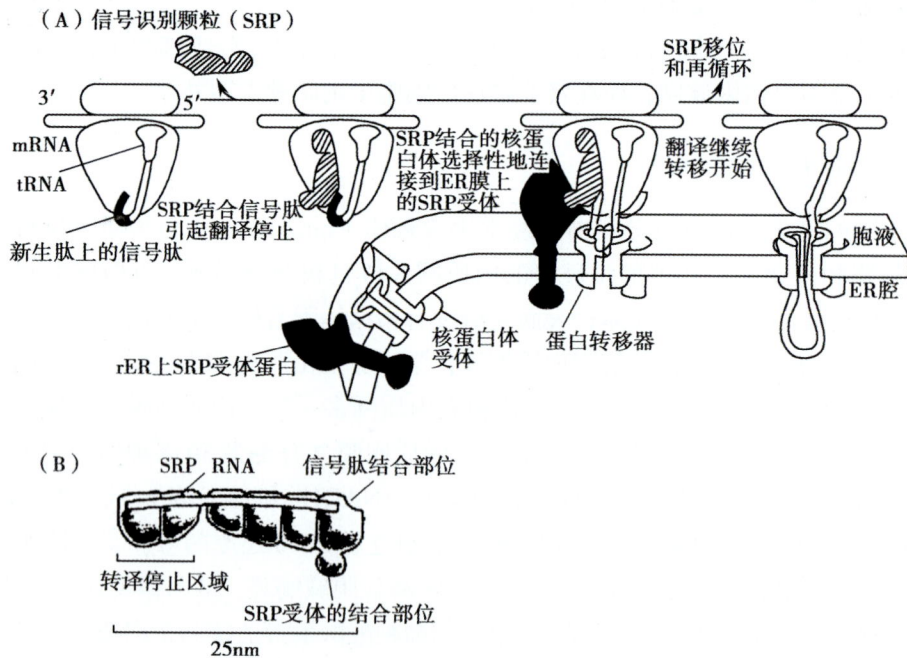

图9-2   SRP（B），SRP与核糖体结合与分离模式图（引自 B.Alberts 等）

2. 粗面内质网与蛋白质的折叠   如果内质网上核糖体合成的是可溶性蛋白，多肽链则全部穿过内质网膜，进入内质网腔中进行折叠。蛋白质折叠需要内质网腔内的可溶性驻留蛋白如蛋白二硫键异构酶（PDI）和结合蛋白（binding protein，Bip）等分子伴侣（molecular chaperone）的参与。分子伴侣能特异地识别新生肽链或部分折叠的多肽并与之结合，帮助这些多肽进行折叠、装配和转运，但其本身并不参与最终产物的形成，只起陪伴作用，故而得名。分子伴侣能检查多肽的折叠状态，可以与不正确折叠的多肽结合，并把它们滞留在内质网腔内。内质网分子伴侣具有热休克蛋白（heat shock protein，HSP）的特性，在各种应急状态下如错误折叠蛋白质和非糖基化蛋白积聚，其表达会明显升高。内质网分子伴侣之所以能滞留于内质网腔内，是由于其 C 末端存在一个驻留信号肽（retention signal peptide），其氨基酸序列为 Lys-asp-glu-leu，又称 KDEL 序列，该序列能与内质网膜上的 KDEL 受体结合。

3. 粗面内质网与蛋白质糖基化　在糖基转移酶催化下，寡聚糖链与蛋白质的氨基酸残基共价连接的过程称为蛋白质糖基化。大多数分泌蛋白和膜嵌入蛋白等都是糖蛋白，蛋白质的糖基化主要在高尔基复合体中进行，粗面内质网腔内也进行部分糖基化。粗面内质网腔中进行的糖基化主要是 N- 连接糖基化，即由 2 分子 N- 乙酰葡萄糖胺、9 分子甘露糖和 3 分子葡萄糖构成的寡聚糖链与蛋白质的天冬酰胺残基侧链上的 -NH$_2$ 连接。寡聚糖先与粗面内质网膜上一种特殊脂类——磷酸多萜醇（dolichol phosphate）分子连接，形成活化型寡聚糖，一旦新合成的肽链出现特定的三肽序列 Asn-X-Ser 或 Asn-X-Thr（X 代表除 Pro 以外的氨基酸），粗面内质网膜上的糖基转移酶即催化低聚糖链转位于天冬酰胺残基上，形成 N- 连接的糖蛋白（图 9-3）。

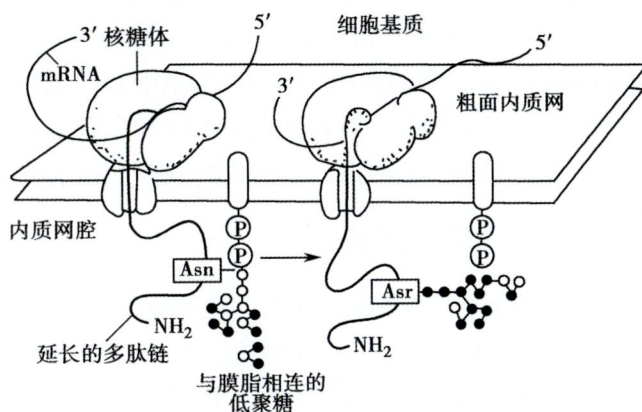

图 9-3　N- 连接糖基化（引自 B.Alberts 等）

4. 粗面内质网与分泌蛋白质运输　在粗面内质网核糖体上合成的分泌蛋白大多数经由高尔基复合体排出细胞。由核糖体合成的分泌蛋白进入内质网腔之后，经过折叠和糖基化作用，又被包裹于由内质网膜"出芽"形成的小泡内，该小泡进入高尔基复合体进一步加工浓缩，分泌蛋白以浓缩泡形式脱离高尔基复合体，最后以分泌颗粒的形式被排出细胞外，这是分泌蛋白质常见的排出途径。另一种途径是含有分泌蛋白质的小泡由内质网脱离后直接形成浓缩泡，再由浓缩泡发育成酶原颗粒而被排出，这种途径仅见于哺乳动物的胰腺外分泌细胞。

（二）滑面内质网的功能

虽然在大多数细胞中，滑面内质网的形态相似，但其化学组成、酶的种类和含量等均有差异，因此，不同类型细胞中滑面内质网的功能各有不同。

1. 脂质和固醇的合成与运输　内质网是脂类合成的一个重要场所，合成脂类和固醇激素是滑面内质网重要的功能，在滑面内质网膜上有脂类合成有关的酶类，可合成甘油三酯、磷脂和胆固醇等。在内质网膜脂双层靠近细胞质一侧，可在酶的催化下利用细胞质中的底物合成脂类。新合成的脂类中，有一部分嵌入到内质网脂双层中，构成内质网膜，另一部分则输送到其他细胞器。

在肾上腺皮质细胞、睾丸间质细胞、卵巢黄体细胞等分泌类固醇激素的细胞中，滑面内质网非常发达。这些细胞中的滑面内质网含有合成胆固醇所需的全套酶系和使胆固醇转化为类固醇激素（如肾上腺皮质激素、雄性激素、雌性激素）的酶类。

滑面内质网还具有脂类运输的作用，如小肠上皮细胞的滑面内质网可将甘油一酯和脂肪酸合成脂肪，并与蛋白质结合生成脂蛋白，通过高尔基复合体加工转运出胞。

2. 糖原的合成与分解　肝细胞中滑面内质网常与糖原相伴而存在，当糖原丰富时，滑面内质网被遮盖不易分辨，而当动物饥饿几天后，合成的糖原颗粒减少，滑面内质网清晰可见，这说明糖原的合成与滑面内质网有关。

滑面内质网也参与糖原的分解，在肝细胞内的滑面内质网膜上含有 6- 磷酸葡萄糖酶，该酶可将肝糖原降解产生的 6- 磷酸葡萄糖分解为磷酸和葡萄糖，然后将葡萄糖释放到血液中。

3. 解毒作用　肝的解毒作用主要是由肝细胞的滑面内质网来完成，滑面内质网含有参与解毒的各种酶系，如 NADH- 细胞色素 b5 还原酶、NADPH- 细胞色素 c 还原酶、细胞色素 P450 以及 NADPH- 细胞色素 P450 还原酶等。这些酶能对药物和毒物进行氧化和羟化反应，使药物转化或消除其毒性，并且易于排出体外。如果给动物服用大量苯巴比妥，可见肝细胞内滑面内质网增生。同时与解毒作用有关的酶含量也明显增多。

4. 肌肉的收缩　滑面内质网在肌细胞中形成一种特殊结构称为肌质网（sarcoplasmic reticulum），肌质网的作用是调节肌细胞中 Ca^{2+} 的浓度，肌质网释放 Ca^{2+} 于肌纤维丝之间，通过肌钙蛋白等一系列相关蛋白的构象改变和位置变化引起肌肉收缩。当肌肉松弛时，肌质网上的 Ca^{2+} 泵将 Ca^{2+} 泵回肌质网。故肌细胞中的滑面内质网通过释放和摄取 Ca^{2+} 参与肌肉的运动。

四、内质网的病理变化

内质网是比较敏感的细胞器，在各种因素如缺氧、射线、化学毒物和病毒等作用下，会发生病理变化。如内质网肿胀、脱颗粒、肥大和某些物质的累积。

内质网肿胀是一种水样变性，主要是由于水分和钠的流入，使内质网形成囊泡，这些囊泡还可互相融合而扩张成更大的囊泡。如果水分进一步聚集，便可使内质网肿胀破裂。肿胀是粗面内质网发生的最普遍的病理变化，内质网腔扩大并形成空泡，继而核糖体从内质网膜上脱落下来——脱颗粒，这是粗面内质网蛋白质合成受阻的形态学标志。

当某些感染因子刺激某些特定细胞时，会引起这些细胞的内质网增生，这反映了内质网具有抗感染作用。例如，当 B 淋巴细胞受到抗原物质（如病菌）刺激时，可转变成浆细胞，此时，浆细胞内的内质网增多，免疫球蛋白的分泌增加。巨噬细胞的内质网增多，表现为溶解酶的合成增强。细胞在药物的作用下，常会出现内质网的代偿性增多，对药物进行解毒或降解。

由基因突变造成的某些遗传病中，可观察到蛋白质、糖原和脂类在内质网中的异常累积。例如，在 α-1- 抗胰蛋白酶缺乏症患者的血清中缺乏 α-1- 抗胰蛋白酶，而在肝细胞的粗面内质网和滑面内质网中却贮留着 α-1- 抗胰蛋白酶。α-1- 抗胰蛋白酶在内质网中的累积，是由于 α-1- 抗胰蛋白酶的分子结构发生了异常改变所致。

第二节　高尔基复合体

1898 年 Camillo.Golgi 应用银染等方法首次在神经细胞中观察到一种网状结构，命名为内网器（internal reticular apparatus）。后来在很多动植物细胞中都发现了这种结构，并称之为高尔基体（Golgi body）或高尔基器（Golgi apparatus）。20 世纪 50 年代，电镜技术证实高尔基体是一组复合结构，故改称为高尔基复合体（Golgi complex）。

高尔基复合体普遍存在于真核细胞中，是细胞内一种固有的细胞器，它在细胞的蛋白质加工和分泌过程中有着重要的作用。

一、高尔基复合体的形态结构

在光镜下，可见脊椎动物大多数细胞的高尔基复合体呈复杂的网状结构。

在电镜下，高尔基复合体是由重叠的扁平囊（cisternae）、小囊泡（vesicle）和大囊泡（vacuole）3种基本形态所组成的膜性结构，其显著特征是重叠的扁平囊堆积在一起，构成了高尔基复合体的主体结构（图9-4）。扁平囊呈弓形，也有的呈半球形或球形，扁平膜囊周围有大量的大小不等的囊泡结构。高尔基复合体具有极性，扁平囊的凸面朝向细胞核或内质网为顺面，也称形成面（forming face），其表面的囊泡结构成为顺面网络（cis Golgi network，CGN）；扁平囊的凹面朝向细胞膜为反面，也称成熟面（mature face），其表面的囊泡结构成为反面网络（trans Golgi network，TGN）。

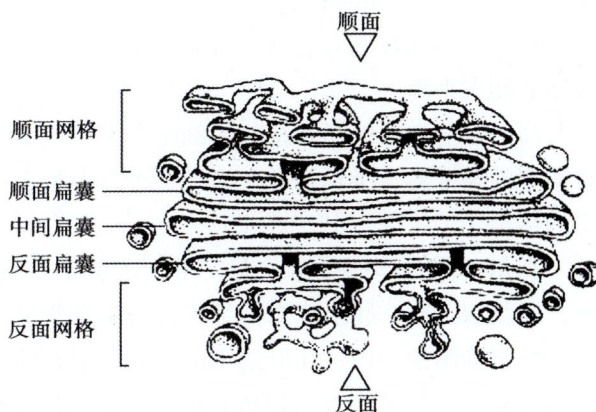

图9-4 高尔基复合体立体结构模式图（引自 B.Alberts et al）

（一）顺面高尔基网络

在扁平囊的顺面，常可见到许多直径40～80nm，膜厚6nm的小囊泡。一般认为小囊泡是由附近粗面内质网"芽生"而来，载有粗面内质网合成的蛋白质和脂类，通过膜融合将内含物转运到扁平囊中，并不断补充扁平囊的膜结构，此种小囊泡也称为运输小泡（transfer vesicle），接受来自内质网新合成的物质分选后，将大部分物质转入高尔基复合体中央扁平囊，小部分蛋白质和脂类再返回内质网。运输小泡与高尔基复合体扁平囊泡融合，使高尔基复合体膜成分得到不断补充。

（二）中央扁平囊

中央扁平囊为高尔基复合体中最富特征性的一种结构。扁平囊一般有3～8个平行排列在一起，扁平囊呈盘状，中央部分较窄，边缘部分稍宽大，弯曲似弓形。扁平囊腔宽10～15nm，囊间距20～30nm，扁平囊的中央部分较平，称中央板状区，其上有孔，可与相邻扁平囊通连。高尔基复合体是具有极性的细胞器，高尔基复合体的顺面和反面，在形态、化学组成及功能上均有所不同，顺面膜较薄约6nm，与内质网膜相似，反面膜较厚约8nm，与细胞膜厚度相仿。因此，从发生和分化的角度看，无论在形态方面还是功能方面，高尔基扁平囊均可视为内质网与细胞膜的中间分化阶段。

目前认为，高尔基扁平囊片层至少可分为三个区室（compartment），各由一个或多个扁平囊组成，每个区室含有不同的酶，行使不同的功能。例如，顺面扁平囊含有磷酸转移酶，催化磷酸基团加到溶酶体蛋白上，高尔基复合体的顺面主要功能是筛选由内质网新合成的蛋白质和脂类，并将其大部分转入高尔基复合体的中间扁囊区，一小部分再返回内质网。中间扁平囊含有N-乙酰葡萄糖胺转移酶，主要进行蛋白质的糖基化修饰、糖脂形成及多糖合成。而反面扁平囊则含有半乳糖基转移酶，执行蛋白质的分选功能。

（三）反面高尔基网络

在扁平囊的反面，常有体积较大，直径 100 ～ 150nm，膜厚 8nm，数量不等的大囊泡，主要功能是对蛋白质进行修饰、分选、包装，最后从高尔基复合体中输出。一般认为大囊泡是由扁平囊的末端或局部膨大形成，并带着扁平囊所形成的物质离去，在分泌细胞中，这种大囊泡又称分泌泡或浓缩泡（condensing vesicle），随着分泌物而被排到细胞外，大囊泡的膜却掺入到细胞膜，因而细胞膜得到补充和更新。可见内质网、小囊泡、扁平囊、大囊泡和细胞膜之间存在着一种膜移动的动态平衡。

高尔基复合体的形态结构因细胞类型不同而有较大差异，在分泌细胞、浆细胞和神经细胞等有典型的扁平囊、小囊泡和大囊泡 3 种基本形态结构，但在肿瘤细胞和培养细胞则仅有少量的扁平囊结构。

高尔基复合体的分布状态在不同细胞中有很大差异，这与细胞的生理功能有关。在胰腺细胞、甲状腺细胞、肠上皮黏液细胞以及输卵管的内壁细胞等，高尔基复合体常分布在细胞核的附近并趋于细胞的一极；而肝细胞的高尔基复合体则是沿着胆小管分布在细胞的边缘；神经细胞的高尔基复合体是围绕着细胞核分布；少数细胞如卵细胞、精细胞以及大多数无脊椎动物细胞和植物细胞的高尔基复合体呈分散状。

根据细胞分化程度和功能状况不同，高尔基复合体的数量不同。在分化程度高、分泌功能旺盛的细胞中，高尔基复合体数量多，如杯状细胞、胰腺外分泌细胞、浆细胞等；而在一些未分化的胚胎细胞、干细胞或分泌功能不旺盛的淋巴细胞、肌细胞中，高尔基复合体数量少。但也有例外，在成熟的红细胞和粒细胞中，高尔基复合体消失或显著萎缩。

综上所述，高尔基复合体是一个结构复杂和高度组织化的细胞器。每一部分都有其独特的结构和酶系统，它们在高尔基复合体的功能活动中起着不同的作用。

二、高尔基复合体的化学组成

从大鼠肝细胞分离的高尔基复合体约含 60% 的蛋白质和 40% 的脂类。应用蛋白质凝胶电泳分析结果显示，高尔基复合体与内质网含有某些共同的蛋白质，但高尔基复合体的蛋白质含量比内质网少。

高尔基复合体脂类含量介于内质网膜和细胞膜之间，说明高尔基复合体是一种过渡型的细胞器。

高尔基复合体含有多种酶，如催化糖蛋白质生物合成的糖基转移酶，催化糖脂合成的磺基 - 糖基转移酶以及酪蛋白磷酸激酶、甘露糖苷酶，催化磷脂合成的转移酶、磷脂酶等。其中糖基转移酶被认为是高尔基复合体的标志酶。

三、高尔基复合体的功能

高尔基复合体的主要功能是参与细胞的分泌活动，对内质网合成的蛋白质进行糖基化等加工修饰，并将各种蛋白产物进行分选和运输。

（一）分泌蛋白的加工与修饰

1. 糖蛋白的合成及修饰　细胞的糖蛋白主要存在于分泌泡、溶酶体和细胞膜中。糖蛋白是由粗面内质网合成的蛋白质经糖基化修饰后形成的。蛋白质糖基化有两种连接，即 N- 连接糖基化和 O– 连接糖基化。蛋白质的糖基化是通过糖基转移酶的催化作用而完成的。N– 连接糖基化是由 2 分子 N– 乙酰葡萄糖胺、9 分子甘露糖和 3 分子葡萄糖构成的寡糖，共价地结合到蛋白质的天冬酰胺残基侧链的氨基基团的 N 原子上，而形成 N– 连接的寡糖糖蛋白。O– 连接糖基化是寡糖与蛋白质的酪氨酸、丝氨酸和苏氨酸残基侧链的羟基基团共价结合，而形成 O– 连接的寡糖糖蛋白。和 N– 连接的糖基化不同的是，O– 连接糖基化是在不同的糖基转移酶催化下，每次加上一个单糖。N– 连接的糖基化发生在粗面内质网中，O– 连接的糖基化主要或全部发生在高尔基复合体内。内质网腔内合成的 N– 连接的寡糖蛋白必须在高尔基复合体内进行进一步的加工修饰，一些寡糖残基如大部分的甘露糖被切除，然后又补加上其他一些糖残基如半乳糖、唾液酸、N–乙酰葡萄糖胺等。由此形成的糖蛋白的寡糖链在结构上呈现多样化差异。因此，高尔基复合体在蛋白质糖基化中起着重要的修饰加工作用。

糖基化可以为各种蛋白质打上不同的标志，以利于高尔基复合体的分类和包装，同时保证糖蛋白从粗面内质网向高尔基复合体膜囊单方向进行转移；糖基化还会帮助蛋白质在成熟过程中折叠成正确的构象；此外，蛋白质经过糖基化后使其稳定性增加。

2. 蛋白质的剪切加工　由粗面内质网上合成的蛋白质有些是无生物活性的前体物，称为蛋白原（proprotein），这类蛋白原需经过加工水解为成熟的蛋白，才具有生物活性。如胰岛素在内质网中以无活性的胰岛素原存在，由 86 个氨基酸组成，含 A、B、C 3 个肽链，在高尔基复合体内 C 肽链被切除，余下的 A、B 链以二硫键连接成有生物活性的胰岛素。

（二）高尔基复合体与蛋白质的分选和运输

高尔基复合体的层状扁平囊结构具有不同的生化区隔，每个区隔含有完成蛋白质修饰特有的酶类，对蛋白质的寡糖链按顺序修饰，这种顺序修饰有利于糖蛋白的分选，使粗面内质网合成的蛋白质成为分泌蛋白、跨膜蛋白、溶酶体蛋白。

蛋白质的合成是从胞质中的核糖体开始，继而穿过内质网膜，将新合成的蛋白质运输到内质网腔，经过折叠和糖基化，内质网以出芽方式形成小泡，将分泌蛋白从内质网运输到高尔基复合体中，经高尔基复合体的糖基化进行分选，再由运输小泡把蛋白质由高尔基复合体输送到靶部位。运输小泡外有衣被包裹，内有与泡膜上的特异受体结合被分选的特异蛋白。衣被小泡在运输过程中，衣被逐渐脱落，并返回高尔基复合体反面。当运输小泡到达靶部位的细胞膜或溶酶体膜时，以膜融合的方式将内容物排出。分选过程有时也会发生错误，这时高尔基复合体上特异的挽救受体（specific salvage receptor）能识别由于错误分选而丢失的蛋白，并将它们运回高尔基复合体。

在所有真核细胞中，有一个稳定的小泡流，这些运输小泡从高尔基复合体成熟面芽生出来并与质膜融合，同时将泡内蛋白释放到细胞外（图 9-5）。这种胞吐方式称为结构性胞吐途径（组成性分泌）。结构性胞吐途径不但将蛋白质运输到细胞外，还能连续不断地向质膜提供新合成的脂质和蛋白质，这也是细胞增大时质膜生长的一个途径。结构性胞吐途径释放出的蛋白质包括附着在细胞表面的周边蛋白、细胞外基质蛋白及扩散到细胞外液的内分泌蛋白和营养性蛋白。

除了结构性胞吐途径外，还有一个调节性胞吐途径（调节性分泌）（图 9-5）。特化的分泌细胞产生大量特定产物，如激素、黏液或消化酶，它们贮藏在分泌小泡中。这些小泡自高尔基复合体成熟面芽生出来并在近质膜处积累，在细胞受到细胞外刺激时才释放其内含物。例如，血糖增加就给了胰细胞一个分泌胰岛素的信号。

基硫酸酯酶等。这些酶能将蛋白质、多糖、脂类和核酸等水解为小分子物质。

不同类型细胞内溶酶体酶的种类和比例不同。即使在同一细胞内不同的溶酶体中，酶的种类和数量也不相同。所有的溶酶体中均含酸性磷酸酶，因而将酸性磷酸酶作为溶酶体的标志酶。

（三）溶酶体的膜

溶酶体膜比质膜薄，厚约 6nm，脂质双层中以鞘磷脂居多。溶酶体膜上有多种载体蛋白，可将经水解消化后的产物向外转运，这些分解产物进入胞质内可被细胞再利用，或者被排出细胞外。

溶酶体酶在 pH 值 3.0～6.0 的酸性环境中具有水解活性，最适 pH 值为 5.0，pH 值大于 7.0 时溶酶体酶失去活性。溶酶体膜上含有一种特殊的转运蛋白——质子泵（proton pump），质子泵可利用 ATP 水解时释放出的能量将 H^+ 泵入溶酶体内，从而维持腔内的酸性 pH 值，使水解酶发挥最有效的作用。

构成溶酶体膜的蛋白质是高度糖基化的，其糖基朝向溶酶体内，这可保护溶酶体膜免受溶酶体内蛋白酶的消化。

二、溶酶体的类型

根据溶酶体的形成过程和功能状态可将溶酶体分为初级溶酶体（primary lysosome）、次级溶酶体（secondary lysosome）和残余小体（residual body）。

（一）初级溶酶体

初级溶酶体是由高尔基复合体扁平囊边缘膨大而分离出来的囊泡状结构，不含作用底物，仅含水解酶，一般体积较小，直径 0.25～0.50μm。

（二）次级溶酶体

次级溶酶体是由初级溶酶体和将被水解的各种吞噬底物融合形成的，其中含有消化酶、作用底物和消化产物。细胞中所见的溶酶体大多数属于次级溶酶体。根据底物的来源和性质不同，次级溶酶体又可分为异噬性溶酶体（heterophago lysosome）和自噬性溶酶体（autophago lysosome）。

异噬性溶酶体的作用底物来源于细胞外，包括细菌、异物及坏死组织碎片等。细胞首先以内吞方式将外源物质摄入细胞内，形成吞噬体或吞饮泡，然后与初级溶酶体融合形成异噬性溶酶体。

自噬性溶酶体是指作用底物来源于细胞内，如细胞内的衰老和崩解的细胞器以及细胞质中过量贮存的糖原颗粒等。这些物质可被细胞本身的膜如内质网膜包围，形成自噬体（autophagosome），自噬体与初级溶酶体融合而形成自噬性溶酶体。

（三）残余小体

在吞噬性溶酶体到达末期阶段时，还残留一些未被消化和分解的物质，形成残余小体，也称终末溶酶体（telolysosome）。在电镜下残余小体呈现为电子密度较高、色调较深的物质。常见的残余小体有脂褐质、多泡体、髓样结构和含铁小体等（图 9-7）。这些残余小体有的能将其残余物通过胞吐作用排出细胞外，有的则长期存留在细胞内不被排出，如脂褐质。

脂褐质（lipofusion）为形状不规则、由单位膜包围的小体，其内容物电子密度较高，常含有浅亮的脂滴，一般见于神经细胞和心肌细胞中。神经细胞内的脂褐质随着年龄的增长，其数量也逐渐增多。

多泡体（multivesicular body）由单位膜包围，内含许多小泡，直径0.2～0.3μm。由于多泡体的基质电子密度不同，而呈现出浅淡或致密的多泡体，通常可见于神经细胞和卵母细胞中。

髓样结构（myelin figure）是由膜性成分排列呈同心层状、板状和指纹状的结构。常见于巨噬细胞系统、肿瘤细胞和病毒感染细胞中。

含铁小体（siderosome）是由单位膜包裹的内部充满电子密度高的含铁颗粒，直径50～60nm，光镜下表现为含铁血黄素颗粒，常见于单核吞噬细胞系统中。当机体摄入大量铁质时，肝和肾等器官的吞噬细胞中可出现许多含铁小体。

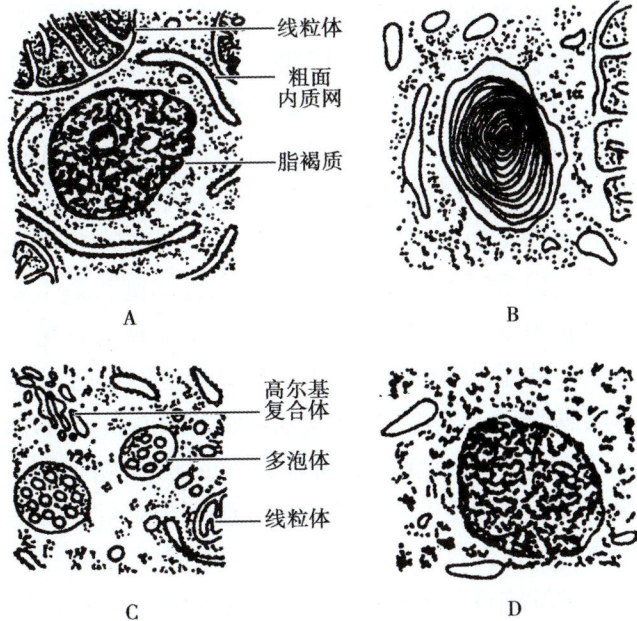

图 9-7　次级溶酶体形成的各种残余小体
A.脂褐质。B.髓样结构。C.多泡体。D.含铁小体

三、溶酶体的功能

溶酶体是细胞内消化的主要场所，可消化多种内源性和外源性物质，此外还参与机体的某些生理活动和发育过程。

（一）对细胞内物质的消化

1. 自噬作用　溶酶体消化细胞自身衰亡或损伤的各种细胞器的过程称自噬作用（autophagy）。细胞内衰老或损伤的细胞器，首先被来自滑面内质网或高尔基复合体的膜所包围，形成自噬体，并与初级溶酶体的膜融合，形成吞噬性溶酶体并完成消化作用（图9-8）。

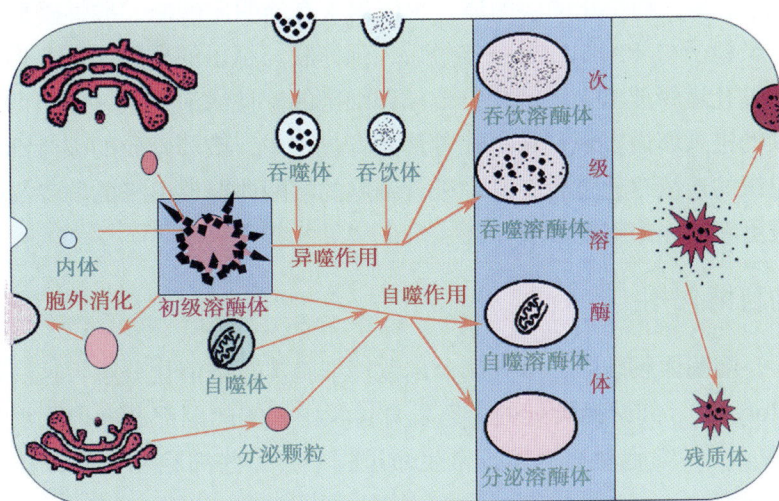

图 9-8　溶酶体的消化功能（引自 B.Alberts et al）

　　自噬是真核生物中一种进化相对保守的，对细胞内物质进行周转的重要过程，一些破损的蛋白或细胞器被双层膜结构的自噬小泡包裹后，送入溶酶体中进行降解并得以循环利用。根据自噬细胞物质运输到溶酶体内的途径不同，分为大自噬（macroautophagy）、小自噬（microautophagy）和分子伴侣介导的自噬（chaperone-mediated autophagy，CMA）。小自噬是溶酶体膜直接内陷包裹底物蛋白质并降解的过程。分子伴侣介导的自噬（CMA）是胞质内要被降解的蛋白（如热休克蛋白70）结合到分子伴侣后被转运到溶酶体腔中，然后被溶酶体酶消化，清除蛋白质时有明显的选择性。大自噬则为最主要的自噬，其过程也最为复杂。它的过程包括单层膜脱落、双层膜成核、包裹细胞器形成自噬体、与溶酶体融合、内容物降解再利用等几个过程。首先，在应激状态下，经过上游一系列自噬相关基因（Atg）调控，使粗面内质网来源的单层膜脱落、凹陷形成杯状双层膜，双层膜识别并包裹受损细胞器和蛋白质形成直径400～900 nm大小的自噬小泡（autophagosome）。自噬小泡在微管蛋白的协助下，锚定在溶酶体上，其外膜与溶酶体膜发生融合，释放小泡状结构到溶酶体中，形成自噬性溶酶体。两者相互融合后，溶酶体的酶进入自噬小泡，小泡内的细胞器或蛋白质被降解成氨基酸、脂肪酸等小分子释放到胞质中，被细胞重新再利用。我们将这种进入溶酶体的泡状结构称为自噬小体。细胞自噬是十分重要的生物学现象，参与生物的生长、发育、凋亡等多种过程，对细胞结构的更新具有十分积极的意义，在肿瘤的发生发展中也发挥重要作用。

　　2. 异噬作用　溶酶体对细胞外源性异物的消化过程称为异噬作用（heterophagy）。这些异物包括作为营养成分的大分子颗粒，以及细菌、病毒等。异物经吞噬作用进入细胞，形成吞噬体（phagosome）；或经胞饮作用形成吞饮泡（pinosome）。吞噬体或吞饮泡与初级溶酶体膜相融合，成为次级溶酶体，异物在次级溶酶体中被水解酶消化分解成小分子，透过溶酶体膜扩散到细胞基质中供细胞利用，不能被消化的成分仍然留在吞噬性溶酶体内形成残余小体，多数的残余小体经出胞作用排出细胞外，但是某些细胞如神经细胞、肝细胞、心肌细胞等的残余小体不被释放，仍蓄积在细胞质中形成脂褐质（图9-7）。

（二）对细胞外物质的消化

　　某些情况下溶酶体可通过胞吐方式，将溶酶体酶释放到细胞之外，消化细胞外物质，这种现象体现在受精过程和骨质更新方面。例如，溶酶体能协助精子与卵细胞受精，精子头部的顶体（acrosome）实际上是一种特化的溶酶体，顶体内含有透明质酸酶、酸性磷酸酶及蛋白水解酶等多种水解酶类。当精子与卵细胞的外被接触后，顶体膜与精子的质膜融合并形成孔道，此时顶体内的水解酶可通过孔道释放出来，消化分解掉卵细胞的外被滤泡细胞，并协助精子穿过卵细胞各层膜的屏障而顺畅进入卵内实现受精。在骨骼发育过程中，破坏骨质的破骨细胞与造骨的成骨细胞共同担负骨组织的连续改建过程，其中破骨细胞的溶酶体释放出来的酶参与陈旧骨基质的吸收、消除，是骨质更新的一个重要步骤。

（三）细胞的自溶作用

　　在一定条件下，溶酶体膜破裂，水解酶溢出致使细胞本身被消化分解，这一过程称为细胞的自溶作用（autocytolysis）。如两栖类蛙的变态发育过程中，蝌蚪尾部逐渐退化消失，这是尾部细胞自溶作用的结果。在多细胞动物机体正常生命过程中，一些细胞死亡后，其内的溶酶体膜破裂，可以清除死亡细胞。

（四）参与激素分泌的调节

在某些分泌腺的细胞中，溶酶体会摄入分泌颗粒，然后对其消化加工，参与分泌过程的调节。在甲状腺滤泡上皮细胞内合成的甲状腺球蛋白，分泌到滤泡腔内被碘化后，又重新吸收到滤泡上皮细胞内（通过上皮细胞胞吞作用）形成大胶滴，大胶滴与溶酶体融合，由蛋白水解酶将甲状腺球蛋白分解，形成大量的甲状腺激素四碘甲状腺原氨酸（T_4）和少量三碘甲状腺原氨酸（T_3），然后甲状腺激素由细胞转入血液中。此外，在分泌激素的腺细胞中，当细胞内激素过多时，溶酶体可将含激素的分泌颗粒消化降解以消除细胞内过多激素，该作用称粒溶作用（granulolysis）或分泌自噬。如母鼠在哺乳期，乳腺细胞机能旺盛，细胞中分泌颗粒丰富，一旦停止授乳，这种细胞内多余的分泌颗粒即与初级溶酶体融合而被分解，重新利用。

四、溶酶体与疾病的关系

溶酶体异常与许多疾病的发生有着密切的关系。

（一）先天性溶酶体病

基因缺陷可引起酶蛋白合成障碍，从而缺乏某种溶酶体酶，导致相应的作用底物不能被分解而积累于溶酶体内，造成溶酶体过载，从而引起各种病理变化。这种先天性代谢病又称为溶酶体累积病。例如，Ⅱ型糖原累积病（glycogen storage disease type Ⅱ）是人类最早发现的常染色体隐性遗传的先天性代谢病，不能合成 α – 葡萄糖苷酶，致使糖原无法被分解而大量积累于溶酶体内，造成代谢障碍，此种情况可出现于患者肝、肾、心肌及骨骼肌中，严重损伤这些器官的功能。此病多见于婴儿，症状为肌无力、进行性心力衰竭等。病孩一般在 2 周岁内死亡。台 – 萨病（Tay–Sachs disease）又称黑蒙性先天愚病，是由于患者神经细胞溶酶体内缺少 β – 氨基己糖苷酶 A（β –N–hexosaminidase A），致使神经节苷脂 GM2 无法降解而积累在溶酶体中，患者表现为渐进性失明、痴呆和瘫痪。

（二）溶酶体与矽肺

矽肺是工业上的一种职业病，其形成原因主要是由于溶酶体膜的破裂。当人体的肺吸入空气中的矽尘颗粒（二氧化矽、SiO_2）后，矽尘颗粒便被肺部的巨噬细胞吞噬形成吞噬小体，吞噬小体与初级溶酶体融合形成次级溶酶体，二氧化矽在次级溶酶体内形成矽酸分子，与溶酸体膜结合而破坏溶酶体膜的稳定性，造成大量水解酶和矽酸流入细胞质内，引起巨噬细胞死亡。由死亡细胞释放的二氧化矽再被正常巨噬细胞吞噬，如此反复，巨噬细胞的不断死亡诱导成纤维细胞的增生并分泌大量胶原物质，而使吞入二氧化矽的部位出现了胶原纤维结节，导致肺的弹性降低，肺功能受到损害。

矽肺病人常出现咳血，这是由于血小板内的溶酶体在二氧化矽的作用下，膜发生了破裂，释放出来的酸性水解酶溶解了气管的微血管壁，而造成了血液的外流。克矽平类药物能治疗矽肺，治病机制是该药中的聚 α – 乙烯吡啶氧化物能与矽酸分子结合，阻止矽分子与溶酶体膜的结合，从而保护了溶酶体膜不发生破裂。

（三）溶酶体与类风湿关节炎

对于类风湿关节炎的发病原因目前虽然尚不清楚，但由该病所引起的关节软骨细胞的侵蚀，却被认为是由于细胞内的溶酶体膜脆性增加、溶酶体酶局部释放的胶原酶侵蚀软骨细胞造成的。消炎痛（indomethacin）和肾上腺皮质激素（cortisone）具有稳定溶酶体膜的作用，所以被用来治疗类风湿关节炎。

（四）溶酶体与肿瘤

有人应用电镜放射自显影技术，观察到致癌物质进入细胞之后，先贮存于溶酶体内，然后再与染色体整合；也有人提出，作用于溶酶体膜的物质有时也能诱发细胞异常分裂；还有人证实，致癌物质引起的染色体异常和细胞分裂的机制障碍等，可能与细胞受到损伤后溶酶体释放出来的水解酶有关。此外，溶酶体作为细胞自噬和凋亡的关键参与者，也成为抗肿瘤治疗的重要靶点。如有研究发现，具有一定正负电荷配体比例的混合电荷纳米粒子可以选择性靶向癌细胞中的溶酶体，杀伤肿瘤细胞，而对正常细胞仅表现出很小的细胞毒性。

第四节　过氧化物酶体

过氧化物酶体（peroxisome）又称微体（microbody），是于 1954 年用电镜观察小鼠的肾近曲小管上皮细胞时首次被观察到的结构，直径约 0.5μm，由一层膜包被。以后经过 10 余年的研究，认为该结构普遍存在于高等动物和人体细胞内，常见于哺乳动物的肝细胞和肾细胞中，内含氧化酶和过氧化氢酶，是真核细胞中的一种细胞器。

一、过氧化物酶体的形态结构和化学组成

过氧化物酶体是由一层单位膜包裹的球形或卵圆形小体，直径约 0.5μm，小体中央常含有电子密度较高、呈规则的结晶状结构，称类核体（nucleoid）。类核体为尿酸氧化酶的结晶。人类和鸟类的过氧化物酶体不含尿酸氧化酶，故没有类核体。在哺乳动物中，只有在肝细胞和肾细胞中可观察到典型的过氧化物酶体。如大鼠每个肝细胞中有 70 ～ 100 个过氧化物酶体。

过氧化物酶体中含有 40 多种酶，如尿酸氧化酶、D- 氨基酸氧化酶等，以及过氧化氢酶。每个过氧化物酶体所含氧化酶的种类和比例不同，但是过氧化氢酶则存在于所有细胞的过氧化物酶体中，所以过氧化氢酶可视为过氧化物酶体的标志酶。

二、过氧化物酶体的功能

过氧化物酶体是一种异质性的细胞器，各种过氧化物酶体的功能有所不同，但氧化多种作用底物、催化过氧化氢生成并使其分解的功能却是共同的。在氧化底物的过程中，氧化酶能使氧还原成为过氧化氢，而过氧化氢酶能把过氧化氢还原成水。过氧化物酶体可使相应作用底物以氧为受氢体，通过两步反应将底物氧化，过氧化氢为中间产物，其最终被过氧化氢酶分解：

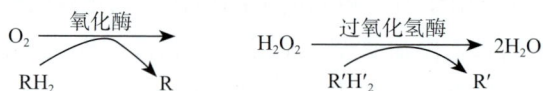

$$O_2 + RH_2 \xrightarrow{\text{氧化酶}} R \qquad H_2O_2 + R'H_2 \xrightarrow{\text{过氧化氢酶}} 2H_2O + R'$$

第一步反应中氧化酶的作用底物（RH_2）如尿酸、L- 氨基酸、D- 氨基酸等作为供氢体而被氧化、产生中间产物 H_2O_2。H_2O_2 对细胞有毒害作用，故第二步由过氧化氢酶分解 H_2O_2 而解毒，反应过程中供氢体（$R'H'_2$）为甲醇、乙醇、亚硝酸盐或甲酸盐等小分子。因此，过量饮酒造成的酒精中毒，约有一半是经过过氧化物酶体的氧化分解来解毒的。所以过氧化物酶体在肝、肾细

胞内主要的功能是防止产生过量的过氧化氢，以免引起细胞中毒，对细胞起着保护作用。过氧化物酶体在氧化底物的同时使氧还原为过氧化氢，对细胞内的氧张力具有调节作用，可有效保护细胞免受高浓度氧的损害。过氧化物酶体还参与脂肪、核酸和糖的代谢作用。

三、过氧化物酶体的生物发生

关于过氧化物酶体的生物发生，目前尚不十分清楚。过去一般认为过氧化物酶体的发生与溶酶体类似，内质网也参与过氧化物酶体的发生。过氧化物酶体的蛋白质是在粗面内质网的核糖体上合成的，然后移至内质网腔，通过内质网的特定区域以出芽方式形成过氧化物酶体。应用电镜可以观察到过氧化物酶体常在接近于内质网的切面上分布，或者与内质网连接在一起。

现在有实验证明，组成过氧化物酶体的蛋白均由细胞核基因编码，主要在细胞质基质（胞液）中合成，然后转运到过氧化物酶体中。过氧化物酶体中的各种酶是在胞液中游离的核糖体上合成的，在许多过氧化物酶体酶蛋白近羧基端有一特异的 3 个氨基酸序列（丝氨酸－赖氨酸－亮氨酸）是输入信号，如果实验性地将这一序列连到胞液中的蛋白质上，这种蛋白质便被输入到过氧化物酶体中。推测过氧化物酶体膜的胞液面具有识别该输入信号的受体蛋白，通过受体蛋白识别酶蛋白的输入信号，从而引导胞液中合成的酶蛋白输入到过氧化物酶体中。

现在也有证据提出，过氧化物酶体的发生过程与线粒体或叶绿体类似，已存在的过氧化物酶体通过生长与分裂形成子代过氧化物酶体，子代的过氧化物酶体进一步组装形成成熟的过氧化物酶体。

第五节　膜　流

细胞内膜性结构的细胞器彼此有一定的联系，并可相互转变。如内质网的膜与核膜相连，高尔基复合体的膜与内质网膜又有密切联系。现在知道活细胞的膜系统是处于一种积极的动态平衡状态，也就是说，细胞的膜性成分可以更新，可以相互转移。这种细胞膜性结构中膜性成分的相互移位和转移的现象称为膜流（membrane flow）。细胞通过膜流，进行物质分配和运输。例如，某种膜嵌蛋白（如膜受体）最初以特定的方式插入内质网膜上，内质网以"芽生"方式产生小囊泡，使嵌有该膜受体的膜片转移至高尔基复合体，然后经高尔基复合体形成分泌泡，在完成分泌时将其并入质膜，成为质膜的受体蛋白。相反，细胞通过吞噬、吞饮作用也可将质膜的一部分带进细胞内，当与溶酶体融合时成为内膜系统的一部分。不同部位的膜，各自有其特异结构，可以设想细胞必然有某些机制来保障膜的转化。现在认为引导膜流和保持膜转化的机制与膜受体和膜内笼形蛋白有关。膜流现象不仅说明细胞膜系统经常处于运动和变化状态，使膜性细胞器的膜成分不断得到补充和更新，并与外界相适应，以维持细胞的生存和代谢，而且在物质运输上起着重要的作用。

核糖体（ribosome）也称核蛋白体，是由核糖体RNA（rRNA）和核糖体蛋白组成非膜性的细胞器，核糖体几乎存在于所有的细胞内，即使是最简单的支原体也含有上百个核糖体。核糖体是合成蛋白质的机器，其功能是根据mRNA的指令将氨基酸合成多肽链。Robinsin和Brown于1953年在电子显微镜下发现了这种位于植物细胞内的颗粒状结构，1955年，Palad通过电子显微镜在动物细胞内也发现类似的颗粒状结构。根据Roberts的建议，1958年将这种颗粒状结构命名为核糖核蛋白体，简称核糖体。后来通过放射性同位素标记实验，确定了核糖体具有蛋白质合成的生物学功能。

除了病毒和哺乳动物的成熟红细胞等极个别的高度分化的细胞外，原核细胞和真核细胞都普遍存在核糖体，它是细胞极其重要的结构之一。真核细胞中核糖体除了分布在细胞质基质、内质网和核膜表面外，在线粒体和叶绿体中也有核糖体存在。

第一节　核糖体的一般性状

真核细胞中部分核糖体附着在内质网表面，构成粗面型内质网（rough endoplasmic reticulum, RER），原核细胞部分核糖体则附着在质膜内侧，这些核糖体称为附着核糖体 (attached reticulum)；另外一些核糖体呈游离状态，分布于细胞质基质，称为游离核糖体（free reticulum）。同一细胞内的附着核糖体和游离核糖体的化学组成和结构完全相同，只是所合成蛋白质的种类有所不同。游离核糖体主要合成结构蛋白质（内源性蛋白），多分布在细胞质基质，供细胞本身生长代谢所需要；附着核糖体主要合成输出蛋白（分泌蛋白）和膜蛋白，分泌蛋白可从细胞中分泌出去，如抗体、酶原和蛋白类激素。

一、核糖体的形态结构与存在形式

（一）核糖体的形态结构

在电子显微镜下，核糖体是直径为15～25nm不规则的致密颗粒状结构，没有生物膜包裹，属于非膜性细胞器。

核糖体具有特定的三维形态，且每一核糖体均由大、小两个亚基（subunit）构成（图10-1）（图10-2）。肝细胞核糖体负染色显示，大亚基略呈半圆形，直径约为23nm，在一侧伸出3个突起，中央为一凹陷；小亚基呈长条形，大小为23×12nm，在约1/3长度处有一细的缢痕，将小亚基分为大小两个区域。当大、小亚基结合在一起形成核糖体时，二者凹陷部位彼此对应，形成一个隧道，为蛋白质翻译时 mRNA 的移行通路。此外，在大亚基中还有一垂直于该隧道的通道，是蛋白质合成时新生肽链的移出通道，其可保护新生肽链免受蛋白水解酶的降解。

核糖体分布于蛋白质合成旺盛的细胞，或分布于细胞内蛋白质合成旺盛的区域，其数量与蛋白质合成活跃程度有关。原核细胞平均每个细胞有 2000 个核糖体，而真核细胞内的核糖体数量要大得多，可达 $10^6 \sim 10^7$ 个。核糖体大、小两个亚基在非蛋白质合成期间，二者是分开的，游离存在于细胞质中；进行蛋白质合成时，小亚基先与 mRNA 结合，然后，大、小亚基聚合在一起。肽链合成终止后，大、小亚基解离，处于游离状态。

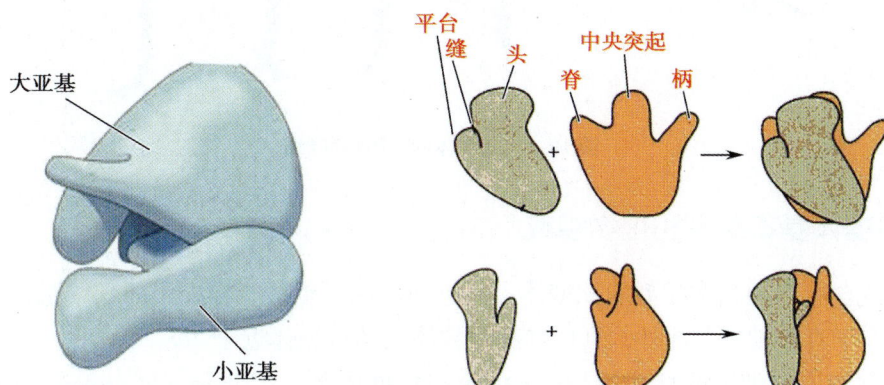

图 10-1　不同侧面观的核糖体立体结构模式图

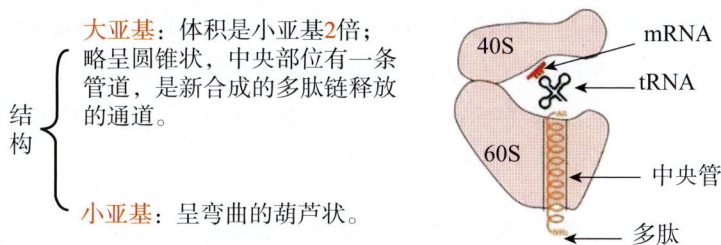

图 10-2　核糖体大、小亚基

（二）核糖体的存在形式

核糖体在细胞中的存在形式并非单一。当它不进行蛋白质合成时，是以大、小亚基的形式分别存在于细胞质中；当蛋白质合成启动时，大、小亚基可以聚合在一起，形成核糖体单体。在蛋白质的合成过程中，多个核糖体单体被 mRNA 串联在一起。形成多聚核糖体（polyribosome）；在一个核糖体单体完成一条多肽的合成之后，又迅速解离成为大、小亚基。因此，在具有蛋白质合成功能的细胞中，核糖体总是在亚基、单体和多聚核糖体三种形式之间保持着动态平衡（图10-3）。

核糖体的大、小亚基之间的结合与解离是根据环境条件和生理状态而定，其中 Mg^{2+} 浓度起着重要的作用。当 Mg^{2+} 浓度大于 0.001mol/L 时，大、小两个亚基即聚合起来，成为一个核糖体；若 Mg^{2+} 浓度再增加 10 倍，两个单核糖体可以进一步聚合成二聚体；而当 Mg^{2+} 浓度降低时，二聚体变为单核糖体，核糖体也分解成大、小两个亚基。

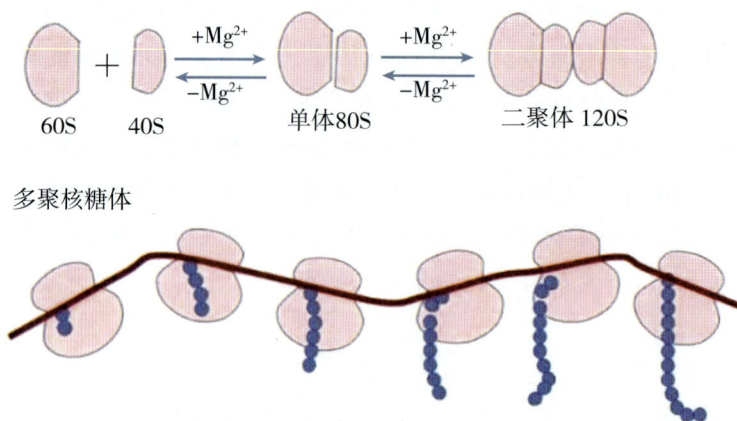

图 10-3 核糖体的三种存在形式

二、核糖体基本类型和化学组成

生物体内含有两种基本类型的核糖体：一是 70S 的核糖体，存在于原核细胞；另一类是 80S 核糖体，存在于真核细胞。此外，真核细胞线粒体内的核糖体近于 70S。

真核细胞和原核细胞的核糖体是由 rRNA 和核糖体蛋白（ribosomal protein，RP）组成，但是各自 rRNA 大小、蛋白质数量以及构成的大小亚基并不相同（表 10-1）。其中 rRNA 约占 2/3，核糖体蛋白约占 1/3，蛋白质主要分布在核糖体表面，而 rRNA 主要位于内部，二者通过非共价键结合。真核细胞 80S 核糖体，大亚基为 60S，由 28S、5.8S 和 5S rRNA 分子与 49 种核糖体蛋白组成，小亚基为 40S，由 18S rRNA 与 33 种核糖体蛋白组成。

原核细胞 70S 核糖体，大亚基为 50S，由 23S、5S rRNA 分子与 34 种核糖体蛋白组成，小亚基为 30S，由 16S 的 rRNA 与 21 种核糖体蛋白组成。

表 10-1 原核细胞与真核细胞核糖体成分的比较

核糖体类型	大小	亚基	rRNA	核糖体蛋白
真核细胞	80S	大亚基 60S	28S+5.8S+5S	49 种
		小亚基 40S	18S	33 种
原核细胞	70S	大亚基 50S	23S+5S	34 种
		小亚基 30S	16S	21 种

rRNA 主要构成核糖体的骨架，将蛋白质串联起来，并决定核糖体蛋白的定位。

rRNA 在核糖体的结构和功能方面都有重要作用。rRNA 中有很多双螺旋区，这些区域在构成核糖体的特定形态和形成核糖体的功能等方面，都发挥了重要作用。比如研究大肠杆菌 E.coli 发现，16S rRNA 序列组成在进化上非常保守，具有 4 个结构域，每个结构域内有 40% 的碱基配对，形成双螺旋的柄状结构（图 10-4）。16S rRNA 在识别 mRNA 上的起始密码子方面具有重要作用，并且 16S rRNA 的电子显微镜下的形态与 30S 的小亚基相似，部分学者认为小亚基的形态由 16S rRNA 决定。

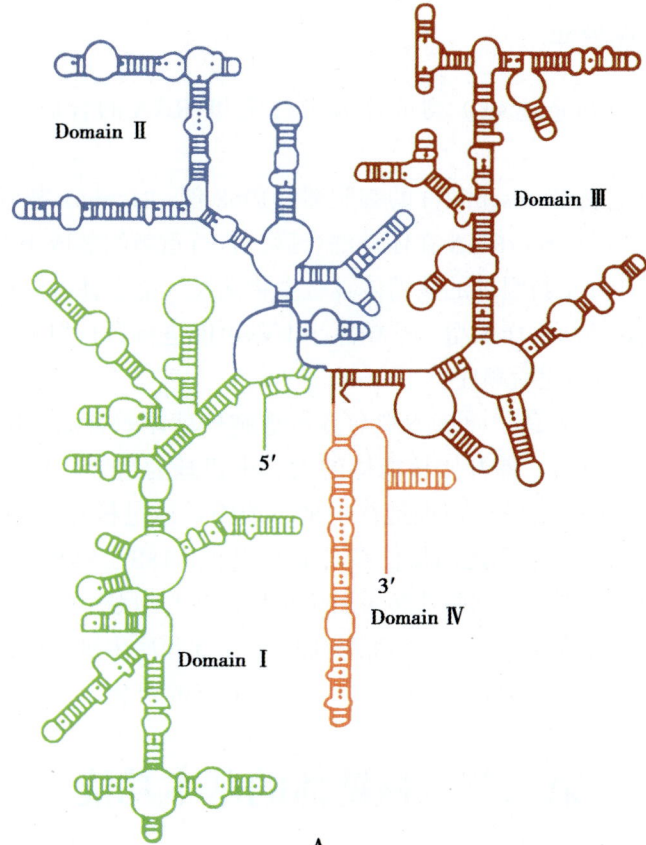

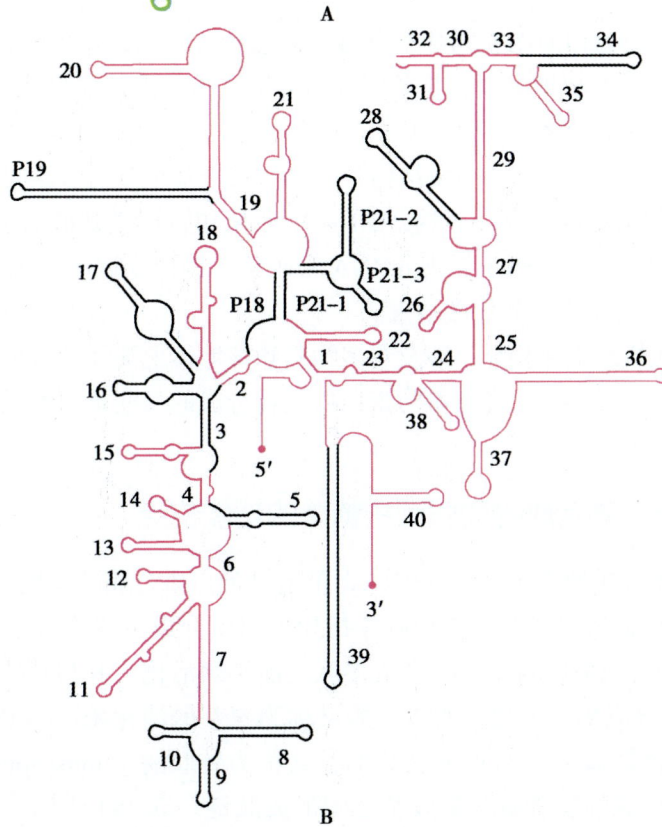

图 10-4　原核细胞 16S rRNA 的二级结构

A. 16S rRNA 4 个结构域。B. 16S rRNA 高度保守区（红色区域）

三、核糖体的生物发生

核糖体的生物发生（biogenesis）均可分为蛋白质和 rRNA 的合成及大、小亚基的组装等过程。

核糖体是一种自组装 (self-assembly) 的细胞器，1968 年，Nomura 把分开的大肠杆菌核糖体 30S 小亚基的 21 种蛋白质与 16S rRNA 在体外混合后，自行重新组装成小亚基，再与大亚基和其他辅助因子混合，发现体外重新组装的核糖体具有生物活性，能在体外进行多肽链的合成。这表明，即使没有参照物或亲体结构作模型，核糖体小亚基也能进行自行组装，组装过程中，结合到 rRNA 上的蛋白质有着严格的先后顺序。

核糖体的组装过程较为复杂，原核细胞与真核细胞核糖体的合成与组装过程不相同，当蛋白质和 rRNA 合成加工成熟后，即开始核糖体的大、小亚基的组装。真核细胞的核糖体蛋白质（ribosomal protein，RP）基因转录后在细胞核中加工成熟，通过核孔将 mRNA 运至细胞质合成蛋白质，再将合成的蛋白质经核孔运回核仁参与亚基组装，18S、5.8S 和 28S rRNA 基因则是边转录边参与组装，5S rRNA 则是在细胞核转录后运至核仁参与组装。组装完成后，大、小亚基分别被转运至细胞质，待合成肽链时聚合。而原核细胞则在细胞质中进行蛋白质基因的转录、翻译和各种 rRNA 转录加工，然后在细胞质分别进行大、小亚基的组装。

第二节　核糖体的基本功能

核糖体的功能是进行蛋白质的生物合成。遗传信息从 DNA 转录至 mRNA，为基因表达的第一步；mRNA 指导蛋白质合成即翻译，是基因表达的第二步。遗传信息的翻译在核糖体上进行，是最精确、最复杂的生命活动之一。

在核糖体上合成的只是蛋白质的一级结构，即氨基酸残基组成的多肽链。mRNA 指导蛋白质合成过程中密码子的阅读方向是 $5' \rightarrow 3'$ 端，tRNA 是活化和转运氨基酸的工具，tRNA 专一识别并结合氨基酸，再由 tRNA 反密码子识别 mRNA 密码子，按照密码子排列顺序转运氨基酸并合成多肽链，合成方向 N 端开始，至 C 端结束。

蛋白质的生物合成机理十分复杂，涉及众多物质和核糖体上活性功能位点的参与，下面就以原核细胞 70S 核糖体的翻译为例，介绍参与蛋白质生物合成的一些重要物质和蛋白质生物合成的过程。

一、参与蛋白质生物合成的物质和核糖体的功能位点

1. 参与蛋白质生物合成的物质　① mRNA，是指导蛋白质合成的模板，遗传信息从 DNA 转录至 mRNA，mRNA 根据密码子及其排列顺序指导蛋白质合成，遗传信息通过蛋白质来体现其性状。② 氨酰 –tRNA 合成酶，氨基酸在合成多肽之前必须活化，并与其特异的 tRNA 结合，此过程需要氨酰 –tRNA 合成酶来催化，所以该酶又称为氨基酸活化酶。③ tRNA，转运氨基酸的工具，专一识别并结合氨基酸。④ 肽基转移酶，又称为转肽酶（transpeptidase），能催化 tRNA 运来的氨基酸与正在合成的肽链氨基酸残基之间形成肽键。⑤ 蛋白因子：起始因子（initiation factor, IF）、延长因子（elongation factor, EF）和释放因子（release factor, RF）等在肽链合成起始、延长和终止过程中起到重要作用。⑥ 高能化合物：ATP、GTP 等，在肽链合成过程中供给能量。

2. 核糖体的功能位点（图 10–5）　① mRNA 结合位点，位于小亚基上 16S rRNA 的 3′ 端，此

处有一富含嘧啶序列，能与 mRNA 上 S–D 序列互补识别。蛋白质的合成起始首先需要 mRNA 与小亚基结合，所以 S–D 序列又称为 mRNA 上的核糖体结合位点。② P 位，又称供位或肽酰 –tRNA 位，大部分位于大亚基上，小部分位于小亚基上，是起始氨酰 –tRNA 结合的位置。③ A 位，又称受位或氨酰 –tRNA 位，大部分位于大亚基上，小部分位于小亚基上，是接受一个新进入的氨酰 –tRNA 的部位。④ E 位，位于大亚基上，是 tRNA 脱离核糖体的部位。⑤ T 因子位，即肽基转移酶位，位于大亚基上 P 位和 A 位的连接处，其作用是催化肽键形成。⑥ G 因子位，是 GTP 酶位，位于大亚基上，分解 GTP 分子并将肽酰 –tRNA 由 A 位移到 P 位。另外，还有与蛋白质合成有关的起始因子、延伸因子和释放因子的结合位点。

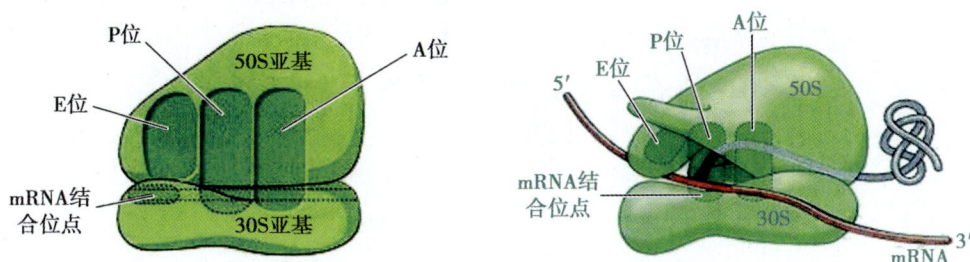

图 10–5　核糖体的几个功能位点

二、蛋白质的生物合成

核糖体上蛋白质的生物合成过程分为 4 个阶段：①氨基酸的活化（即氨酰 –tRNA 的合成）。②肽链合成的起始。③肽链的延长。④肽链的终止与释放。原核生物与真核生物的蛋白质合成过程中有许多区别，下面介绍的是原核生物的蛋白质合成过程。

1. 氨酰 –tRNA 的合成　氨基酸合成肽链之前需获得能量活化，在氨酰 –tRNA 合成酶作用下，氨基酸羧基与 tRNA3′端的 CCA–OH 缩合形成氨酰 –tRNA，然后氨酰 –tRNA 运输到核糖体，通过 tRNA 反密码子环上的反密码子与 mRNA 上的相应密码子配对。氨酰 –tRNA 合成酶分布于细胞质中，其作用具有高度特异性，既能识别特异的氨基酸，又能识别携带该种氨基酸的特异 tRNA，这是保证遗传信息能准确翻译的关键步骤之一。该过程需要消耗能量，依靠分解 ATP 来提供。其总反应式表示为：

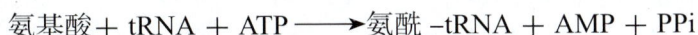

$$氨基酸 + tRNA + ATP \longrightarrow 氨酰 –tRNA + AMP + PPi$$

2. 肽链合成的起始　肽链合成的起始是指大亚基、小亚基、mRNA 以及具有启动作用的氨酰 –tRNA 聚合为起始复合物的过程，具有启动作用的氨酰 –tRNA，原核细胞为甲酰甲硫氨酰 –tRNA(fMet–RNA^{fMet})，真核生物为甲硫氨酰 –tRNA(Met–RNA^{Met})。翻译起始复合物的形成过程大致如下：

核糖体 30S 小亚基在起始因子 3（IF3）的帮助下识别并结合到 mRNA 的 S–D 序列上形成 IF3–30S 小亚基 –mRNA 三元复合物。在 IF2 的作用下，起始甲酰甲硫氨酰 –tRNA 通过反密码子与 mRNA 中的起始密码子 AUG 配对，同时 IF3 脱落，形成 30S 起始复合物，即 IF2–30S 小亚基 –mRNA–fMet–tRNA^{fMet} 复合物，此过程需要 GTP 和 Mg^{2+} 参与。接下来 50S 大亚基与上述 30S 起始复合物结合，同时 IF2 解离，形成 70S 起始复合物，即 30S 小亚基 –mRNA–50S 大亚基 – fMet–tRNA^{fMet} 复合物。此时，甲酰甲硫氨酰 –tRNA（fMet–tRNA）占据 50S 大亚基 P 位，而 A 位则处于空置状态，等待第二个密码相对应的氨酰 –tRNA 进入（图 10–6），合成进入延长阶段。

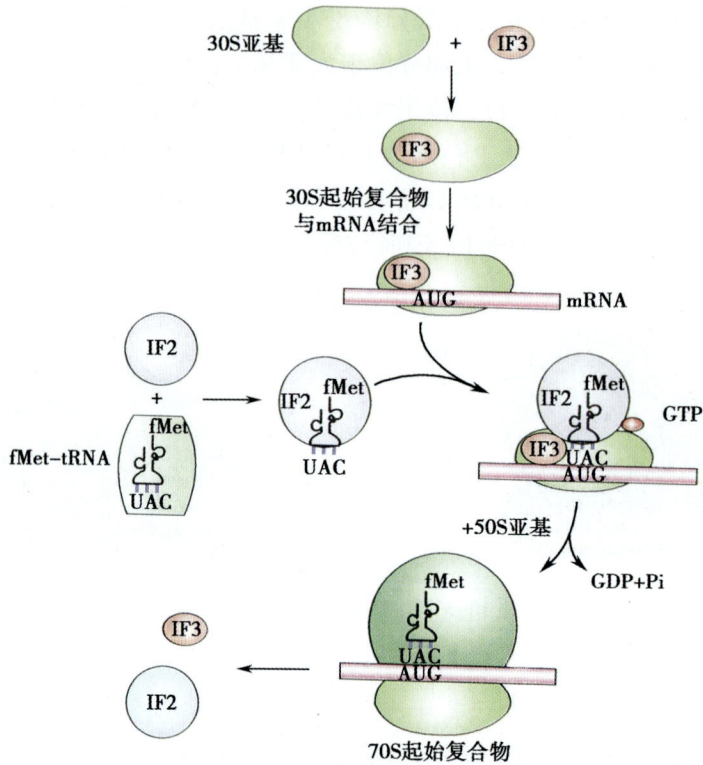

图 10-6   蛋白质合成时起始复合物的形成过程（引自杨恬等）

3. 肽链的延伸   起始复合物形成之后，按照 mRNA 密码子指令，各种氨酰 -tRNA 运输到核糖体并与之结合使肽链逐渐延长。肽链的延长在核糖体循环进行，此过程又称之为核糖体循环（ribosome circulation），每经过一个循环肽链就增加一个氨基酸。每增加一个氨基酸或一个核糖体循环包括进位、成肽、移位 3 个步骤。

（1）氨酰 -tRNA 进入 A 位   起始复合物中的甲酰甲硫氨酰 -tRNA 占据 P 位，根据 mRNA 上密码子的排列顺序，第二个氨酰 -tRNA 进入 A 位，此时，P 位和 A 位均被相应的氨酰 -tRNA 所占据。此步骤需要 GTP、Mg^{2+} 和延长因子 EF-Tu 和 EF-Ts 协助（图 10-7）。

EF-Tu 与 GTP、氨酰 -tRNA 反应生成三元复合物氨酰 -tRNA-EF-Tu-GTP。该复合物 tRNA 上的反密码子识别 mRNA 上的密码子并与之结合，GTP 分解释放 Pi，EF-Tu-GDP 脱离并与 EF-Ts 反应生成 GDP 和 EF-Tu-EF-Ts，EF-Tu-EF-Ts 再与 GTP 反应，释放 EF-Ts 生成 EF-Tu-GTP 并进入下一个氨基酸

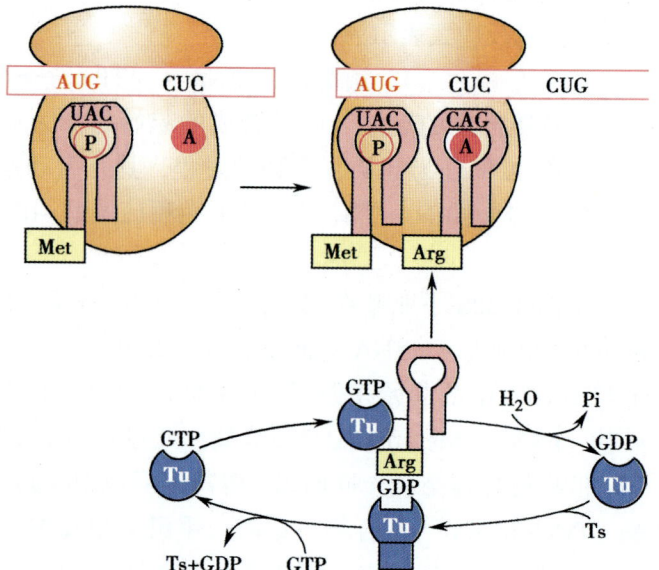

图 10-7   氨酰 -tRNA 进入核糖体 A 位（引自杨恬等）

的延长反应。

（2）肽键形成 P 位的甲酰甲硫氨酰 –tRNA 上的酰基与 A 位的氨酰 –tRNA 的氨基缩合形成肽键。此过程需要核糖体 50S 大亚基上的肽基转移酶的催化，还需要 Mg^{2+}、K^+ 的存在（肽基转移酶才能保持活性）（图 10–8 A）。此时，P 位上的 tRNA 与肽链的共价键断裂，成为游离 tRNA 进入 E 位。

（3）转位 P 位上游离 tRNA 进入 E 位后，P 位空置。由延长因子 G（EF–G）作用和 GTP 分解供能，核糖体在 mRNA 上沿 $5' \rightarrow 3'$ 方向移动一个密码子的距离，肽酰 –tRNA 由 A 位移入 P 位，A 位空置等待接受下一个氨酰 –tRNA 进入 (图 10–8 B)。

（4）脱氨酰 –tRNA 的释放 延长反应的最后一步是脱氨酰 –tRNA（有利的 tRNA）离开核糖体 E 位。

上述 4 个步骤不断循环，肽链得以不断延长。

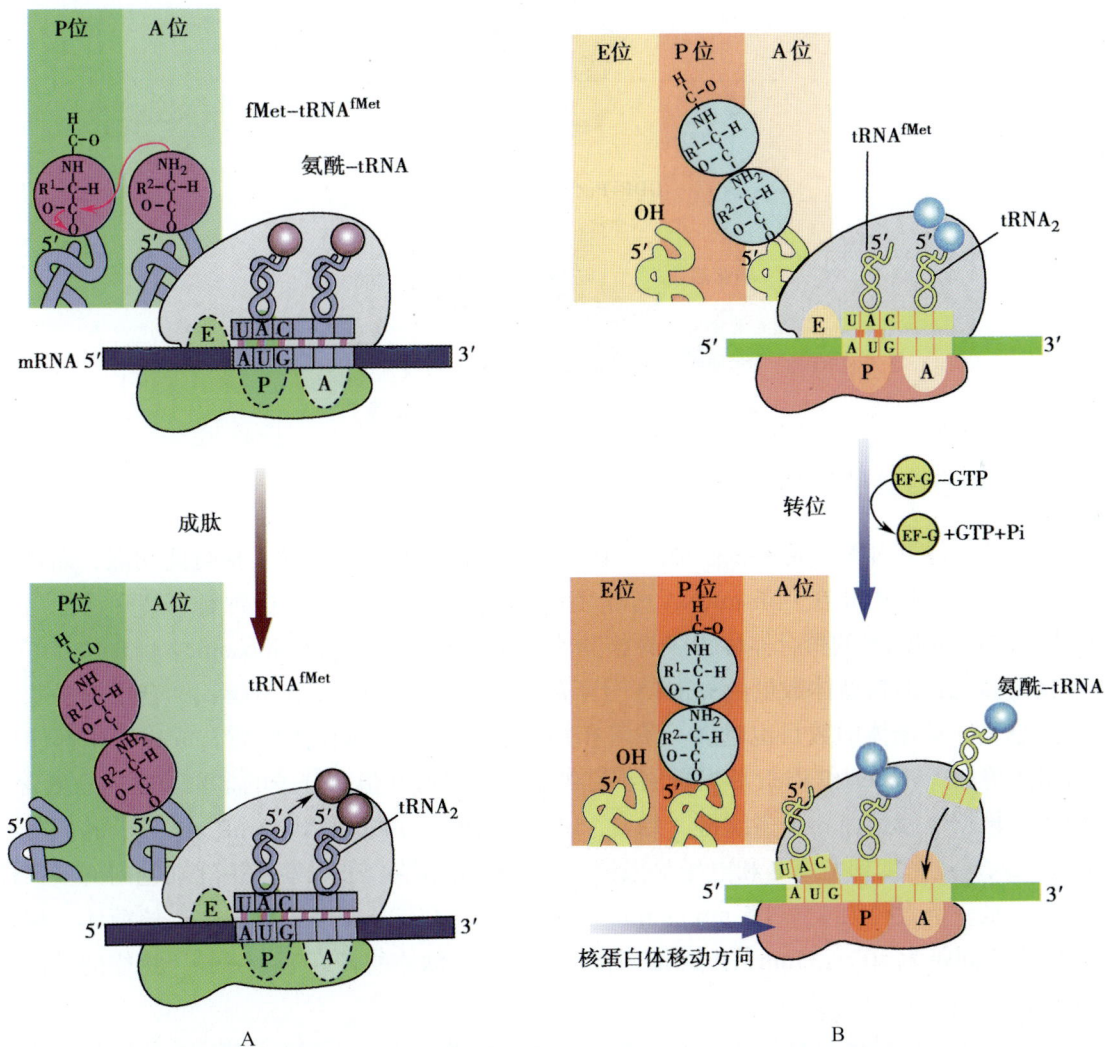

图 10–8 肽链延长过程中肽键形成（A）和转位（B）（仿杨恬等）

4. 肽链合成的终止及释放 随着核糖体沿 mRNA 上 $5' \rightarrow 3'$ 移动，肽链逐渐延长。当 mRNA 上终止密码 UAA、UAG、UGA 中的任意一个进入 A 位点时，无 tRNA 与之识别，只有释放因子（RF）识别终止密码并与之结合。释放因子（RF）分为 3 种：RF1，识别 UAA、UAG；RF2，识别 UAA、UGA；RF3 结合 GTP 并促进 RF1、RF2 与核糖体结合。当 A 位点出现终止密码子，RF1 或 RF2 识别并与之结合，占据 A 位点。RF 的结合使核糖体上肽基转移酶构象改变，从而具有水解酶活性，使 P 位点上肽链与 tRNA 之间酯键被水解，肽链脱落，tRNA、mRNA、RF 也从核糖体上离开。随即核糖体大、小亚基解离，多肽链的合成终止（图 10-9）。

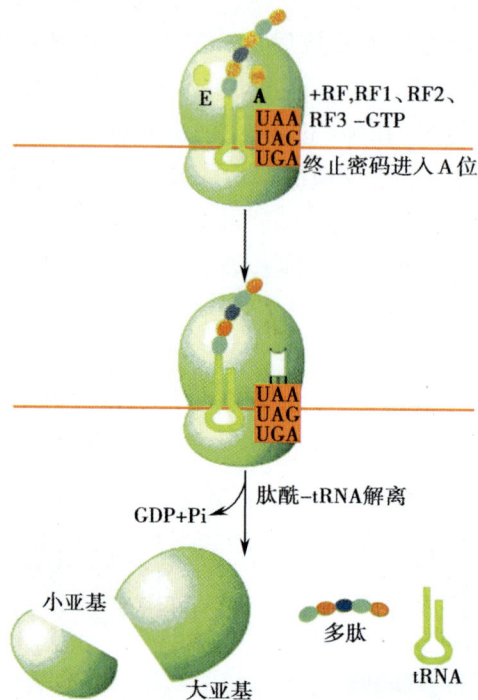

图 10-9 肽链合成的终止（引自杨恬等）

三、多聚核糖体的形成

核糖体是进行蛋白质合成的细胞器，但在细胞内核糖体并非单个独立执行此功能，而是由多个甚至几十个核糖体串联在一条 mRNA 分子上高效地进行肽链合成。这种具有特殊功能与形态结构的核糖体与 mRNA 的聚合体称为多聚核糖体（polysome 或者 polyribosome）（图 10-10）。每种多聚核糖体包含的核糖体数量由 mRNA 分子的长度决定，mRNA 分子越长，合成的多肽链相对分子量越大，核糖体的数目也越多。附着核糖体和游离核糖体在蛋白质合成过程中都能形成这样的功能单位。Waner 和 Rich 等发现网织红细胞内合成血红蛋白分子的多聚核糖体一般含有 5 个核糖体，根据血红蛋白一条多肽链（约含 150 个氨基酸）可推算出该 mRNA 分子的长度约为 150nm。二人通过密度梯度离心和电子显微镜负染色技术相结合来观察网织红细胞内的多聚核糖体，发现其是一条直径为 1 ~ 1.5 nm 的 mRNA 串联 5 个（有时 4 个或者 6 个）核糖体，相邻的核糖体的中心间距为 30 ~ 35nm，由此推算得出此多聚核糖体的长度为 150nm，这样的结论与前面的结果相符。

真核细胞每个核糖体每秒将两个氨基酸残基加到多肽链上，而细菌可将 20 种氨基酸残基加到多肽链上，因此完成一条肽链的合成仅需要 20 秒至几分钟。在相同数量 mRNA 的前提下，多聚核糖体可提高合成多肽的速度，特别是相对分子质量较大的多肽，合成速度提高的倍数与结合在 mRNA 上核糖体的数目成正比。细胞周期的不同阶段，细胞中各种 mRNA 存在的数量、时间长短、稳定性不断变化，以多聚核糖体的形式合成多肽，对 mRNA 的利用及对其数量的调控更为经济和高效。

　　原核细胞中，转录 mRNA 的同时，核糖体就结合到 mRNA 上，即所谓的转录和翻译存在偶联现象，因此分离得到的核糖体常常与 DNA 结合在一起。

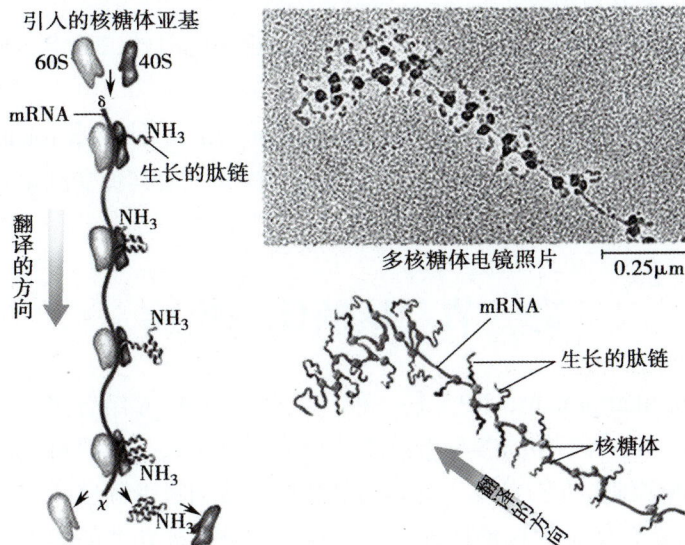

图 10-10　多聚核糖体上蛋白质的合成过程示意图（引自 B.Alberts 等）

四、蛋白质的加工修饰

　　核糖体所合成的新生多肽链尚不具备生物活性，必须经过化学修饰和加工处理，使其在一级结构的基础上进一步盘曲、折叠，亚基之间聚合，才能形成具有天然构象和生物学活性的功能蛋白。蛋白质的加工和修饰包括以下几种类型：

　　1. 肽链氨基端修饰　由于起始密码子对应甲硫氨酸，故新生肽链 N 末端为甲硫氨酸残基（原核生物为甲酰甲硫氨酸），天然蛋白质一般无此残基。在真核细胞中，合成的肽链延伸至 15～30 个氨基酸残基时，N 端甲硫氨酸残基或者相连若干氨基酸残基被氨基肽酶水解，信号肽同时也被去除；原核细胞则先由脱甲酰基酶水解甲酰基，再切去甲硫氨酸。

　　2. 共价修饰　蛋白质可以进行不同类型化学基团的共价修饰，修饰之后才具有生物学活性。

　　（1）磷酸化　磷酸化多在肽链的丝氨酸、苏氨酸的羟基上，酪氨酸残基亦可磷酸化。

　　（2）糖基化　细胞膜蛋白和许多分泌性蛋白都具有糖链，糖基化过程一般在内质网和高尔基体中进行。

　　（3）羟基化　胶原蛋白前 α 链上的脯氨酸和赖氨酸残基在内质网被羟化酶催化生成羟脯氨酸和羟赖氨酸，若此过程障碍，胶原纤维不能交联，会大大降低其张力强度。

　　（4）二硫键的形成　大多数蛋白质具有二硫键，由两个半胱氨酸残基的巯基脱氢形成，二硫键是维持天然蛋白质特定空间构象至关重要的共价键。

　　3. 多肽链的水解修饰　具有生物活性的蛋白质通常是由无活性的前体蛋白水解而来，例如大多数蛋白酶原经水解后成为蛋白酶。真核细胞中一般一个基因对应一个 mRNA，一个 mRNA 对应一条多肽链，但也存在一个 mRNA 翻译后的多肽链经过水解后产生几种不同的蛋白质或多肽链的情况。

　　4. 辅助因子的链接和亚基聚合　结合蛋白是由肽链和其上的辅基（蛋白质或多肽链上的非氨

基酸成分，可以是脂类、糖类、核酸、血红素等）构成，具有四级结构的蛋白质需要进行亚基的聚合才有生物活性。通常认为，蛋白质的一级结构是空间结构形成的基础，同时需要其他酶、蛋白质的辅助才能完成正确的折叠过程，细胞内的分子伴侣（molecular chaperone）就是一个极好的例子。目前将分子伴侣分为两类：

（1）酶　例如蛋白二硫键异构酶可以识别和水解不正确配对的二硫键，使之在正确的半胱氨酸残基位置上重新形成正确的二硫键。

（2）辅助蛋白分子　例如热休克蛋白（heat shock protein）、伴侣素(chaperonins)，它们可以与部分折叠或者没有折叠的蛋白分子结合，稳定它们的构象，使其免受其他酶的水解，促进蛋白折叠成正确的空间结构。

第三节　核糖体与疾病

核糖体蛋白（ribosomal protein，RP）是一种广泛存在的 RNA 结合蛋白，既往认为它的功能仅仅是与核糖体 RNA（rRNA）共同参与蛋白质的合成。近年来，随着科学研究的深入，核糖体蛋白的其他功能越来越多地被人们发现，对其功能的探索成为科学领域的一大热点。

研究发现 RP 具有诸多复杂的核糖体外功能。对于核糖体外功能的界定，相关学者提出 3 条基本标准：①RP 可以与细胞内的其他非核糖体组分相互作用。②这种相互作用会对细胞产生某些生理效应。③该生理效应的产生与核糖体本身的功能无直接关系。

目前研究发现 RP 的核糖体外功能主要包括：参与调控基因的转录和翻译，调控细胞增殖、凋亡、分化等。RP 表达异常还会引起贫血、肿瘤等严重疾病。这些证据均表明，RP 具有强大的核糖体外功能，对这些功能的深入研究对于认识其生物机制、预防和治疗疾病都有重要的意义。

一、核糖体蛋白基因与人类遗传性疾病

1990 年，Fisher 等发现位于 X 染色体和 Y 染色体上的 RPS4 基因缺失是造成 Turner 综合征（核型为 45，X）的重要原因。Diamond–Blackfan（DBA）贫血是一种罕见的慢性疾病，研究表明它是 RPS7、RPS17、RPS19、RPS24 等基因突变可能导致了先天性的红细胞发育缺陷所致。另外，Noonan 综合征、色素性视网膜炎、先天性上睑下垂、营养不良性肌强直病等遗传病都与 RP 基因异常密切相关。

二、核糖体蛋白基因与人类肿瘤

RP 对细胞的分裂、增殖、分化具有重要的调节功能。因此 RP 异常，必然对细胞的生理活动产生严重影响，引起疾病甚至肿瘤的发生。近年来的研究表明在许多肿瘤中都存在核糖体蛋白基因异常（包括突变和表达异常）。

研究发现，多种 RP 的表达在肿瘤细胞中有所改变，例如在结肠癌中，RPS8、RPS12、RPS18、RPS24、RPL13a、RPL18、RPL28、RPL32 和 RPL35a 等 9 个核糖体蛋白质表达有所降低。而在肝癌细胞 Hep G2 基因表达谱的分析中发现 RPS5 的基因表达上调。

近年来，对于 RP 与肿瘤关系的研究更注重于细胞内机制的探索。在 60% 以上的人类肿瘤中，发生 p53 活性丧失或 p53 突变，p53 调节的检查点功能丧失是大多数肿瘤发生所必需的。研究发现，RPL11、RPL5 可以结合并抑制 MDM2 泛素 E2 连接酶，使 p53 积累，抑制活性增强，导致细胞周期停滞和细胞凋亡，与肿瘤相关 MDM2 基因突变，阻止了 MDM2 蛋白与 RPL5、

RPL11 结合，p53 被泛素化降解，其抑制功能减弱，肿瘤发生。由此可见 RP 在肿瘤抑制途径中的重要作用。

三、核糖体蛋白基因与耐药性

近年来，对细菌耐药机制研究表明，核糖体是药物作用的重要靶位。如耐药金黄色葡萄球菌 gyrA 基因（编码核糖体蛋白）出现 84 位点突变（丝氨酸 – 亮氨酸）改变了核糖体的结构，导致其合成的细菌 DNA 解旋酶的亚基发生改变，造成对奎诺酮类抗生素的耐药。氨基糖苷类药物主要通过与细菌核糖体结合，抑制细菌蛋白质的合成，从而发挥抗菌作用。核糖体蛋白基因突变导致核糖体蛋白的改变，造成核糖体与此类药物的亲和力降低，从而产生对这类药物耐药。

在肿瘤耐药机制中核糖体蛋白基因也发挥着重要作用。胃癌耐药细胞系核糖体蛋白基因高表达，并将其克隆构建真核表达载体转染非耐药胃癌细胞系，转染后的细胞耐药性明显增强。

多细胞生物是一个有序而可控的细胞社会，细胞可识别各种化学信号，并通过受体与之结合，将这些信号的效应传入细胞内，产生特异性的胞内信号分子，引发有规律的级联反应，以应答信号分子的刺激，改变胞内某些代谢过程，适应细胞代谢、增殖、生长、分化、凋亡等复杂生命活动的需要。这种通过化学信号分子而实现的对细胞生命活动进行调节的现象称为细胞信号转导（cell signal transduction）。生命活动的调控离不开细胞的信号转导，一旦信号转导过程发生异常，细胞功能受到影响，个体便会产生疾病。

第一节　细胞信号转导的分子基础

细胞信号转导系统（cell signal transduction system）包括受体、相应的信号转导通路及其作用终端。

生物体在进行生命活动过程中会释放信号分子，并通过这些信号分子作用于细胞膜表面或细胞内的受体进一步激活细胞内信号转导通路，触发离子通道开放、蛋白质磷酸化及基因表达等，产生一系列的生物效应。

一、信号分子

（一）胞外信号分子

生物通过信号分子调节生命活动，胞外信号分子通常由特定的细胞释放，经扩散或血液循环到达靶细胞，与靶细胞受体结合后产生效应，这些细胞间信号分子被称为第一信使（primary messenger）。

细胞间信号分子包括氨基酸及其衍生物（甲状腺素、肾上腺素等）、蛋白质及肽类（细胞因子、生长因子等）、脂酸衍生物（前列腺素等）、类固醇激素（性激素等）、气体分子（一氧化氮、一氧化碳）等。这些信号分子对细胞生物效应起着重要的作用，如细胞生长因子等可调节细胞增殖；甾体激素等可诱导细胞分化；神经递质在神经细胞间传递神经冲动。根据其作用特点和作用方式，细胞外的信号分子分为如下几种类型。

1. 激素　由内分泌细胞分泌后经血液循环到达靶细胞，大多数激素对靶细胞的作用时间较长。激素可分为含氮激素和类固醇激素（又称甾体激素）两大类。常见的激素有：甲状腺素、肾上腺素、胰岛素和性激素等。

2. 神经递质　由神经突触前膜释放，作用时间较短，常见的神经递质有乙酰胆碱、去甲肾上腺素等，与突触后膜上的受体结合而发挥作用。

3. 局部化学介质　某些细胞分泌的化学介质不进入血液循环，而是通过扩散作用到达邻近靶细胞，生长因子、一氧化氮等属于此类介质。除生长因子外其他介质分子的作用时间较短。

（二）第二信使

细胞内也存在信号分子，如无机离子（Ca^{2+}）、核苷酸、糖类和脂类衍生物，这些在细胞内传递信息的小分子或离子称为第二信使，第二信使可以对胞外信号起转换和放大作用，三磷酸肌醇（IP_3）、甘油二酯（DAG）、cAMP、cGMP 等均为第二信使，其中 cAMP 是最早被发现的第二信使。1959 年 Suthertand 阐明了 cAMP 是肾上腺素的第二信使，进一步实验证明许多激素能使细胞内产生 cAMP，Suthertand 等在 1965 年提出了第二信使学说，1971 年荣获诺贝尔生理学或医学奖。ATP 在腺苷酸环化酶（adenylyl cyclase，AC）催化下水解脱去 β-焦磷酸，形成 3′5′-环腺苷酸即 cAMP，cAMP 对细胞增殖与分化等有调节作用。行使信号转导功能后，cAMP 分子可被特异的环核苷磷酸二酯酶迅速水解为 5′-AMP，失去信号功能。

细胞内信号分子常通过酶促级联反应传递信息，最终改变细胞内有关酶的活性，影响细胞内离子通道及核内相关基因表达，以达到调节细胞内代谢，控制细胞生长、繁殖、分化的作用。在完成信息传递过程后，所有信号分子通过酶促作用发生降解。

二、受体

受体（receptor）是细胞膜上或细胞内一类特殊的蛋白质（多为糖蛋白，个别为糖脂），能够特异性识别并结合生物活性分子，进而引起多种生物学效应。能与受体进行特异性结合的生物活性分子称为配体（ligand）。细胞间信号分子就是一类最常见的配体。此外，某些药物、维生素和毒物也可作为配体发挥作用。受体与配体结合具有高度的专一性和亲和力，同时具有饱和性和可逆性等特点。

受体在细胞信息传递过程中发挥着极为重要的作用。位于细胞浆和细胞核中的受体称为胞内受体（intracellular receptor），绝大多数为 DNA 结合蛋白，多为反式作用因子，当与相应配体结合后，能与 DNA 的顺式作用元件结合，调节基因转录。能与此类受体结合的信号分子有类固醇激素、甲状腺素和维甲酸（RA）等。存在于细胞质膜上的受体称为细胞膜受体（cell membrane receptor），绝大部分为镶嵌糖蛋白，主要包括离子通道偶联受体（ion channel-coupled receptor）、G 蛋白偶联受体（G protein-coupled receptor，GPRC）和酶联受体（enzyme-linked receptor）等 3 种类型。这些受体虽然结构不同，但本质是相同的，它们一方面通过胞浆内信号分子将胞外信号传递到细胞核内，以调节基因表达，引起细胞代谢和功能改变；另一方面经胞浆内信号分子传递将信号反馈到细胞膜，以引起细胞某些特性的改变。

酪氨酸蛋白激酶受体、配体门控离子通道、G 蛋白偶联受体等 3 种细胞膜受体和细胞内核受体是基本的受体类型。

（一）酪氨酸蛋白激酶受体

酪氨酸蛋白激酶受体（Receptor tyrosine kinase，RTK）是细胞表面一大类重要的受体家族，属于酶偶联的受体（又称催化性受体），迄今已鉴定出 50 余种 RTK，如胰岛素受体、多种生长因子受体以及与其有同源性的癌基因产物。RTK 的结构包括胞外段、跨膜区段和胞内段 3 部分，其胞外段有结合配体结构域，胞内段具有酪氨酸蛋白激酶（Protein tyrosine kinase，PTK）活性。

与配体结合后，RTK 自身构象改变，发生聚合，形成同源或异源二聚体，并进一步磷酸化，激活受体本身的酪氨酸蛋白激酶活性。与这类受体结合的配体是可溶性或膜结合的多肽或蛋白类激素，主要有细胞因子（如白介素）、生长因子、巨噬细胞集落刺激因子和胰岛素等。

酪氨酸蛋白激酶受体在细胞生长、分化、代谢及机体的胚胎发育过程中起着重要作用。

（二）配体门控离子通道

配体门控离子通道（ligand-gated ion channel）（图 11-1）也就是离子通道偶联受体，是一类自身为离子通道的受体，这类受体既是受体又是离子通道。这种受体通常是由多个亚基组成的多聚体，每个亚基具有 2、4、5 或 6 个跨膜区，多个亚基在细胞膜上共同围成环状的离子通道，其开启和关闭取决于该通道型受体与配体的结合状态，受体与配体的结合可直接导致通道开放，Na^+、K^+、Ca^{2+} 等跨膜流动以转导信息。这类受体主要存在于肌肉、神经等细胞的细胞膜上，在神经冲动的快速传递中起作用。

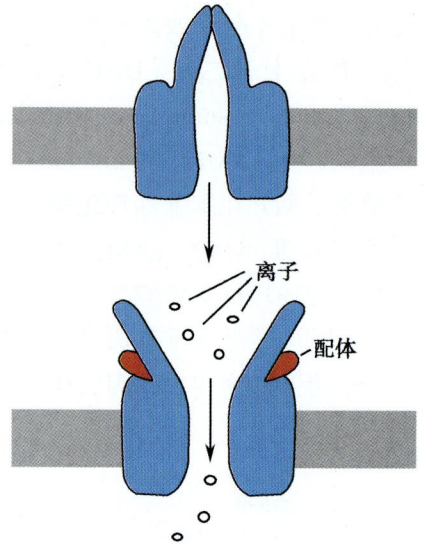

离子

配体

图 11-1 离子通道

（三）G 蛋白偶联受体

G 蛋白偶联受体，又称为 7 次跨膜受体，是由 400 ～ 600 个氨基酸残基组成的单链糖蛋白，这条单一肽链形成 7 个 α 螺旋区、7 次横跨细胞膜。此类受体被配体激活后，均需与鸟苷酸结合蛋白（guanine nucleotide-binding protein）（简称 G 蛋白）相偶联，影响相应的效应酶活性，使胞内产生信使分子，实现跨膜信息传递。

G 蛋白偶联受体为数量庞大的超家族，包括多种肽类激素、神经递质等信号分子的受体。

（四）细胞内受体

不同的细胞内受体在细胞中的分布情况不同，有的受体是在细胞质中与配体结合并在细胞质中启动生物学效应，有的受体与配体结合后在细胞核中发挥生物学效应。

1. 细胞内核受体 糖皮质激素受体、盐皮质激素受体、雄激素受体、雌激素受体等类固醇激素受体以及甲状腺素受体均分布于胞浆或胞核内，这些受体本质上都是配体调控的转录因子，均在核内启动信号转导并影响基因转录，称为细胞内核受体（nuclear receptor）。

细胞内核受体的特点：有相似的高级结构，在受体 C 端有激素结合域，可与激素结合；中央区区域是 DNA 结合域；N 端是调节区，是受体的转录激活区之一。这 3 个基本结构区域中，DNA 结合域富含半胱氨酸、碱性氨基酸，并重复出现两个序列"– 半胱 –X_2– 半胱 –X_{13}– 半胱 –X_2– 半胱 –"和"– 半胱 –X_5– 半胱 –X_9– 半胱 –X_2– 半胱 –"序列，各种受体中这段序列高度同源。而 N 端调节区的氨基酸组成和长度变化大，这种 N 端序列的差异对于选择不同的靶基因有着一定的意义。

细胞内核受体有活性和非活性两种状态，被激活的受体结合于相应靶基因的 DNA 序列上，起调节作用。

2. 细胞质受体 一氧化氮（NO）受体和一氧化碳（CO）受体均位于细胞质中，具有鸟苷酸环化酶活性，在细胞质中启动信号转导。可溶性气体 NO 作为局部介质在许多组织中发挥作用，内源性 NO 由细胞中 NO 合酶催化合成后，扩散到临近的细胞，进入邻近细胞内，与其胞内 NO 受体的鸟苷酸环化酶活性中心亚铁离子结合，引起酶构象改变，导致酶活性增强，启动一系列生物学效应。

三、信号转导中的几种主要蛋白质

信号转导中的蛋白质主要涉及 G 蛋白、蛋白激酶以及其他相关蛋白，这些蛋白在调控细胞信号转导通路时都涉及磷酸基团的添加和去除。

（一）G 蛋白

G 蛋白（G protein）即鸟苷酸结合蛋白，一般指任何与鸟苷酸结合的蛋白的总称，但通常所说的 G 蛋白仅仅是信号转导途径中与受体偶联的鸟苷酸结合蛋白，同时也是位于细胞膜胞浆面的外周蛋白，介于膜受体与效应蛋白之间，能偶联膜受体并传导信息，其活性受 GTP 调节（图 11-2）。

G 蛋白由三个亚基组成，分别是 α 亚基（45kD）、β 亚基（35 kD）、γ 亚基（7 kD）。α 亚基是决定 G 蛋白功能的主要亚基，具有 GTP 酶的活性，β 和 γ 亚单位一般以 βγ 聚合体形式存在。

G 蛋白有两种构象，一种为非活化型，另一种为活化型，这两种构象在一定的条件下是可以互相转化的。在基础状态时，G 蛋白以非活化型形式存在，α、β、γ 三亚基形成异源三聚体，此时 α 亚基上结合有 GDP。当配体与受体结合后，G 蛋白转化为活化型，其过程为：配体结合并激活受体，活化的受体胞内部分与 G 蛋白的 α 亚基接触并互相作用，使 α 亚基与 βγ 亚基解离，α 亚基释放出 GDP 而结合 GTP，形成有活性的 Gα–GTP，传递信号，进一步对其下游的效应蛋白产生作用。当配体与受体解离后，α 亚基上的 GTP 在其内源性 GTP 酶的作用下水解成 GDP，形成无活性的 Gα–GDP，Gα–GDP 与效应蛋白分开，重新与 βγ 亚基形成异源三聚体。G 蛋白的激活与失活构成了 G 蛋白循环。

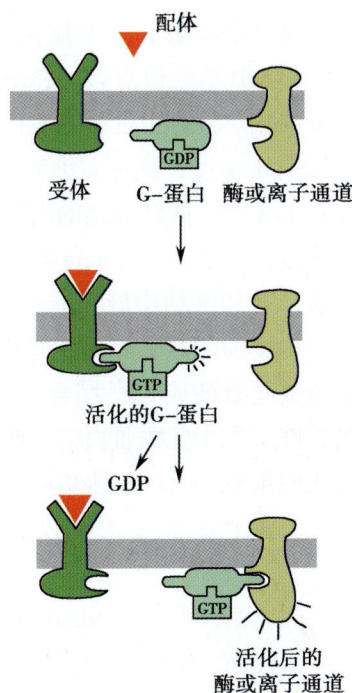

图 11–2　G– 蛋白的作用机制

G 蛋白的效应蛋白主要有腺苷酸环化酶、磷脂酶 C–b、磷酸二酯酶等。有研究发现，G 蛋白除了 α 亚基有活性外，βγ 亚单位同样作为一个功能单位参与信号传递过程，βγ 亚单位不仅能够介导独立的信号传递通路，而且可能是 G 蛋白与其他信号通路交互转导的调控点。

机体内有多种 G 蛋白，根据 α 亚基的功能可将 G 蛋白分为激动型 G 蛋白（stimulatory G protein，Gs），可激活腺苷酸环化酶；抑制型 G 蛋白（inhibitory G protein，Gi），可抑制腺苷酸环化酶；磷脂酶 C 型 G 蛋白（Gq），可激活磷脂酶 C。不同的 G 蛋白能使受体与其相适应的效应酶特异地偶联起来，并调控效应酶的活性。

（二）蛋白激酶

蛋白激酶是一类磷酸转移酶，能将 ATP 的磷酸基团转移至底物特定的氨基酸残基上，使蛋白质发生磷酸化，以调节蛋白质的活性，蛋白激酶的底物也可能是另一种蛋白激酶，因此可通过蛋白质的依次磷酸化，而使信号逐级放大，引起细胞效应。

根据蛋白激酶作用底物的不同可分为丝氨酸/苏氨酸蛋白激酶、酪氨酸蛋白激酶、组/赖/精氨酸蛋白激酶、半胱氨酸蛋白激酶、天冬氨酸/谷氨酸蛋白激酶 5 种类型。由于许多蛋白激酶是被第二信使激活的，根据第二信使的不同，蛋白激酶可分为环腺苷酸（cAMP）-依赖性蛋白激酶（蛋白激酶 A）、环鸟苷酸（cGMP）-依赖性蛋白激酶（蛋白激酶 G）、钙调素（calmodulin，CaM）依赖性蛋白激酶和对磷脂敏感的钙离子依赖性蛋白激酶（蛋白激酶 C）。

蛋白激酶 A（protein kinaseA，PKA），是一种由四聚体（R_2C_2）组成的别构酶，存在于细胞质中，分子量 150~170KD，包括 2 个相同的调节亚基（R）和 2 个相同的催化亚基（C）。C 亚基具有激酶的催化活性，能催化底物蛋白质某些特定丝/苏氨酸残基磷酸化，R 亚基具有和 cAMP 结合的部位，具有调节功能。当细胞内 cAMP 浓度低时，R 亚基和 C 亚基结合，C 亚基上的底物蛋白结合部位被 R 亚基掩盖，此时 PKA 无催化活性；当细胞内 cAMP 浓度升高时，R 亚基上的 2 个 cAMP 结合位点被 cAMP 结合后，R 亚基变构并与 C 亚基解聚，使 C 亚基游离，此时 PKA 具有催化活性，可催化细胞内许多蛋白酶的丝氨酸或苏氨酸残基的羟基发生磷酸化修饰，从而影响蛋白质功能，调控基因表达，调节细胞代谢过程，产生各种生物学效应。PKA 对底物的特异性要求较低，因此催化的底物相当广泛。

蛋白激酶 C（protein kinase C，PKC），由 1 个大基因家族编码。PKC 存在同工酶，均为单链多肽，含调节结构域和催化结构域。一般状态时，PKC 主要分布在细胞质中，调节结构域和催化结构域的活性中心部分嵌合，调节域对催化域有抑制作用，呈非活性构象。当调节域与 DAG、磷脂酰丝氨酸或 Ca^{2+} 结合，调节域介导 PKC 结合到细胞膜上，可使催化域暴露而被活化。它能激活细胞质中的酶蛋白，参与生化反应的调控，同时也能作用于细胞核中的转录因子，参与基因表达的调控，是一种多功能的酶。

（三）腺苷酸环化酶与鸟苷酸环化酶

腺苷酸环化酶（adenylyl cyclase，AC）为跨膜 12 次的糖蛋白，相对分子量为 150kD。在有 Mg^{2+} 或 Mn^{2+} 存在的情况下，腺苷酸环化酶能催化 ATP 生成 cAMP。cAMP 可直接激活某些高度特化细胞膜上某些类型的通道，但在大多数细胞中，cAMP 的主要作用是激活 PKA。

鸟苷酸环化酶（guanylyl cyclase，GC）有两种存在形式：一种存在于细胞膜上，为膜结合型酶，另一种存在于胞浆中，为可溶性酶。前者分子量为 120KD，有 4 种亚型，包括 3 个结构域，N 端位于细胞外侧，是配体的结合区，配体主要是一些肽类激素；C 端位于细胞内侧，为催化区；后者由 α、β 两个亚基组成，分子量为 150KD，活性中心含 Fe^{2+}，其活性受 NO 激活，是 NO 作用的靶酶。GC 的作用是使 GTP 水解、环化生成 cGMP。cGMP 为第二信使，能与依赖 cGMP 的蛋白激酶 G（PKG）结合并使之激活，活化的 PKG 能使靶蛋白上的丝氨酸/苏氨酸残基磷酸化，以产生效应。cGMP 在视觉、嗅觉系统和肾脏中的作用主要是通过调节离子通道而实现。cGMP 可被细胞中的磷酸二酯酶（phosphodiesterase，PDE）降解。

第二节　细胞信号转导的基本途径

一、细胞信号转导途径的基本类型

细胞通过受体或类似于受体的物质与信号分子结合，激活胞内信号转导通路，最终引起一系列生物效应。

常见的细胞信号转导途径可通过配体门控离子通道受体、G-蛋白偶联受体、单次跨膜受体、蛋白裂解途径或细胞内受体介导。其中在配体门控离子通道受体介导的信号途径中，受体又分为Ⅰ型受体、Ⅱ型受体和Ⅲ型受体介导的途径；G-蛋白偶联受体介导的信号转导途径包括 cAMP-蛋白激酶途径、IP_3/DAG-PKC 途径、cGMP 途径等；单次跨膜受体介导的信号转导途径包括酪氨酸激酶受体介导的 MAPK 途径、酪氨酸激酶受体介导的 PI3K-PKB 途径、γ 干扰素受体介导的 JAK-STAT 途径、转化生长因子 β 受体介导的 TGF-β 途径等；NF-κB 途径和 Wnt 途径等属于蛋白裂解途径；细胞内受体介导的信号转导途径又分为核内受体介导的信号转导途径和胞浆内受体介导的信号转导途径。

二、G 蛋白偶联受体介导的主要信号转导途径

1. 环腺苷酸信号途径　此类信号转导途径中的细胞外信号分子包括肾上腺素、促肾上腺皮质激素、胰高血糖素等。当机体受到刺激时，激素分泌增加，与其相应受体结合，进而激活 G 蛋白（即 G 蛋白释出 GDP 而结合 GTP），活化的 G 蛋白通过激活腺苷酸环化酶 AC 使 ATP 形成 cAMP，继而激活 PKA。PKA 通过磷酸化作用激活或抑制各种效应蛋白，调节不同的代谢途径，产生效应。如 PKA 可使磷酸化酶激酶 b 转变为有活性的磷酸化酶激酶 a，后者催化磷酸化酶 b 转化为有活性的磷酸化酶 a，磷酸化酶 a 可促使肝糖原降解成 1- 磷酸葡萄糖而使血糖升高。PKA 又可使糖原合成酶磷酸化而失活，以抑制 1- 磷酸葡萄糖形成糖原。此外，PKA 还可以激活脂肪细胞内的激素敏感性脂肪酶，促进脂肪分解成脂肪酸以提供能量（图 11-3）。

CREB（cAMP response element binding protein）是 cAMP 应答元件结合蛋白，约由 341 个氨基酸残基构成，分子量为 43~45KD，能与基因转录调控区的 cAMP 应答元件（cAMP response element，CRE）作用，参与多种基因的表达。PKA 通过使 CREB 发生磷酸化，调节基因表达，当 PKA 催化亚基进入细胞核后，催化 CREB 中丝氨酸、苏氨酸残基发生磷酸化修饰，形成同源二聚体，与 CRE 结合，激活基因转录。磷酸化的 CREB 也可受到蛋白磷酸酶（PP-1）的催化，去磷酸基而失活，使基因关闭。

PKA 可使细胞核内的部分蛋白（如组蛋白、微管蛋白等）磷酸化，从而调控这些蛋白质的功能。此外，PKA 还可通过磷酸化作用激活离子通道，调节细胞膜电位。

2. IP_3/DAG-PKC 途径　此类信号转导途径中的细胞外信号分子包括促甲状腺素释放激素、去甲肾上腺素、抗利尿素等。激素作用于靶细胞相应受体时，由 G 蛋白介导，活化膜中磷脂酶 C（phospholipase C，PLC），该酶可使膜中磷脂酰肌醇二磷酸（PIP_2）分解为两个细胞内信使甘油二酯（DAG）和三磷酸肌醇（IP_3），DAG 能激活 PKC，活化的 PKC 可调节细胞许多生理活动，如活化细胞膜上 Na^+/H^+ 交换通道，使细胞 pH 值发生改变（图 11-4）。PKC 对基因表达有一定的

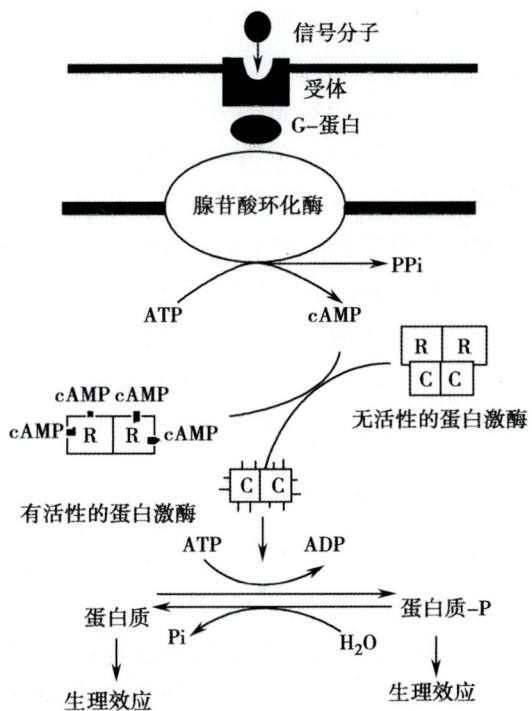

图 11-3　cAMP-PKA 途径

调节作用，活化的 PKC 进入细胞核，使磷酸酶激活，活化的磷酸酶又使核内激活蛋白 -1（activator protein-1，AP-1）脱磷酸而变构，变构活化的 AP-1 可与 DNA 特定序列相结合，调节相应基因表达。

IP$_3$ 是水溶性小分子，它在细胞质中能识别内质网膜上相应的受体（Ca^{2+} 通道）并与之结合，使膜上 Ca^{2+} 通道开放，Ca^{2+} 从内质网中释放出来，因此 IP$_3$ 与胞内 Ca^{2+} 动员有关，Ca^{2+} 进入细胞质后，进一步传递信息，引起细胞内多种生物效应，如肌肉收缩、酶的激活等。

三、细胞信息传递体系的复杂性

细胞内存在多种信号传递系统，各种信号传递系统间存在着多种交互的联系，彼此间互相调节，互相制约，构成了细胞内复杂的通讯网络，共同完成将细胞外信息传入胞内，逐级放大，产生生物效应的作用。如 cAMP 系统和肌醇磷脂系统在某些情况下可以相互影响和作用，其中

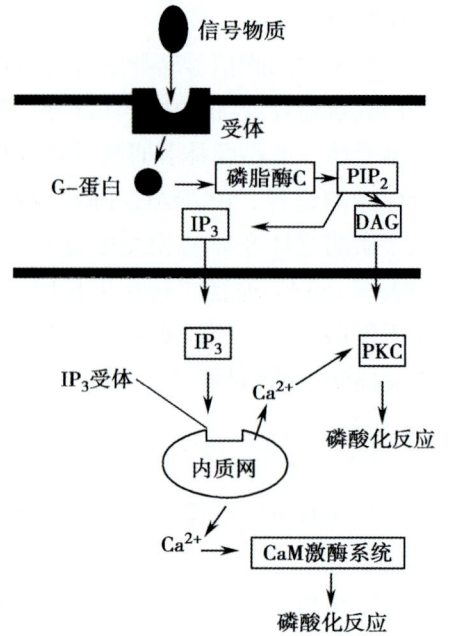

图 11-4 DAG- 蛋白激酶 C 途径

cAMP 可抑制 PIP$_2$ 的水解，PIP$_2$ 的水解伴随着 cAMP 含量的降低。Ca^{2+} 与 cAMP 系统及肌醇磷脂系统间也有作用，如 PLC 对 Ca^{2+} 有依赖性，Ca^{2+} 又可反馈调节 IP$_3$；Ca^{2+} 可影响 cAMP 的浓度。PKC 对酪氨酸激酶系统也有影响，可对 Ras/MAPK 途径产生调节作用。

此外，细胞中还存在一种受体激活多条信号转导途径、一种信号分子参与多条信号转导途径等情况，因此细胞信息传递体系具有复杂性和多样性。

第三节 细胞信号转导的终止和抑制

细胞信号转导系统是细胞生命活动的重要组成部分，该系统受到严格的控制，如果细胞信号转导失去调控，细胞代谢活动会过于剧烈，产生不良的后果。因此细胞中既有信号转导的激活和启动，也有信号转导的抑制和终止，二者对于细胞来说都非常重要。

一、信号转导的终止

信号转导的终止可发生在信号转导的许多环节，受许多因素的影响。如配体浓度降低、受体与配体解离、受体数量减少、活化的 G 蛋白转为非活性型、被激活的信号转导蛋白在蛋白磷酸酶作用下去磷酸而失活、第二信使被降解等，这些因素都会使信号转导发生终止。

二、信号转导的抑制

细胞中某些受体对信号转导有一定的抑制作用，有些虽能与配体结合，但不能诱导产生效应，具有拮抗剂样作用。细胞内某些信号转导蛋白间也存在着相互拮抗或交叉抑制作用。

三、信号转导通路的负反馈调节

信号转导通路的负反馈调节是指信号转导过程诱导生成的分子或激活的成分对信号转导有反馈抑制作用。在受体介导的信号转导过程中，被激活的蛋白激酶可反向使受体发生磷酸化，以降

低受体与配体间的亲和力；另外，信号通路诱导产生的抑制性成分也有抑制信号转导的效应。

第四节　细胞信号转导与医学的关系

信号转导异常可导致或促进疾病的发生。信号转导异常通常出现在配体水平、受体水平或受体后信号转导通路中的各个环节。

受体是由基因编码的，编码受体的基因发生突变，不能形成相应的受体，细胞的代谢过程会发生障碍；同时，受体数量减少、受体与配体的结合能力降低或丧失，受体后信号转导过程发生变化等都有可能使个体表现出疾病的症状。常见的受体异常疾病有：家族性高胆固醇血症、先天性肾性尿崩症、睾丸女性化综合征、生长激素抵抗性侏儒症（Laron 型侏儒症）、雄激素抵抗症、胰岛素抵抗性糖尿病和遗传性高胆固醇血症等。

G 蛋白是细胞膜受体信号转导的重要偶联体，G 蛋白功能异常可造成信号转导异常，霍乱、百日咳的发生与 G 蛋白异常有关。例如，霍乱弧菌分泌的霍乱毒素进入肠细胞后，通过 ADP-核糖基化，使 Gs 的 α 亚基失去 GTP 酶活性，即持续处于结合 GTP 的活化状态，引起下游 AC 持续激活，结果使细胞积累了过多的 cAMP，造成大量的电解质和水分分泌到肠腔里，严重的腹泻可导致代谢性酸中毒、血液循环衰竭，甚至休克或死亡。而百日咳毒素则是阻止受体去激活 Gi。心衰患者的 G 蛋白也有改变，如 Gi 蛋白增多，伴有心肌肥厚的慢性心衰患者 Gs 水平降低。

蛋白激酶是信号转导中的关键酶，蛋白激酶功能异常，底物无法磷酸化或无法去磷酸化，相应的效应无法产生或无法终止，个体产生疾病。例如，肿瘤促进剂佛波酯作用于细胞时，因其分子结构与 DAG 相似，易取代 DAG 与 PKC 结合，但因难于降解，将引起 PKC 长期、不可逆地激活，刺激细胞持续增殖，最终产生肿瘤。

现代研究表明，肿瘤、心血管病、糖尿病等多种常见病及危害人类健康的重大疾病与信号转导异常有关。肿瘤属于非常典型的信号转导异常性疾病。目前对于肿瘤了解最多的是因信号转导异常导致的肿瘤细胞增殖过度和凋亡减弱。心血管细胞中存在着多种离子通道和受体，其介导的信号转导通路的异常也与心衰、动脉粥样硬化、高血压等疾病的发生和发展密切相关。因此，深入研究信号转导及其在疾病发生中的重要作用可以为药物的开发提供靶位，开拓思路。

第十二章
细胞增殖和细胞周期

细胞增殖（cell proliferation）是细胞生命活动的重要特性之一，是生物体通过细胞分裂增加细胞数量的过程。细胞增殖最直观的表现是细胞分裂，既由原来的一个亲代细胞变为两个子代细胞，使细胞的数量增加；各种细胞在分裂之前还必须进行一定的物质准备（也称细胞生长），否则细胞便不能分裂。细胞生长和分裂是一个高度受控的相互连续的过程，这个过程即为细胞增殖。新形成的子代细胞再经过物质准备和细胞分裂，产生下一代子细胞。这样周而复始，使细胞的数量不断增加。因而，细胞增殖过程也称为细胞周期（cell cycle）。

细胞增殖是生物繁殖的基础，也是生物体维持细胞数量平衡和机体正常功能所必需的。通过细胞分裂，亲代细胞的遗传物质及某些细胞组分可以相对均分到两个子细胞中，保证了生物遗传的稳定性。细胞分裂与生物新个体的产生、种族的繁衍密切相关。对于单细胞生物（如细菌、酵母等），细胞分裂是个体繁殖的重要方式；就多细胞生物而言，是生物体生长发育的基础，也是其组织更新与修复的基础。细胞分裂产生的子代细胞一旦形成，将进入一个新的生长过程，细胞表面积与体积增大、蛋白质、核酸等物质大量合成。当生长到达一定阶段，细胞分裂再次发生。如此细胞分裂和细胞生长反复进行，形成一次次的细胞增殖周期，从而使机体的细胞数量增加，生命得到延续。

第一节　细胞分裂

一个细胞通过核分裂和胞质分裂产生两个子细胞的过程，称为细胞分裂（cell division）。真核细胞的分裂方式有有丝分裂（mitosis）、减数分裂（meiosis）和无丝分裂（amitosis）。

一、无丝分裂

无丝分裂（amitosis）又称直接分裂（direct division）。是指在细胞分裂形成两个子细胞过程中不出现染色体也不形成纺锤体，细胞核直接一分为二，随后细胞质分裂成两个子细胞的分裂类型。无丝分裂的特点是分裂迅速、能量消耗少，分裂中细胞仍可继续执行其功能。无丝分裂多见于某些原生生物，如纤毛虫等。人体的一些组织细胞，在受到创伤或发生病变、衰老时，也能进行无丝分裂。

二、有丝分裂

有丝分裂（mitosis）又称为间接分裂（indirect division），是真核生物细胞分裂的主要方式。真核细胞的染色质凝集成染色体并排列在细胞的赤道面上，复制的姐妹染色单体在纺锤丝的牵拉下分向两极，从而产生两个染色体数和遗传性相同的子细胞的一种细胞分裂类型。细胞在进行有丝分裂时，必须经过两个连续过程：首先，经复制后的染色体必须移向细胞相对的两极；其次，细胞质必须按一定方式分裂，这样既保证每个子细胞不仅接受一套染色体，而且还接受包含必需的细胞质成分和细胞器。有丝分裂的最大特征是形成由中心体、纺锤体和染色体共同形成的临时性细胞器——有丝分裂器（mitosis apparatus），它能将复制好的染色体精确地分配到两个子细胞中去。根据分裂细胞形态和结构的变化，可将有丝分裂过程划分为前期、中期、后期、末期4个时期（图 12-1）。

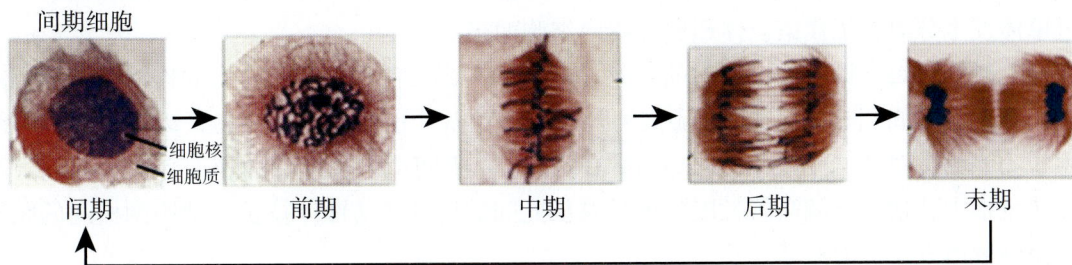

图 12-1　动物细胞有丝分裂图

（一）前期

前期（prophase）细胞变化的主要特征是：染色质凝集、核仁解体、核膜破裂、纺锤体形成及染色体向赤道面运动。

前期开始的第一个标志特征是染色质不断浓缩，染色质纤维螺旋化、折叠，形成棒状或杆状的染色体。每条染色体由两条染色单体构成，单体间靠着丝粒相连，着丝粒两边附着着由多种蛋白质组成的一种复合结构，称为动粒（kinetochore），动粒是染色体与纺锤体中动粒微管相连的部位。

在染色质凝集过程中，由于染色质上的核仁组织中心组装到各自相应的染色体上，导致核仁开始逐渐分解，最终消失。同时，位于核膜下的核纤层蛋白磷酸化，致使核纤层去聚合、降解，随之核膜破裂。破裂的核膜形成许多断片及小囊泡，散布于胞质中，或被内质网吸收，或重新参与子代细胞膜的重建。

在前期末时细胞中出现一种纺锤样的结构，由星体微管（astral microtubule）、极间微管（polar microtubule）、动粒微管（kinetochore microtubule）纵向排列组成，称为纺锤体，它的形成与中心体相关。中心体（centrosome）是由中心粒以及周围无定形基质组成。有丝分裂早期已完成复制的两组中心体彼此分开，向细胞两极移动过程中，在其周围出现放射状的星体微管，这种结构被称为星体（aster）；与此同时中心体之间也有微管形成，大多数是不连续的，在纺锤体赤道面处微管彼此重叠、侧面相连，这种微管被称为极间微管；此外，中心体发出一些微管附着到染色体的动粒上，形成动粒微管。随着动粒微管正极端不断聚合与解聚，染色体振荡摇摆，逐渐向细胞中央的赤道面运动。

（二）中期

中期（metaphase）的主要特征是：染色体达到最大程度的凝集，在纺锤丝的牵引作用下，非随机地排列在细胞中央的赤道面上，构成赤道面。人类细胞中最大的几条染色体靠近赤道面中部，较小染色体则位于其周围。所有染色体的着丝粒均位于同一平面，染色体两侧的动粒均面朝纺锤体两极，每个动粒上结合的微管可达数十根，两个动粒上的微管长度相等，纺锤体赤道面直径变小，两极距离增长，处于动力平衡状态中。

利用药物（如秋水仙素）抑制微管聚合，破坏纺锤体的形成，细胞就会被阻断在有丝分裂的中期。

（三）后期

后期（anaphase）细胞变化的主要特征是：染色体着丝粒在纺锤丝的牵引下发生纵裂，两姐妹染色单体发生分离，子代染色体形成并移向细胞两极。

在这一时期，每条染色体上成对的着丝粒开始分离，染色单体受两种力的作用分别被拉向细胞的两极，一种来自后期 A（anaphase A）阶段，动粒微管正极端不断解聚，动粒微管不断缩短而产生拉力；另一种来自后期 B（anaphase B）阶段，极间微管正极端加速聚合，极间微管不断延长而产生推力，通过极间微管长度的增长及彼此间的滑动使纺锤体拉长，细胞两极间的距离增大，促使染色体发生极向运动。

（四）末期

末期（telophase）的主要特点是：两组染色体分别到达两极并转变成染色质状态，子代细胞核的形成，胞质分裂。

在有丝分裂的末期，染色体移动到两极后开始解聚，恢复成纤维状的染色质，核仁重新形成；同时，分散在胞质中的核膜小泡与染色质表面相连，并相互融合，在每一组染色单体周围重新形成核膜；而在有丝分裂前期被磷酸化的核纤层蛋白脱磷酸，又结合形成核纤层，并连接于核膜上，核孔复合体重新组装，核膜重建。

有丝分裂的末期同时还发生细胞质分裂，在细胞中部质膜的下方，即原先赤道面的位置，出现一个环形结构，称为收缩环（contractile ring）。收缩环可因肌动蛋白、肌球蛋白间相互滑动而发生不断缢缩，使与其相连的细胞膜逐渐内陷，形成分裂沟。分裂沟不断加深，最终细胞可在此断裂，完成胞质分裂。

总之，有丝分裂通过核分裂及胞质分裂两个过程，将染色质与细胞质平均分配到子细胞中。染色质凝集、纺锤体及收缩环出现是有丝分裂活动中的 3 个重要特征。

三、减数分裂

减数分裂（meiosis）又称成熟分裂（maturation division），是生殖细胞分裂时，染色体只复制一次，细胞连续分裂两次，染色体数目减半的一种特殊分裂方式。减数分裂发生于有性生殖个体的生殖细胞中，其主要特征是：DNA 复制 1 次，细胞连续分裂两次，最后产生 4 个子代细胞，每个子代细胞所含染色体数目减半，即由 2n 变为 n。在减数分裂中，非同源染色体重新组合的同时，同源染色体间会发生部分交换，是产生生物变异及物种多样化的基础。

减数分裂包括第一次减数分裂（meiosis Ⅰ）和第二次减数分裂（meiosis Ⅱ）两次分裂（图12-1）。每次分裂均可分为前期、中期、后期、末期，两次分裂之间不进行 DNA 合成。第一次减数分裂中发生染色体数目减半及遗传物质的交换（图 12-2）。

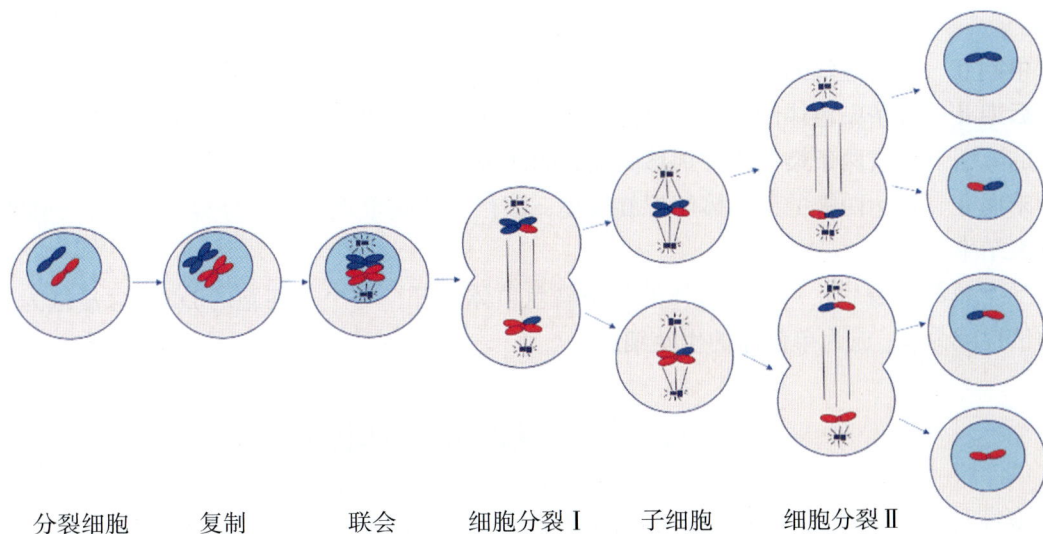

分裂细胞　　复制　　　联会　　细胞分裂 I　　子细胞　　细胞分裂 II

图 12-2　减数分裂模式图

（一）第一次减数分裂

第一次减数分裂有以下特点：①同源染色体（homologous chromosome）彼此分离，分别进入两个子细胞，子细胞染色体数目减半；②非同源染色体随机组合进入两个子细胞，形成染色体间重组；③同源染色体分离前，非姐妹染色体可发生交换，形成染色体内重组。

1. 前期 I　在此期细胞变化复杂，根据其染色体的形态变化细分为 5 个亚期：细线期、偶线期、粗线期、双线期及终变期。

前期 I 中重要的事件包括：①偶线期，来自父方的一条染色体和来自母方的一条形态大小相同的同源染色体开始两两配对，形成联会复合体（synaptonemal complex，SC），因其共有四条染色单体，又被称为四分体（tetrad）。②从联会开始，同源染色体的片段即发生交换，但因同源染色体间紧密结合在一起，所以无法观察到。进入到双线期，紧密配对的同源染色体相互分离，非姐妹染色单体的某些片段仍保持交叉，即发生了染色体的交叉互换，其结果使等位基因在同源染色体间重新组合。③进入终变期，染色体高度凝集，核膜解体，核仁消失。

2. 中期 I　各成对的同源染色体双双移向细胞中央的赤道面，着丝粒成对排列在赤道面两侧，细胞质中形成纺锤体。

3. 后期 I　由纺锤丝的牵引，成对的同源染色体各自分离，分别移向两极。

4. 末期 I　到达两极的非同源染色体聚集，核膜、核仁重现，同时胞质分裂，细胞分裂为两个子细胞。

第一次减数分裂后，每个子细胞的染色体的倍性由 2n 变为 n，由于每条染色体含有两条染色单体，因此每个子细胞的 DNA 含量为 2C。

（二）第二次减数分裂

第二次减数分裂与第一次减数分裂紧接，也可能出现短暂停顿，但染色体不再复制。第二次减数分裂时细胞的每条染色体着丝粒分裂，姐妹染色单体分开，分别移向细胞的两极，有时还伴随细胞的变形。

1. 前期 II　与减数第一次分裂前期相似，染色体再次凝集，核膜、核仁再次消失，再次形成纺锤体。

2. 中期Ⅱ　在纺锤丝的牵引下，染色体的着丝粒排列到细胞中央赤道面上。

3. 后期Ⅱ　每条染色体的着丝粒分离，两条姐妹染色单体也随之分开，成为两条染色体。在纺锤丝的牵引下，这两条染色体分别移向细胞的两极。

4. 末期Ⅱ　到达两极的染色体解螺旋聚集，核仁、核膜重现，胞质分裂形成两个子细胞，第二次分裂结束。

第二次减数分裂后，每条染色体的两条染色单体分开，每个子细胞的 DNA 含量减为 C，染色体的倍性减为 n，成为单倍体的生殖细胞。

第二节　细胞周期及其调控

细胞经过分裂产生的子代细胞可以继续生长增大，随后又分裂产生下一代子细胞，这种生长与分裂的周期称为细胞周期（cell cycle），具体是指细胞从上一次分裂结束到下一次分裂结束所经历的整个过程。根据光学显微镜所观察到的细胞分裂的变化，可将细胞周期分为：分裂期（mitotic phase）和间期（interphase）。分裂期（简称为 M 期）持续时间较短，包括核分裂（karyokinesis）和胞质分裂（cytokinesis）两个过程。间期实际上是新细胞的生长期，持续时间长，根据细胞的生理和生化变化，可分为 G_1 期（G_1 phase）、S 期（S phase）和 G_2 期（G_2 phase）。G_1 期为合成前期，该期细胞中进行的生化活动主要为进入 S 期做准备；S 期为 DNA 合成期；G_2 期则为 DNA 合成后期，为细胞由间期向分裂期转变的准备时期（图 12-3）。

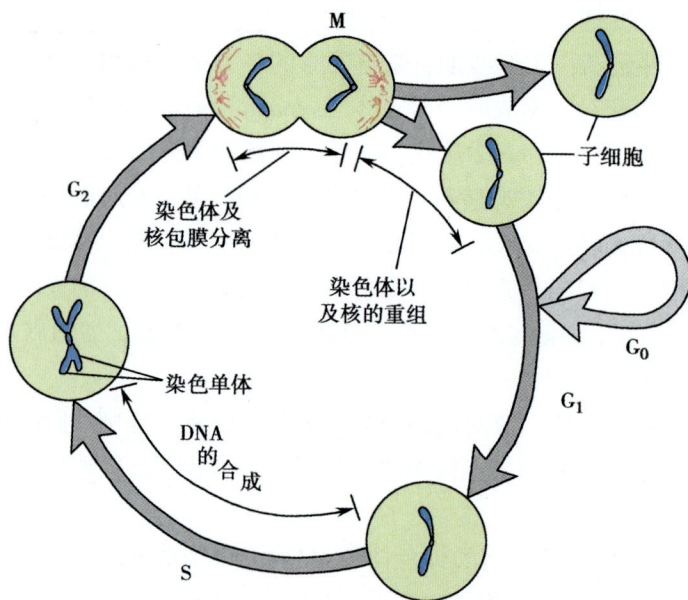

图 12-3　细胞周期示意图

一、细胞周期各时相的动态变化

（一）G_1 期

细胞质量和体积逐渐增大，mRNA、rRNA、tRNA 及蛋白质大量合成，为 S 期 DNA 复制做准备。这些蛋白质包括与 S 期 DNA 复制相关的酶及与 G$_1$ 期向 S 期转变相关的蛋白质如钙调蛋白（calmoldlin）、细胞周期蛋白等。蛋白质的磷酸化作用在 G$_1$ 期也比较突出，如组蛋白的磷酸化在 G$_1$ 期开始增加、非组蛋白及一些蛋白激酶在 G$_1$ 期也可发生磷酸化。

细胞进入 G$_1$ 期后，并非都能继续增殖，依其增殖能力可将细胞分为 3 类：①增殖细胞：这种细胞能及时从 G$_1$ 期进入 S 期，并保持旺盛的分裂能力。例如消化道上皮细胞及骨髓细胞等。②暂不增殖细胞或休止细胞：这类细胞进入 G$_1$ 期后不立即转入 S 期，在肌体有需要时，如损伤、手术等，才进入 S 期继续增殖。例如肝细胞及肾小管上皮细胞等。③不增殖细胞：此种细胞进入 G$_1$ 期后，失去分裂能力，终身处于 G$_1$ 期，最后通过分化、衰老直至死亡。例如高度分化的神经细胞、肌细胞、成熟的红细胞等。

（二）S 期

S 期即 DNA 合成期，细胞中进行 DNA 复制，并且组蛋白及非组蛋白也大量合成。

（三）G$_2$ 期

这一时期主要大量合成 ATP、RNA 和与 M 期相关的蛋白质，包括：①为 M 期纺锤体微管形成提供丰富的微管蛋白，其合成在此期达到高峰。②与核膜破裂、染色体凝集密切相关的成熟促进因子（maturation promoting factor，MPF）等，为细胞分裂做准备。并且在此期已复制的中心粒逐渐长大，开始向细胞两极分离。

（四）M 期

M 期（mitotic phase）即细胞有丝分裂期，指细胞经过核分裂和相继进行的胞质分裂，最终被分为两个子细胞的过程。其间，染色质凝集，核仁解体、核膜破裂，纺锤体形成；染色体在纺锤丝的牵引下向赤道面运动，并排列在赤道面上；随后染色体分离，染色单体向两极移动；染色体解螺旋，核膜、核仁重新出现，两个子核形成，同时胞质也一分为二，由此完成细胞分裂。M 期除非组蛋白外，细胞中蛋白质合成显著降低，RNA 的合成也完全被抑制。

二、细胞周期的调控

细胞周期的调控是一个极其复杂的过程，涉及多因子、多层次的作用，这些因子通常在细胞周期某一特定时期，即调控点（checkpoint）处起作用，它们大多数为蛋白质或多肽。

（一）细胞周期蛋白

细胞周期蛋白（Cyclin）是一类随细胞周期变化而出现与消失的蛋白质。真核生物的细胞周期蛋白由一个相关基因家族编码，具有同源相似性，包括 Cyclin A ～ H 等几大类（见表 12-1）。它们在细胞周期的不同阶段相继表达，与细胞中其他一些蛋白结合后，参与细胞周期相关活动的调节。

表 12-1 脊椎动物与酵母细胞中的主要的 Cyclins 和 CDKs

激酶复合体	脊椎动物		芽殖酵母	
	Cyclin	CDK	Cyclin	CDK
G₁–CDK	Cyclin D*	CDK4，CDK6	Cln3	CDK1**
G₁/S–CDK	Cyclin E	CDK2	Cln1，2	CDK1
S–CDK	Cyclin A	CDK2，CDK1**	Clb5，6	CDK1
M–CDK	Cyclin B	CDK1	Clb1，2，3，4	CDK1

* 哺乳动物中有三种 D cyclins（cyclins D1，D2，和 D3）。

** 在脊椎动物和裂殖酵母中，CDK1 最初的名称是 CDC2，在芽殖酵母中是 CDC28。

（引自 Bruce Alberts 等）

CyclinC、D、E 只表达于 G_1 期，进入 S 期即开始降解，因此三者只在 G_1 向 S 期转化过程中起调节作用。CyclinA 的合成发生于 G_1 期向 S 期转变的过程中，并延续至整个 S 期，在 S 期 DNA 合成的起始过程中发挥作用。CyclinB 的合成在 G_2 期达到高峰，随着 M 期的结束而发生降解，主要与 M 期的完成相关。

（二）周期蛋白依赖性激酶

在细胞周期调节中，Cyclin 家族蛋白往往与周期蛋白依赖性激酶（Cyclin-dependent kinase，CDK）结合才具有调节活性。已发现的 CDK 类蛋白激酶包括 CDK1 ～ 8，不同的 CDK 通过结合特定的 Cyclin，使其发生磷酸化，引发细胞周期调控事件（图 12-4）。

细胞周期中影响 CDK 活性的因素：

1. CDK 与 Cyclin 结合是活化的首要条件 Cyclin 蛋白的活化需要结合 CDK，而 CDK 也必须与 Cyclin 结合才能暴露出其激酶的活性位点。而 CDK 的失活亦依赖于 Cyclin，在细胞周期进程中 Cyclin 可不断地被合成与降解，CDK 对蛋白质磷酸化的作用也由此呈现出周期性的变化（图 12-4）。

2. CDK 的磷酸化状态是其活化的保障 CDK 分子的完全活化还需经历一系列磷酸化和去磷酸化的过程，当施加于 CDK 上的激酶和磷酸酶的力量平衡时，CDK 才最终被激活。

3. CDK 抑制因子的负性调节 CDK 的活性也受到 CDK 激酶抑制剂（CDK inhibitor，CKI）的负性调控。CKI 能与 Cyclin-CDK 复合物结合，一方面使 CDK 活性位点发生构象改变，另一方面阻碍 ATP 对 CDK 的附着，抑制 CDK 的活性。

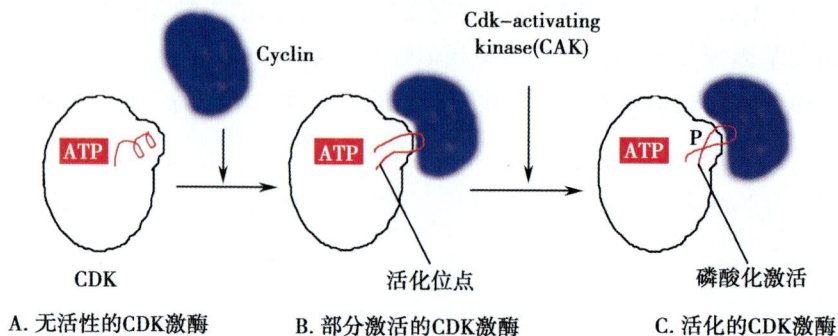

图 12-4 CDK 的活化

（三）Cyclin-CDK 的调控作用

Cyclin-CDK 复合物是细胞周期调控的核心，随着该复合体的形成与降解，促使细胞从 G_1 期向 S 期、G_2 期向 M 期、中期向后期的不可逆转换。

1. 细胞从 G_1 期进入 S 期　细胞进入 G_1 期，首先合成大量 CyclinD，并与 CDK4、6 结合，活化一些转录因子。在 G_1 期晚期，CyclinE 逐渐合成，与 CDK2 结合，并在 G_1/S 期达到高峰，与 S 期的启动相关。

2. 细胞进入 S 期　CyclinA 的表达发生于 G_1 期向 S 期转变的过程中，其形成后与 CDK 结合形成复合物，启动 DNA 的复制，CyclinA 的作用将延续至 G_2 及 M 期。而 CyclinD/E 复合物在进入 S 期时就开始发生降解，使得已进入 S 期的细胞无法向 G_1 期逆转。

3. 细胞进入 G_2/M 期　CyclinB 的合成在 G_2 期时达到高峰，CyclinB-CDK 复合物又被称为成熟促进因子（MPF），在促进细胞从 G_2 期向 M 期转换中起着关键作用。MPF 能使某些蛋白质发生磷酸化，如使组蛋白 H_1 在细胞分裂的早、中期发生磷酸化；核纤层蛋白在有丝分裂期发生磷酸化，引起核纤层结构解体、核膜破裂；某些 DNA 结合蛋白磷酸化，促进 M 期染色体凝集。

（四）参与细胞周期调控的其他因素

1. 生长因子　生长因子（growth factor）是一类由细胞自分泌或旁分泌产生的可以与细胞膜上特异受体结合，起调节细胞周期作用的多肽类物质。当生长因子与其受体结合后，经过信号的转换及传递，激活细胞内多种蛋白激酶，引起与细胞周期进程相关的蛋白质发挥作用，细胞周期由此受到调节。生长因子种类较多，如血小板衍生生长因子、表皮生长因子、白细胞介素、转化生长因子等。

2. 抑素　抑素（chalone）是一种由细胞自身分泌对细胞周期进程有负性调控作用的糖蛋白。抑素作用于 G_1 期末，能阻止细胞进入 S 期；作用于 G_2 期，能抑制 S 期细胞向 M 期的转变。

三、细胞周期与医学的关系

组织与器官中细胞数目的恒定对机体维系正常生命活动至关重要，衰老细胞死亡后，需要新生细胞的补充；另一方面，如新生细胞无限制地增长，将形成肿瘤。因此，细胞增殖的异常与某些疾病的发生密切相关。

（一）细胞周期与组织再生

机体不断产生新细胞，以补充体内衰老、死亡的细胞的过程，就是组织再生。组织再生分为生理性再生和补偿性再生。人体的一些组织细胞，如皮肤的表皮细胞、胃肠的上皮细胞等不断再生，以补充衰老和死亡细胞的过程为生理性再生，这种现象与干细胞的分裂增生有关。一些高度分化的组织，如肝、肾等，一般情况不增殖，当组织受到外界损伤后可恢复再生能力，称为补偿性再生。在这一过程中是由于 G_0 期细胞重新进入细胞周期，并且细胞周期进程加快，短时期内产生大量的新生细胞，以修复损伤的组织。

（二）细胞周期与肿瘤

机体局部器官组织的细胞异常增殖所形成的赘生物称为肿瘤，因此，肿瘤是细胞增殖活动失去控制的产物，即细胞周期异常、自分泌大量生长因子，造成细胞的生长、分裂失去控制。

1. Cyclin 过表达　Cyclin 的过表达与细胞癌变有密切关系。G_1 期，肿瘤细胞可见 CyclinC、D 和 E 高水平表达，使 CDK 蛋白激酶持续活化，大量激活转录因子，使细胞快速进入 S 期。G_2/M 期中，CyclinA、B 异常增多，MPF 活性增强，加速蛋白质的磷酸化进程，推动细胞周期进展，促进细胞增殖。

2. CKI 失活　在细胞周期中，CDK 激酶及 Cyclin–CDK 复合物还受 CKI 的负性调控。肿瘤细胞中，由于 CKI 基因的突变或缺失，造成蛋白激酶活性增高，使细胞周期缩短。如 p16 是 CKI 家族中的一员，可抑制 Cyclin–CDK4 或 Cyclin–CDK6 蛋白激酶活性，抑制细胞周期从 G_1 向 S 期的转换。目前，已在肿瘤细胞中发现多种 CKI 基因的突变，如 p27、p21、p53、Rb 等基因，造成细胞周期活跃，最终引起细胞恶变。

3. 癌基因、抑癌基因　癌基因最早是在逆转录病毒的基因组中被发现的。在逆转录病毒的基因组中除病毒本身复制所必需的编码病毒核心蛋白、外壳糖蛋白及逆转录酶等的基因外，还包括一个能引起动物宿主细胞恶性转化的基因，这种基因就是病毒癌基因（viral oncogene，V–onc）。因其能引起正常细胞转变为癌细胞，称为癌基因（oncogene）。后来发现，在许多动物的正常细胞中，也都存在着与 V–onc 相似的同源 DNA 序列，其突变后，可使细胞增殖发生异常，故称为细胞癌基因（cellular oncogene，C–onc）或原癌基因（protooncogene）。细胞癌基因与病毒癌基因基本上是同源的，二者之间仅有一个或几个碱基对的区别。

在正常细胞中，癌基因及原癌基因可低水平表达，其产物通过不同的途径来参与细胞周期调节。癌基因的表达产物大致可分为生长因子、生长因子受体、信号传导器及转录因子。如 sis 基因产物为生长因子类蛋白，与生长因子受体结合后，通过自分泌方式促进细胞分裂、生长；fms 基因产物为神经生长因子受体，通过与生长因子结合，参与生长因子对细胞周期的调节；ras 基因产物类似于 G 蛋白，与鸟嘌呤核苷酸结合，具 GTP 酶活性，参与细胞周期信号转导。

抑癌基因是存在于正常细胞中的一类能抑制细胞恶性增殖的基因。抑癌基因通过编码一些具有转录因子作用的蛋白质，从多个调控点参与对细胞周期的调节。第一个被发现的抑癌基因是视网膜母细胞瘤基因（retinoblastoma gene，Rb gene），通常与转录因子 E_2F 结合在一起，抑制细胞周期的进程；当细胞受到生长因子刺激后，Rb 基因产物发生磷酸化，释放出 E_2F，促进细胞 G_1/S 的转换。

扫一扫，查阅本章数字资源，含PPT、音视频、图片等

生物有机体是由各种不同类型的细胞构成的，人体中有 200 多种不同类型的细胞，虽然这些细胞形态和功能各异，但它们都是由同一单细胞——受精卵经增殖和细胞分化衍生而来的。细胞分化（cell differentiation）是发育生物学的核心问题，细胞分化的关键在于特异性蛋白质合成，而特异性蛋白质合成的实质在于特异性基因的差异性表达（图 13-1）。

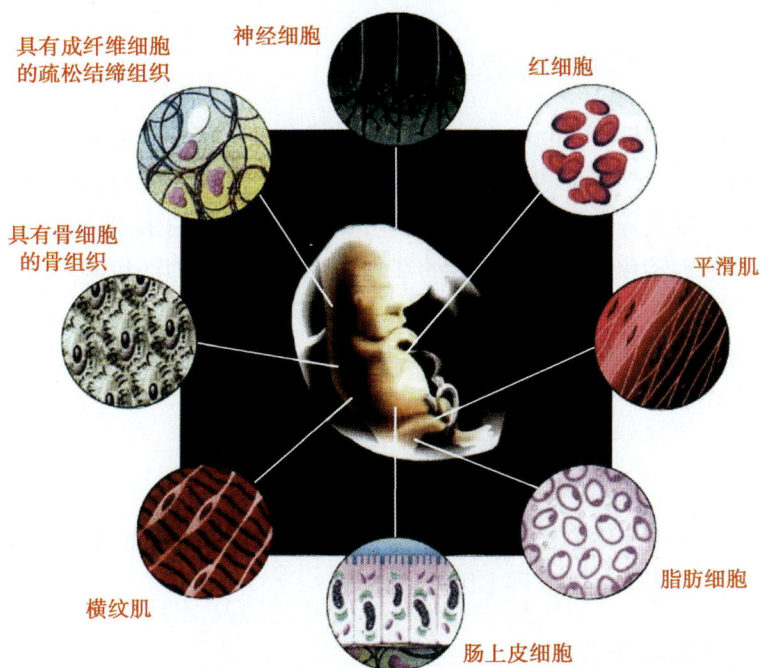

图 13-1　人体不同组织分化的细胞形态（引自 Karp，1996）

第一节　细胞分化的基本概念

细胞分化是指同一来源的细胞（如受精卵）分裂后逐渐产生在形态结构、生理功能和生化特征等方面具有稳定性差异的过程。因此，常常将细胞的形态结构、生理功能和生化特征作为判断细胞分化的 3 项指标。所有高等生物体都是由同一来源的受精卵发育而成。在发育过程中，通过细胞增殖使细胞数目增加，为适应其特定的功能，而合成特异性蛋白质，通过细胞分化形成不同类型的细胞。如行使运动功能的肌细胞、传导神经冲动的神经细胞等。

一、细胞分化是基因选择性表达的结果

细胞分化是基因选择性表达的结果。从分子水平上看，细胞分化意味着机体内不同细胞中有不完全一致的基因活性，而表现为某些特异性蛋白质的合成，因而形成形态、结构和功能各异的细胞。这是由于在特定的细胞中某些基因在一定时间内选择性激活，同时另一些基因被抑制，因此基因表达的调控是研究细胞分化的核心问题。

二、组织特异性基因与管家基因

1. 管家基因（house-keeping gene） 又称持家基因，是指所有细胞中均要表达的一类基因，其产物是维持细胞基本生命活动所必需的，如微管蛋白基因、糖酵解酶系基因与核糖体蛋白基因等。

2. 组织特异性基因（tissue-specific gene） 又称奢侈基因（luxury gene），是指不同的细胞类型进行特异性表达的基因，其产物赋予各种类型细胞特异的形态结构特征与特异的功能，与各类细胞的特殊性有直接的关系。如表皮的角蛋白基因、肌肉细胞的肌动蛋白基因和肌球蛋白基因、红细胞的血红蛋白基因等。

三、组合调控引发组织特异性基因的表达

1. 组合调控（combinational control） 是指有限的少量调控蛋白启动为数众多的特异细胞类型的分化的调控机制。即每种类型的细胞分化是由多种调控蛋白共同调节完成的。

2. 生物学作用 一旦某种关键性基因调控蛋白与其他调控蛋白形成适当的调控蛋白组合，不仅可以将一种类型的细胞转化成另一种类型的细胞，而且遵循类似的机制，甚至可以诱发整个器官的形成。

3. 分化启动机制 靠一种关键性调节蛋白通过对其他调节蛋白的级联启动。

第二节 胚胎细胞分化

细胞分化可以出现在生物体的整个生命过程中，但分化最重要的时期是胚胎期，此时，细胞分化的表现最典型、最迅速，并且受许多因素的影响。

一、细胞分化潜能与决定

细胞的分化潜能指的是一个细胞分化成多少种细胞的能力。受精卵及哺乳动物桑葚胚的8细胞期之前，所有细胞均能在一定条件下分化发育成完整个体，细胞的这种潜能称为全能性（totipotency）。细胞做出的发育选择称为细胞决定（cell determination），是细胞潜能逐渐受限的过程，也是有关分化的基因选择性表达前的过渡阶段，具有高度的遗传稳定性。但并非胚胎早期细胞能随意分化成某一细胞类型或组织。细胞只能按照已做出的发育选择，向决定的方向分化。在胚胎三胚层形成后，由于细胞空间关系和微环境的差异，各胚层细胞的发育去向便已决定下来。这些细胞的分化潜能被局限化，只能发育成为本胚层的组织、器官，称为多能细胞（pluripotent cell）。再进一步就是向专能稳定型的分化。因此细胞决定是发育潜能逐渐局限化的过程，即选择基因表达的过渡阶段，此时细胞虽然还没有可分辨的分化特征，但已具备向某一特定方向分化的能力。

二、细胞质的作用

受精卵每次卵裂，细胞核内的物质包括基因组（genome）都会均匀地分配到子细胞内，所以子细胞中的遗传物质是相同的。但受精卵细胞质各区的组分并不相同，卵裂使不同的胞质组分分割进入各卵裂细胞。从卵母细胞开始，细胞质或表面区域就是不均质的。这种不均质性，对胚胎的早期发育有很大影响，在一定程度上决定细胞的早期分化。这些特殊物质被称为决定子（determinant），决定子支配着细胞分化途径。决定子在卵母细胞中已经形成，受精卵在数次卵裂过程中，决定子一次次地重新改组、分配。卵裂后决定子的位置固定下来，并分配到不同的细胞中，从而使子细胞产生差别。

三、核质的相互作用

细胞核和细胞质彼此互相依赖、互为存在的条件。细胞质通过氧化磷酸化和无氧酵解为细胞提供了大部分能量，其中核糖体合成提供细胞所需要的几乎全部蛋白质。细胞核基因提供mRNA 和其他 RNA（tRNA 和 rRNA）的转录模板。因此，核和质的作用是相互依存不可分割的，一方面细胞核中的基因对胞质的代谢起调节作用；另一方面细胞质对核内基因的活性有控制作用。

（一）细胞质对细胞核的作用

细胞分化过程中，细胞核的遗传潜力，即核基因的活性，受核所在的胞质环境的控制。利用细胞融合技术可以诱导不同种类细胞的融合。1965 年 Harris 发现鸡的红细胞与未分化的人类宫颈癌细胞 –HeLa 细胞融合、杂交形成的异核体，红细胞核的体积扩大 20 倍，染色质分散，DNA和 RNA 合成能力增高，并出现核仁，基因表达也被激活，免疫荧光法可检测出鸡红细胞 HeLa细胞的特异蛋白质，说明基因表达的激活是由于 HeLa 细胞质物质调节的结果。

（二）细胞核对细胞质的作用

在细胞分化过程中，细胞核起着重要的作用，因为遗传物质存在于细胞核中，生物的任何性状的出现均是由遗传物质决定的。分化细胞之所以能合成特异的蛋白质，就是由于细胞核内基因组的选择性表达，这是细胞分化的基础。

真核细胞的基因是与蛋白质结合的，以染色质的形式存在于细胞核内，其中组蛋白对基因的表达具有抑制作用，且没有组织特异性；非组蛋白则具有组织特异性，可以使基因解除抑制，表达出相应的蛋白质。由于细胞核的内环境不同，在非组蛋白的作用下，一些基因开放，另一些基因则被组蛋白抑制。不同的分化细胞其细胞核中不同类型的基因开放，经转录和翻译后在细胞质中形成不同类型的蛋白质，造成细胞质的异质性。细胞质的变化反过来又作用于细胞核。二者的相互作用最终引导细胞分化。

第三节　影响细胞分化的因素

细胞分化不仅决定于细胞本身核、质的关系，还与细胞间的相互作用密切相关，如细胞间的分化诱导作用、位置信息以及激素等，对细胞的分化与形态发生均起着重要的作用。

制着基因在不同组织中进行差异表达。转录水平上，在不同类型的细胞中 mRNA 的种类和性质应是不同的。真核细胞既受基因调控的顺式作用元件影响，同时又受反式作用因子的影响，二者的相互作用实现真核转录调控。顺式作用元件（cis-acting element），指与特定蛋白质编码区连锁在一起的对转录起调控作用的 DNA 序列结构，包括启动子（promotor）、增强子（enhancer）和沉默子（silencer）。而反式作用因子（trans-acting factor），指能直接或间接地识别或结合各顺式调控元件核心序列（8 ～ 12bp），参与调控靶基因转录效率的一组蛋白质。目前已分离纯化或鉴定的有几百种之多，主要包括各种基因调控蛋白。其功能都是通过与特异 DNA 序列相互作用而实现的，因此反式作用因子必须具备两种能力：一是它们必须识别定位在影响特殊靶基因的增强子、启动子和其他调控元件中的特异性靶序列；二是对于一个转录因子或正调控蛋白还要求它们能够通过与 RNA 聚合酶或其他转录因子结合而行使功能。

（二）翻译水平调控

翻译调控（translational control）是指基因转录的 mRNA 有选择性地翻译成蛋白质。在不同细胞中含有同样的 mRNA，但各种 mRNA 不能都翻译成蛋白质，而只有不同的 mRNA 得到翻译，产生不同的蛋白质。如果调控是在翻译水平上完成的，细胞中就应存在一种机制来区别不同的 mRNA，从中选择特定的对象进行翻译。

如海胆未受精卵中存在着较稳定的 mRNA，这种 mRNA 只有在受精后才能翻译，称为母体 mRNA。这种 mRNA 可能在未受精卵中被蛋白质遮盖，或被局限在细胞内某一特定区域而不能被翻译，而在受精后释放出来，开始翻译成蛋白质。总之，真核细胞对基因表达调节的一条重要途径是产生稳定性的 mRNA，处于隐蔽状态，在一定条件下进行翻译。

蛋白质合成后通常还需加工、修饰和正确折叠才能成为有功能活性的蛋白质。因此，在此水平上也存在表达的调控问题。

第五节　细胞分化与癌变

生物体内的正常细胞转变成不受控制的恶性增殖细胞的过程称为癌变。正常细胞一旦发生癌变，其生物学属性便发生了本质变化。细胞的癌变不属于正常的细胞分化过程，但可以看作是分化过程中的异常变化。正常细胞中癌基因实际上是一些参与细胞生长、分裂和分化的基因，一般为 300 ～ 400 个，控制正常的细胞功能，这些基因在正常细胞中以非激活的形式存在，故称原癌基因（proto-oncogene）。当原癌基因受到多种因素的作用使其结构发生改变时，激活成为癌基因。现已知道，大约有 60 种癌基因与癌的发生有关。不久，又发现了存在于细胞内的另一类基因即抑癌基因（tumor suppressor gene）。抑癌基因在癌的发生上与癌基因同等重要，如果说癌基因是细胞生长的加速器，那么抑癌基因就是细胞生长的制动器。原癌基因的激活与抑癌基因的失活是导致正常细胞发生癌变的关键。

癌细胞是否可以逆转为正常细胞是备受关注的医学问题。研究表明，癌细胞可以在高浓度分化信号诱导下，增殖减慢，分化加强，最终走向正常的终末分化。20 世纪 80 年代，发现维生素 A 衍生物维甲酸对人早幼粒细胞白血病细胞具有诱导分化作用。目前，诱导分化治疗的研究已涉及肝癌、胃癌、结肠癌等多种肿瘤。

细胞衰老（cell aging 或 cell senescence）和死亡（death）是细胞生命活动的必然规律，构成机体的绝大部分细胞都须经历增殖、生长、分化、衰老、死亡的生物学过程。因此，细胞衰老和死亡如同细胞的增殖、生长、分化一样是细胞重要的生命现象。细胞的衰老和死亡并不意味着生物个体的衰老和死亡，如皮肤表皮细胞衰老、死亡后有新生细胞取代，但它最终是生物个体衰老和死亡的基础。

第一节　细胞衰老

一、细胞衰老的概念与特征

（一）细胞衰老的概念

细胞衰老是指细胞内部结构发生衰变，从而导致细胞生理功能衰退或丧失的过程。细胞衰老和细胞的寿命密切相关。多细胞生物体内的所有细胞都来自受精卵，这些不同组织器官的细胞以不同速率、不同时间、不同方式发生衰老和死亡。同时又有新的细胞不断产生，个体在生长发育阶段，细胞的产生多于细胞的衰老和死亡，在成年期二者处于一种动态平衡，当细胞的衰老和死亡超过了新细胞的产生，个体便走向了死亡。机体不同组织、器官中的细胞寿命差异很大，而且机体内绝大多数细胞的寿命与机体的寿命也不相等。

研究发现离体培养的细胞与体细胞一样也有一定的寿命。1961 年 Hayflick 和 Paul Moorhead 报道，体外培养的人二倍体细胞随着传代表现出明显的衰老、退化和死亡现象，并因此提出了 Hayflick 界限（Hayflick limatation）：即离体培养的细胞其增殖能力是有一定限度的。体外培养实验证明，肺的成纤维细胞在体外培养的可传代数与供体年龄有关，从胎儿肺获得的成纤维细胞在体外可以传代 40 ～ 60 次，从成人肺组织获得的成纤维细胞仅能传代 20 次。此外，Hayflick 还发现物种寿命与培养细胞的寿命相关，动物寿命越长，细胞传代次数越多，衰老速度亦慢。体外培养细胞寿命长短不取决于其培养的天数，而是取决于培养细胞的平均代数即群体倍增次数，即细胞寿命＝群体细胞传代次数。

（二）细胞衰老的特征

细胞衰老过程是细胞结构和功能发生复杂变化的过程，如细胞呼吸率减慢、酶活性降低，最终反映出形态结构的改变，表现出对环境变化的适应能力降低和维持细胞内环境能力的减弱，以碍，导致衰老。

2. 大分子交联学说   该学说认为，细胞内外一些大分子在多种因素作用下发生交联反应，此反应可发生在核酸之间，也可发生在蛋白质原纤维之间，甚至发生在多核苷酸与蛋白质原纤维之间。这些大分子物质通过共价键连接成难以分解的聚合物，从而引起核酸与蛋白质功能严重下降，导致细胞衰老。由于大分子的交联现象随增龄而上升，因此细胞衰老也随增龄而加剧。

3. 代谢学说   限制饮食热量可以延长动物寿命，延缓老化；营养过剩可缩短寿命；钙吸收过多可使动物早老；居住在寒带的人平均寿命长，热带人寿命短……这些现象均与代谢有关。这些例子说明，代谢的盛衰，同寿命的长短有密切的关系。

还有其他一些关于细胞衰老机理的假说，如生物膜学说、内分泌学说等。值得提出的是，目前对细胞衰老的假说远未定论。但可以预见，随着科学技术的发展，必将会有一个比较全面、更接近于衰老机制本质的衰老理论出现。

第二节   细胞凋亡

一、细胞凋亡的概念和生物学特征

（一）细胞凋亡的概念

细胞凋亡（apoptosis）是一种由基因控制的、细胞自主的、有序的细胞死亡方式，可由一系列生理性和病理性因素激活或抑制。胚胎形成、衰老和损伤细胞的清除以及肿瘤的发生、发展和转归等病理生理过程，都与细胞凋亡有密切的关系。尽管许多文献中将细胞凋亡和程序性细胞死亡（programmed cell death，PCD）作为相同的概念，但严格来说二者强调的侧重点并不相同。PCD是功能性概念，凋亡是形态学概念；PCD的最终结果是细胞凋亡，但细胞凋亡并非都是程序化的；PCD存在于胚胎发育过程中，细胞凋亡可在更多情形下发生，并且可以诱导。2002年诺贝尔生理学或医学奖分别授予英国科学家悉尼·布雷内（S Brenner）、美国科学家罗伯特·霍维茨（HR Horvitz）和英国科学家约翰·苏尔斯顿（JE Sulston），以表彰他们为研究器官发育和程序性细胞死亡过程中的基因调节作用所做出的重大贡献。

（二）细胞凋亡的生物学特征

1. 形态学特征   电镜下凋亡细胞的形态学变化是多阶段的，表现为：

（1）细胞内脱水，细胞质浓缩，细胞体积缩小

（2）细胞表面改变   细胞表面的微绒毛、细胞膜突起及皱褶消失，细胞失去原有的特定形状，变成表面平滑的球形，细胞膜电位下降，膜流动性降低。

（3）细胞器出现不同程度的改变   线粒体膜通透性改变，膜电位下降，细胞色素C向胞质逸出；内质网腔在细胞凋亡后期扩张呈泡状；细胞骨架结构由疏松、有序的结构变得致密和紊乱，其主要组分肌球蛋白和肌凝蛋白的表达受到显著抑制，含量明显减少。

（4）染色质凝聚   在核膜下或中央部异染色质区聚集形成新月状、"八"字形、花瓣状或环状等浓缩的染色质块，细胞核固缩，进而形成若干个核碎片。细胞膜结构不断出芽、脱落，形成大小不等的由膜包裹的结构，称为凋亡小体（apoptotic body），是细胞凋亡的主要形态学特征之一。

2.生物化学特征 细胞膜上新出现一些与凋亡细胞清除有关的生物大分子，如磷脂酰丝氨酸（phospha-tidylserine）和血小板反应蛋白（thrombospondin）等。同时，不利于凋亡细胞清除的另一些生物大分子从凋亡细胞的膜上消失，如某些与细胞间连接有关的蛋白质。有些糖蛋白的侧链被降解，暴露出的成分可能介导了吞噬细胞和凋亡细胞的结合，从而有利于凋亡细胞的清除。此外，细胞凋亡时在生物化学方面的主要特征是核酸内切酶的活化。内源性核酸内切酶（endonuclease）活化，将核小体间的连接 DNA 降解，形成长度为 180~200bp 整数倍的寡聚核苷酸片段，其 DNA 琼脂糖凝胶电泳呈特征性"梯状"（1adder）条带（图 14-1）。细胞坏死时 DNA 随意断裂为长度不一的片段，琼脂糖凝胶电泳呈"弥散状"（smear）。

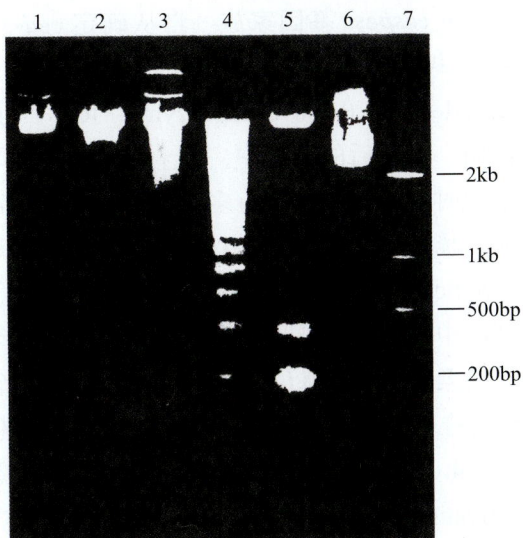

图 14-1 细胞色素 c 诱导的凋亡细胞 DNA 电泳图
（引自 翟中和，2003）

细胞色素 c 诱导：1. 0h；2. 1h；3. 2h；4. 3h；
5. 4h；6. 阴性对照；7. Marker

二、细胞凋亡的机制

（一）诱导细胞凋亡的因素

诱导细胞凋亡的主要因素有：物理因素，如射线（紫外线，λ 射线等）、温度等；化学因素，如自由基、钙离子载体、视黄酸、DNA 和蛋白质合成抑制剂（如环己亚胺）及一些药物等；生物因素，如细胞毒素、激素、细胞生长因子、肿瘤坏死因子（TNFα）、抗 Fas/Apo-1/CD95 抗体等。

（二）细胞凋亡相关的基因

凋亡因子通过信号转导途径激活细胞内与凋亡有关的基因，从而引发细胞凋亡。细胞内与凋亡有关的基因有以下几种。

1. _ced_ 基因（线虫 _C. elegans_ 凋亡基因） 在线虫体内已发现 14 个与细胞凋亡有关的基因，分别被命名为 _ced-1_~_ced-14_。其中有 3 个在凋亡中起关键作用：_ced-3_、_ced-4_ 和 _ced-9_。研究结果表明，在所有的凋亡细胞中都有 _ced-3_ 和 _ced-4_ 两个基因的表达。即 _ced-3_、_ced-4_ 可促进细胞凋亡，属于凋亡基因。而 _ced-9_ 为凋亡抑制基因，其作用与 _ced-3_ 和 _ced-4_ 相反，可抑制线虫体细胞凋亡的发生。故 _ced-9_ 被称为"抗凋亡基因"（anti-apoptosis gene）。正常情况下，_ced-4_ 与 _ced-3_ 和 _ced-9_ 结合形成复合物，保持 _ced-3_ 无活性状态，当细胞接受凋亡信号，导致 _ced-9_ 脱离复合物，使 _ced-3_ 活化而致细胞凋亡。

2. _Bcl-2_ 基因 _Bcl-2_ 基因是 B 细胞淋巴瘤 / 白血病 -2（B-cell lymphoma/leukemia-2，Bcl-2）的缩写，是最早研究的与人细胞凋亡有关的基因。_Bcl-2_ 基因是从滤泡型非霍奇金淋巴瘤的 t（14：18）（q32；q21）染色体易位的断裂点克隆到的基因，其编码的氨基酸序列与 _ced-9_ 基因编码的氨基酸序列有 23% 同源性。_Bcl-2_ 发现之初被认为是一种癌基因，一般认为 _Bcl-2_ 通过抑制诱导凋亡的信号通路而在肿瘤中发挥作用，后来发现它并无促进细胞增殖的能力，而它的过度表达则可防止细胞凋亡。由于其可抑制多种原因诱导的细胞凋亡，故属抗凋亡基因。

3. *caspase* 基因家族　　自从确定 *ced-3* 在线虫细胞凋亡中的作用以后，人们投入了大量精力分离哺乳动物同源基因。1993 年，Miura 等首先发现哺乳动物的白细胞介素 –1β 转化酶（interleuhn–1β convertingenzyme，ICE）与 *ced-3* 同源，并证实了 ICE 在哺乳动物细胞凋亡中的作用。在以后的几年中，有十几种 *ced-3* 同源基因被发现。由于某些 *ced-3* 同源基因由多个实验室同时发现，因此拥有多种名称。1996 年，在一次凋亡国际会议上，一致决定将这一家族命名为半胱氨酸天冬氨酸酶（caspase）家族，即半胱氨酸天冬氨酸特异性蛋白酶（cysteinyl aspartate–specific proteinases）家族，并对其家族成员按发现顺序统一命名。如：caspase–1 即 ICE。在正常细胞中，*caspase* 是以无活性状态的酶原形式存在。当细胞接受凋亡信号刺激后，酶原分子在特异的天冬氨酸残基位点被切割，形成由两个小亚基和两个大亚基组成的有活性的四聚体，使凋亡信号在短时期内迅速扩大并传递到整个细胞，产生凋亡效应。

4. Apafs　　1997 年人们从细胞提取物中分离出 3 种凋亡蛋白酶活化因子（apoptosis protease activating factor，Apafs）。在 ATP 存在时它们可使 *caspase3* 活化，参与执行细胞凋亡。

5. *c-myc* 基因　　*c-myc* 是与细胞生长调节有关的原癌基因，产物可调节 mRNA 的转录。在缺乏生长因子的条件下，*c-myc* 的转录水平低，其靶细胞处于 G_1 停滞阶段。在加入生长因子后，*c-myc* 的转录迅速增加，诱导细胞进入 S 期。*c-myc* 蛋白在有其他延长存活的因子，如 *Bcl-2* 存在时，促进细胞生长，而在无其他生长因子时，可刺激细胞凋亡。

6. *p53* 基因　　人 *p53* 基因位于 17 号染色体短臂（17p13.17）上，编码的 p53 蛋白是一种位于细胞核内的 53kDa 磷酸化蛋白。p53 蛋白为 Bax 的转录活化因子，如果 DNA 损伤不能被修复，则 p53 蛋白持续增高，特异性抑制 *Bcl-2* 基因的表达，进而促进 Bax 的表达，引起细胞凋亡。现已确认 *p53* 基因是突变频率最高的抑癌基因。

（三）细胞凋亡的分子机制

多年来的分子生物学研究已鉴定出数百种与细胞凋亡有关的调控因子，这些因子组成了多条凋亡信号转导通路。其中某些通路具有一定的相对特异性，而有些通路为非特异性通路。在细胞凋亡信号的转导机制中，不同通路的作用形式不同，而且通路间存在错综复杂的关系。以下简要介绍细胞内外信号诱导的凋亡机制及 caspase 活性的调节在细胞凋亡中的作用，从而使我们对细胞凋亡分子机制有一个简要的了解。

1. 细胞内信号诱导的凋亡　　细胞色素 C（cytochrome C，Cyt C）是一种可溶性蛋白，正常时位于线粒体膜内并松散地附着于线粒体膜的内表面。在将要凋亡的细胞中观察到 Cyt C 从线粒体中释放到细胞质。一旦在胞质中出现 Cyt C，其可与细胞浆中的其他成分相互作用，激活 caspases，诱导细胞凋亡的发生，产生细胞凋亡的表型，如凋亡小体形成。释放的 Cyt C 和 Apaf 1 及 caspase9 酶原结合形成一个复合物，称为 apoptosome。因 Apaf 1 分子中存在 *ced*4 同源区，其 N 端存在 caspase 募集结构域（caspase fecruitment domain，CARD），可直接与 caspase9 酶原结合，C 端有与 Cyt C 相互作用的结构域。形成的复合物使 caspase9 从酶原激活成具有活性的酶，激活的 caspase9 又能将 caspase 家族其他成员激活，使胞质中的结构蛋白和细胞核中的染色质降解，引发核纤层解体，引起细胞凋亡。

2. 细胞外信号诱导的凋亡　　Fas 是广泛存在于细胞膜表面的凋亡信号受体，是肿瘤坏死因子（TNF）受体和神经生长因子（NGF）受体家族成员，Fas 配体（Fas ligand，FasL）是 TNF 家族的细胞表面 Ⅱ 型受体。FasL 与其受体 Fas 结合导致携带 Fas 的细胞凋亡。FasL 或 TNF 作为细胞外凋亡激活因子，分别与其相应受体 Fas 或 TNF 结合而启动，进而形成 Fas 或 TNF 受体 – 连接器蛋白 FADD 和 caspase2、8 和 10 酶原组成的死亡诱导信号复合物（death-inducing signaling complex，DISC）。当 caspase2、8 和 10 酶原聚集在细胞膜内表面达到一定浓度时，它们就进行同性活化，在其亚基间连接区的天冬氨酸位点进行切割，使 caspase 从酶原被激活成为具有活性的酶。caspase2、8 和 10 被激活后，通过异性活化（heteroactivation）使 caspase 3、6 和 7 激活，引发核纤层解体，从而导致细胞凋亡。

3. caspase 活性的调节　体内 caspase 能被激活而成为有活性的酶，同时也能在其他因素的作用下被抑制从而达到对细胞凋亡的调节作用。哺乳类细胞中 caspase 抑制剂是凋亡抑制因子（inhibitor of apoptosis，IAP）家族，如人细胞中的 XIAP，cIAP1 和 cIAP2，它们能特异性地抑制 caspase3 和 7 的激活，IAP 能抑制 caspase 9 的活化。定位于线粒体外膜上的 Bcl-2 则具有双重功能，一方面阻止细胞色素 C 从线粒体释放，抑制 caspases 的激活，另一方面与 Apaf1 结合，调节细胞凋亡。有些病毒蛋白，如痘病毒蛋白 CrmA 和杆病毒蛋白 p35 也能抑制 caspase，通过 caspase 的活化和抑制，调节细胞凋亡。

三、细胞凋亡与细胞坏死

（一）细胞坏死的概念

细胞坏死（necrosis）是指病理及损伤刺激引起的退行性变化所导致的细胞死亡。从抽象概念来讲细胞凋亡属于生理性过程的自然死亡，坏死是病理性死亡。凋亡和坏死是细胞死亡的两个不同途径，细胞凋亡在一定情况下可转化为坏死，但坏死是不可逆的被动过程。细胞凋亡从形态学、生化和分子事件与细胞坏死有明显的区别。

（二）细胞凋亡与细胞坏死的比较（表 14-1，图 14-2）

表 14-1　细胞凋亡与坏死的主要特征比较

	细胞凋亡	细胞坏死
概念	按细胞固有的、基因所控制的程序进行的一种主动性的生理性死亡现象	病理及损伤刺激引起的退行性变化所导致的非自主性细胞死亡过程
刺激	生理或病理刺激	病理及损伤刺激，例如毒素作用、严重缺氧、缺血和缺乏 ATP
细胞形态	细胞发生皱缩，与邻近细胞连接丧失	细胞出现肿胀，形态不规则
细胞膜	完整，鼓泡，形成凋亡小体	丧失完整性、溶解或通透性增加
细胞核	固缩，片段化，核内染色质浓缩，核质边缘化	分解，染色质不规则转移
线粒体	肿胀，通透性增加，细胞色素 c 释放	肿胀，破裂，ATP 耗竭
溶酶体	保持完整	破裂
生化特征	核小体 DNA 断裂成 180~200bp×n 片段	随机断裂成大小不等片段
能量需求	依赖于 ATP	不依赖于 ATP
组织分布	单个或成群细胞	成片细胞
组织反应	非炎症反应	炎症反应
结局	吞噬细胞吞噬部分膜性结构	细胞内容物溶解释放

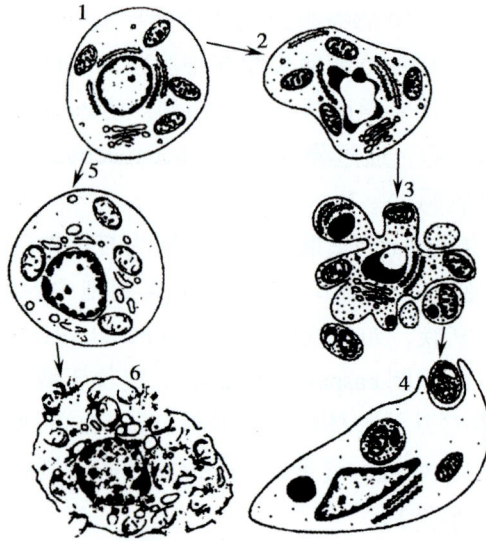

图 14-2 细胞凋亡与细胞坏死的超微形态比较（参照 Cotran 等，1999）

1. 正常细胞，2～4 显示细胞凋亡过程。 2. 细胞皱缩，核染色质凝聚、边集、解离，胞浆致密。 3. 胞浆分叶状突起并分离成为多个凋亡小体。 4. 凋亡小体迅速被其周围巨噬细胞等吞噬、消化。 5～6. 显示细胞坏死过程。 5. 细胞肿胀，核染色质凝聚、边集、裂解成许多小团块，细胞器肿胀，线粒体基质絮状凝集。 6. 细胞膜、细胞器膜、核膜崩解，进而自溶

四、细胞凋亡与疾病

细胞凋亡是个体发育过程中维持机体自稳的一种机制，是生长、发育，维持机体细胞数量恒定的必要方式。细胞凋亡与细胞周期、细胞癌变、细胞病理改变之间关系密切。细胞凋亡的研究，对理解胚胎发育、免疫耐受、细胞群体稳定等重要生命现象具有重要的意义。近年来的研究显示，病毒感染、自身免疫性疾病、神经变性性疾病及肿瘤的发生等都与细胞凋亡有关。

（一）细胞凋亡与自身免疫性疾病

1989 年 Yonehara 等发现了一株单克隆抗体，这株抗体可以识别一种表达于髓样细胞、T 淋巴细胞和成纤维细胞表面的未知分子，诱导多种人细胞系发生凋亡，这种新的膜分子被称为 Fas。人 Fas 是 325 个氨基酸组成的糖蛋白，主要存在于活化的 T 淋巴细胞膜上，Fas 与其配体（Fas ligand，FasL）结合引起细胞凋亡。编码 Fas 蛋白的 *lpr* 基因发生突变的大鼠，可发生淋巴增生和类似于人类系统性红斑狼疮的自身免疫性疾病，编码 FasL 的 *gld* 基因缺失的大鼠也可发生淋巴增殖和狼疮。对此的解释是在免疫系统的发育过程中，机体为了识别和破坏在生命过程中可能遇到的外源性抗原，T 淋巴细胞和 B 淋巴细胞产生抗原受体基因（如 T 淋巴细胞受体和 Ig 基因）重排，随机地产生出数目在百万以上的携带不同抗原受体分子的克隆，其中一部分是针对机体的自身组织细胞的。正常情况下，这些携带针对自身抗原的受体分子的克隆在其发育的早期通过凋亡被清除。而在 Fas 及其配体基因发生突变或缺失时，自身反应性的 T 细胞未能通过凋亡除去，造成自身免疫性疾病。

（二）细胞凋亡与 AIDS

AIDS 的主要免疫学改变是患者血液中的 CD_4^+T 淋巴细胞减少。对 HIV 和 AIDS 研究的新证据表明，HIV 感染所致的淋巴细胞减少和免疫缺陷与 CD_4^+ 辅助 T 淋巴细胞对凋亡的敏感性增高

有关。无症状的 HIV 阳性病人的成熟 T 淋巴细胞在用 Con A 或抗 T 细胞受体抗体激活后，诱导一部分 CD_4^+ 和 CD_9^+ T 淋巴细胞的凋亡。CD_4^+ 细胞容易凋亡的机制尚不完全清楚，已发现 HIV 病毒的包膜糖蛋白 gp120 与此有关。gp120 可与 CD_4 受体结合，加上抗 gp120 抗体的作用使 CD_4 分子相互连接，为 T 细胞受体分子受到刺激后引起的凋亡做准备。在 HIV 感染细胞表面的 gp120 蛋白分子可通过 CD_4 分子与未受到感染的 CD_4^+ 细胞交连，一旦受到抗原刺激，将引起 CD_4^+ 细胞的凋亡。除了 gp120 外，在 CD_4 T 淋巴细胞凋亡的诱导中起作用的还有细胞生长因子，如 TNFα。因此对凋亡抑制的研究，可能是 AIDS 治疗的突破口之一。

（三）细胞凋亡与神经系统退行性疾病

神经细胞的死亡方式主要是凋亡。阿尔茨海默病（Alzheimer′s disease，AD）的缺血性细胞死亡和神经细胞死亡已证实是凋亡所致。在体外培养的神经细胞受到多种刺激即将发生死亡时，Bcl-2 基因的表达可保护其免于凋亡。已有报告指出，帕金森病和肌营养不良性侧索硬化等神经变性性疾病的发病均与凋亡有关。

干细胞（stem cell）是指一类处于未分化或低分化状态，具有自我更新能力（self renew）和多向分化潜能的细胞。干细胞存在于人体或动物个体发育各个阶段的组织器官中，是各种分化细胞或特化细胞的初始来源。在胚胎发育过程中，一个受精卵经过增殖，分化形成一个完整的个体。在成体的生长发育过程中，一部分细胞由于高度分化而完全失去了分裂增殖的能力，最终走向衰老死亡；另一部分细胞处于未分化或低分化状态，仍然保持着增殖、分化的能力，这些细胞通过增殖和分化补充体内受损伤或衰老死亡的细胞。

机体的所有功能特化的细胞和各种组织器官，如心、肺、皮肤、精子、卵子等都来源于胚胎干细胞。干细胞是维持个体生长发育、组织器官的结构和功能动态平衡，以及组织器官损伤后再生修复的细胞学基础。基于干细胞这种独特的更新能力，干细胞生物学几乎涉及所有生命科学和生物医药领域，在细胞治疗、组织器官移植、基因治疗以及发育生物学等方面均产生深远影响，尤其对医学的发展将产生革命性的推动作用。或许在不久的将来，医学上的诸多难题都可以应用干细胞技术迎刃而解（图 15-1）。

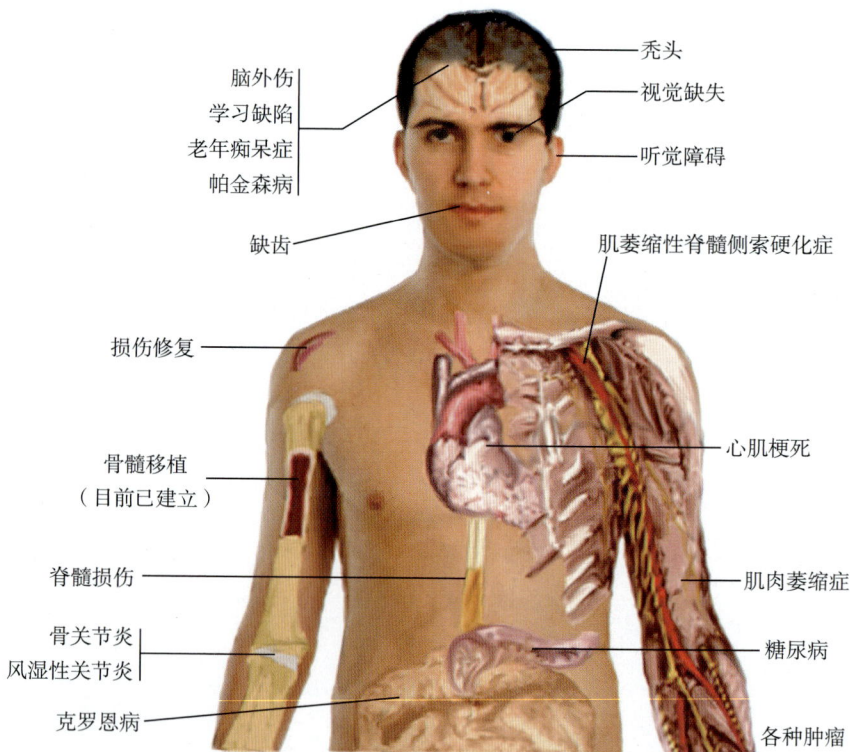

脑外伤
学习缺陷
老年痴呆症
帕金森病
秃头
视觉缺失
听觉障碍
缺齿
肌萎缩性脊髓侧索硬化症
损伤修复
骨髓移植
（目前已建立）
心肌梗死
脊髓损伤
肌肉萎缩症
骨关节炎
风湿性关节炎
糖尿病
克罗恩病
各种肿瘤

图 15-1　干细胞技术在医疗上的潜在应用（引自 Arizona pain stem cell Institute）

第一节 干细胞概述

个体发育从受精卵开始。受精卵通过不同的增殖和分化途径，形成由不同特化细胞构成的功能各异的组织和器官。即使在动物个体成熟之后，机体的组织仍然保持自体稳定性（homeostasis），即特定组织中细胞的死亡和增生保持动态平衡。此外，大多数组织也保持着不同程度的损伤后再生能力，如一些两栖类动物的肢体在损伤后可完整地再生；哺乳动物的造血系统、小肠、毛发和皮肤也保持了一定的再生能力；肝脏在损伤不太严重时也可部分再生。生物个体发育和组织再生的基础有赖于干细胞的存在，干细胞群的功能就是控制和维持细胞的再生。一般来说，在干细胞和其终末分化的子代细胞之间存在着被称为"定向祖细胞"的中间细胞群，它们具有有限的扩增能力和限制性分化潜能，与干细胞的根本区别在于没有自我更新能力。干细胞则具有在一定条件下无限制自我更新与增殖分化的潜能，既能生成表现型与基因型与自身完全相同的子细胞，也能构成机体组织和器官的功能特化细胞，或者分化为祖细胞。干细胞与祖细胞的区别见图 15-2。

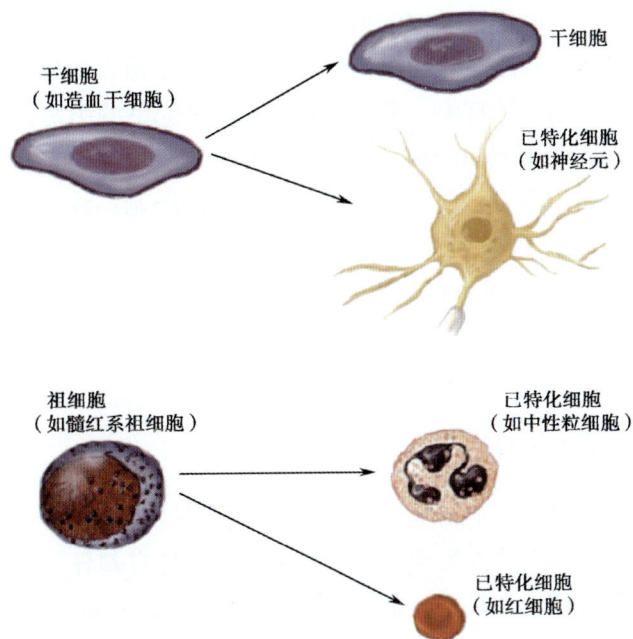

图 15-2　干细胞与祖细胞的区别（引自 Terese Winslow，Lydia Kibink）

上图显示一个造血干细胞产生第二代干细胞和一个神经元。

下图为一个髓样祖细胞分裂产生两个特化细胞（一个中性粒细胞和一个红细胞）

一、干细胞的分类

干细胞可根据其发生学来源或发育潜能进行分类。

（一）根据发生学来源分类

根据发生学来源，干细胞可以分为胚胎干细胞和成体干细胞。

1. 胚胎干细胞（embryonic stem cells，ESCs，简称 ES）　胚胎干细胞是早期胚胎（原肠胚期之前）或原始性腺中分离出来的一类细胞，是一种高度未分化细胞，具有体外培养无限增殖、自我更新和多向分化的特性。ES 具有发育的全能性，无论在体外还是体内环境，ES 细胞都能被诱导分化为机体几乎所有的细胞类型，包括生殖细胞。研究和利用 ES 细胞是当前生物工程领域的核心问题之一。ES 细胞的研究可追溯到 20 世纪 50 年代，由于畸胎瘤干细胞的发现开始了 ES 细胞的生物学研究历程。

2. 成体干细胞（adult stem cells，ASCs） 成体干细胞是指存在于成年动物的组织和器官中的具有再生修复能力的细胞。在正常情况下，成年个体组织中的成体干细胞大多处于休眠状态，而在病理状态或在外因诱导下，可以表现出不同程度的再生和更新能力。一般而言，成体干细胞分化为与其组织来源一致的细胞，然而，在某些状态下，成体干细胞可以表现出很强的跨系或跨胚层分化的潜能，即具有可塑性或横向分化（trans-differentiation）的能力。

（二）根据分化潜能分类

按分化潜能的大小，干细胞可分为 3 种类型。

1. 全能干细胞（totipotent stem cell） 这类干细胞具有形成完整个体的分化潜能。如受精卵就是一个最初始的全能干细胞，随着卵裂（cleavage）的进行，受精卵可以分化出许多全能干细胞。胚胎干细胞具有与早期胚胎细胞相似的形态特征和很强的分化能力，可以无限增殖并分化成为全身两百多种类型的细胞，并进一步构成机体的所有组织、器官。如果提取胚胎干细胞中的任意一个放入具备孕育条件的妇女子宫中，都可能发育成一个完整的胎儿。

2. 多能干细胞（pluripotent stem cell） 这种干细胞具有分化为多种组织器官细胞的潜能，但却失去了发育成完整个体的能力，即发育潜能受到一定的限制。骨髓多能造血干细胞就是典型的例子，它可以分化出至少 20 种血细胞，但不能分化出造血系统以外的其他细胞。

3. 单能干细胞（unipotent stem cell）（也称专能、偏能干细胞）这类干细胞只能向一种类型或密切相关的两种类型的细胞分化。大多数的成体干细胞属于单能干细胞，如上皮组织基底层的干细胞、肌肉中的成肌细胞（也称卫星细胞）。

二、干细胞的形态和生化特征

作为有分裂增殖能力的细胞，干细胞在形态上有一些共性。细胞通常呈圆形或椭圆形，体积较小，核较大，核质比较高。不同种类的干细胞其生化特性各有差异，但都具有较高的端粒酶活性，这与其无限增殖能力是密切相关的。如造血干细胞（hematopoieses stem cell，HSC）有类似癌细胞的端粒酶活性，而由其分化而来的多能祖细胞（multipotent progenitor，MPP）的端粒酶活性则显著下降。

某些干细胞可以根据其形态学特征和存在部位来辨识。如在果蝇的性腺和外周神经系统，干细胞与其外周的分化细胞有固定的组织方式，形成增殖结构单元，但是，对许多组织而言，干细胞的存在部位目前仍未明确，也没有表现与分化细胞截然不同的形态学特征。因此，不同的干细胞所具有的特征性生化标志对于确定干细胞的位置以及寻找和分离干细胞就尤为重要。如角蛋白（keratins）15 是确定毛囊中表皮干细胞的标志分子，巢素蛋白（nestin）为神经干细胞（neural stem cell，NSC）的标志分子等。然而，由于干细胞生存的微环境可以影响其形态和生化特征，且这种影响有时足以产生欺骗性。因此，往往不能仅凭细胞的形态和生化特征来判定干细胞。具有增殖和自我更新能力以及在适当条件下表现出一定的分化潜能是干细胞的本质特点。

三、干细胞的增殖特征

（一）干细胞增殖的缓慢性

当干细胞进入分化程序前，首先要经过一个短暂的增殖期，产生过渡放大细胞（transit amplifying cell）。过渡放大细胞是介于干细胞和分化细胞之间的过渡细胞，经若干次分裂后产生分化细胞。过渡放大细胞的作用是可以通过较少的干细胞产生较多的分化细胞。细胞动力学研究表明，干细胞通常分裂较慢，组织中快速分裂的是过渡放大细胞。如小肠干细胞较其过渡放大细胞的分裂速度大约慢一倍。目前认为，干细胞缓慢增殖有利于细胞对特定的外界信号做出反应，以决定进行增殖还是进入特定的分化程序。另一方面，缓慢增殖还可以减少基因发生突变的危险，使干细胞有更多的时间发现和校正复制错误。因此，有学者认为，干细胞的作用可能不仅仅在于补充组织细胞，还兼具防止体细胞自发突变的功能。

（二）干细胞增殖系统的自稳定性

自稳定性（self-maintenance）是指干细胞具有在生物个体生命区间自我更新（self-renewing）并维持其自身数目恒定的特征。当干细胞分裂时，产生的两个子代细胞都是干细胞或都是分化细胞的，称为对称分裂（symmetry division）；产生一个子代干细胞和一个子代分化细胞的，则称为不对称分裂（asymmetry division）。对无脊椎动物而言，不对称分裂是干细胞维持自身数目恒定的方式，但在大多数哺乳动物可自我更新的组织中，单个干细胞分裂产生的两个子代细胞既可能是两个干细胞，也可能是两个特定分化细胞，即属于对称分裂，然而，从整个组织细胞群体来看，则是不对称分裂。也就是说，哺乳动物干细胞的分裂方式是属于种群不对称分裂（populational asymmetry division），这使得机体对干细胞的调控更具灵活性，也更契合机体生理变化的需要。事实上，为了保持干细胞数目的恒定，机体需要对干细胞的分裂进行十分精确地调控。据研究，每个正常肠腺大约由 250 个细胞组成，如果额外多产生一个干细胞，则该干细胞会多产生 64 ～ 128 个子代细胞。目前，对哺乳动物干细胞种群不对称分裂的调控机制和细节知之甚少。虽然已经克隆了哺乳动物中与果蝇干细胞不对称分裂调控基因同源的基因，但是，它们是否具有类似的功能目前仍不清楚。干细胞的自稳定性是其区别于肿瘤细胞的本质特征。对干细胞自稳定性的研究有望从不同的侧面认识肿瘤的发生机制。

四、干细胞的分化特征

（一）干细胞的分化潜能

干细胞具有多向分化潜能，能分化为各种不同类型的组织细胞。干细胞分化受到其所处微环境的影响，在特定的外界条件诱导下，能"横向"分化为在发育上无关的细胞类型。

（二）干细胞的转分化和去分化

一直以来，成体干细胞被认为只能向一种类型或与之密切相关的细胞分化，如神经干细胞只能向神经系统细胞（神经元细胞，神经胶质细胞）分化而不能分化成其他类型细胞。然而，最近越来越多的证据表明，自体分离的干细胞仍然具有相当的"可塑性"（plasticity），表现出多向分化潜能（图 15-3）。

二、胚胎干细胞的主要特征

各种哺乳动物的胚胎干细胞都具有相似的形态特征，即细胞体积小、核大、有一个或多个核仁，核仁清晰。细胞中多为常染色质，胞质结构简单，散布着大量核糖体和线粒体，核型正常，具有稳定的整倍体核型。

ESC 在体外分化抑制培养时，呈克隆状生长。细胞紧密地聚集在一时起，圆形或卵圆形细胞均呈单层或多层紧密堆积而形成岛状或巢状的群体细胞克隆，细胞界限不清，克隆周围有时可见单个 ESC 和分化的扁平状上皮细胞。ESC 增殖迅速，每 18 ～ 24 小时增殖 1 次。已证实人胚胎干细胞具有较强的端粒酶活性，在体外培养系中连续培养 4 ～ 5 个月而不分化，具有比一般体细胞更长的寿命和更高的增殖活性。

胚胎干细胞为未分化多能性细胞，它表达早期胚胎细胞、畸胎瘤细胞的表面抗原，但鼠与人的胚胎干细胞表达的表面抗原具有种属差异性。如小鼠内细胞团细胞、胚胎干细胞和畸胎瘤细胞表达胚胎阶段特异性抗原 -1（stage-specific embryonic antigen 1，SSEA-1），但不表达 SSEA-3 或 SSEA-4。Thomson 等人研究表明人胚胎干细胞表达非人灵长类胚胎干细胞和人畸胎瘤细胞表面标志未分化状态的细胞抗原，包括 SSEA-3、SSEA-4、TRA-1-60、TRA-1-81 和碱性磷酸酶。人胚胎干细胞一直呈 SSEA-4 强阳性，而 SSEA-3 为弱阳性。 Gearhart 等人从原始生殖细胞分离的胚胎干细胞的 SSEA-1、SSEA-3、SSEA-4、TRA-1-60、TRA-1-81 均表现为阳性，识别 SSEA-3 抗原的抗体染色弱且不稳定。Thomson 获得的人胚胎干细胞表现为 SSEA-1 阴性，而 Gearhart 分离的人胚胎干细胞却表现 SSEA-1 阳性，Gearhart 等人认为 SSEA-1 阳性可能是源于原始生殖细胞的多能干细胞分化标志。因为未分化状态的人胚胎干细胞不表达 SSEA-1，而分化的人胚胎干细胞呈 SSEA-1 强阳性。

三、胚胎干细胞生长和分化的内源性调控

干细胞除了受所处微环境的影响外，其自身也表达多种调控因子，藉此对外界信号产生响应，调控自身增殖和分化，如调节细胞不对称分裂的蛋白、控制基因表达以及干细胞和非干细胞后代染色体修饰的核因子等，此外，还有对干细胞在终末分化之前所进行的分裂次数进行限定的"时钟"因子等。

第三节　成体干细胞

在成体组织或器官中，许多细胞仍具有自我更新及分化产生不同组织的能力，如血液细胞和皮肤细胞。此外，在损伤情况下，肝等组织细胞也具有再生补充受损死亡细胞的能力。由此推测，在成体中也存在某些能起新旧更替作用的成体干细胞的存在。

造血干细胞是最先被认识的成体干细胞。近年来，由于细胞生物学和分子生物学的发展，除造血干细胞之外，已有多种其他成体组织的干细胞被成功分离或鉴定。如间充质干细胞、神经干细胞、皮肤干细胞、肠干细胞和肝干细胞等。目前普遍认为：成体干细胞是在成体组织内具有自我更新能力的、能分化产生一种或一种以上子代组织细胞的未成熟细胞。

一、造血干细胞

目前，已经证实骨髓中存在 3 种干细胞：①造血干细胞（hematopoietic stem cell，HSC），是

体内各种血细胞的唯一来源。②基质干细胞（stromal stem cell），可分化产生骨、软骨、脂肪、纤维结缔组织及支持血细胞的网状组织。③最近，从血液循环中分离出一种祖细胞（progenitor cells），能分化为分布于血管的内皮细胞，推测为内皮祖细胞，并证实其来源于骨髓。造血与基质干细胞及其分化见图15-4。

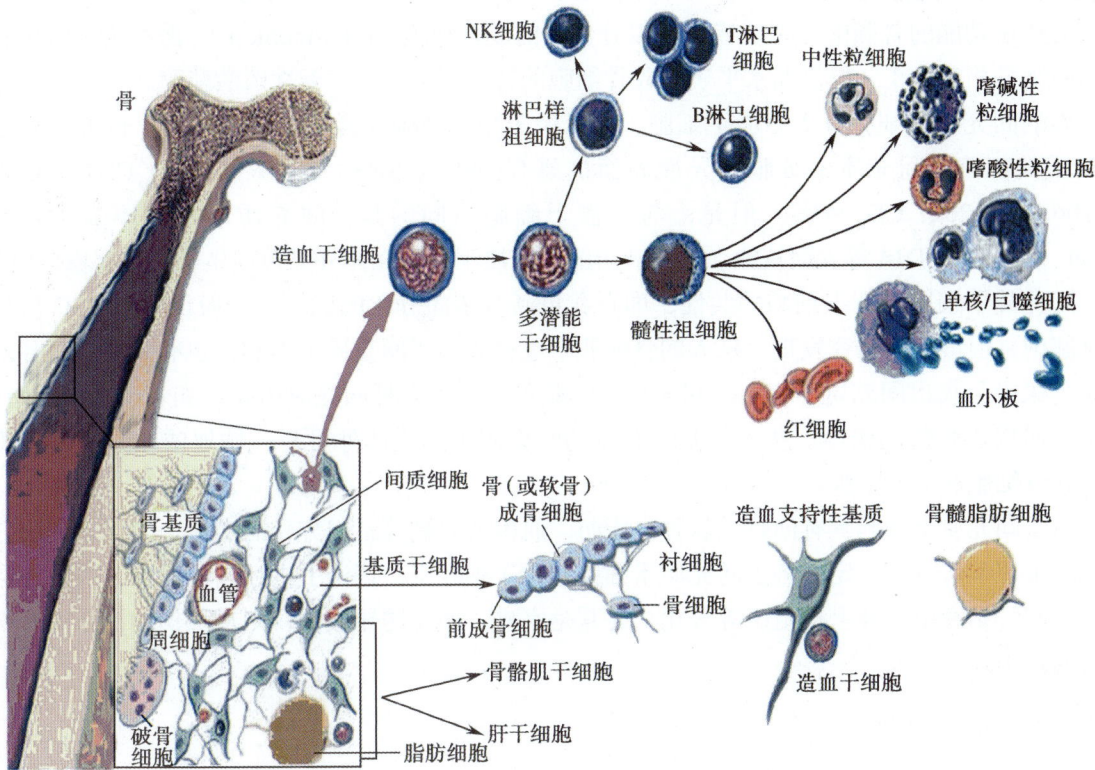

图 15-4　造血干细胞与基质干细胞及其分化

　　造血干细胞是指存在于造血组织内的一类能分化成各种血细胞的原始细胞，又称多能造血干细胞（multipotential hematopoietic stem cell）。它主要存在于骨髓、外周血及脐带血中。目前认为，造血干细胞在一定微环境和某些因素的调节下，能增殖分化为多能淋巴细胞（pluripotential lymphoid stem cell）和多能髓性造血干细胞（pluripotential myeloid stem cell，PMSC），前者可进一步分化、发育成功能性淋巴细胞；后者则首先发育成粒细胞巨噬细胞系、红细胞系、巨核细胞系等造血祖细胞（hematopoietic progenitor），然后，再进一步分化为白细胞、红细胞和血小板。

　　造血干细胞是第一种被认识的组织特异性干细胞。目前，对造血干细胞的形态仍无定论，一般认为类似于小淋巴细胞。目前，主要通过表面标志来分离纯化造血干细胞。人造血干细胞表面标志包括 $CD34^+$、$CD38^-$、Lin^-、$HLA\text{-}DR^+$、Thy^+、$c\text{-}Kit^+$、$CD45RA^-$ 和 $CD71^-$ 等。其中，$CD34^+$ 是临床上应用最多的造血干细胞标志物。

　　造血系统是体内高度活跃和高度新陈代谢的系统。造血干细胞的基本特征是通过不对称性的有丝分裂，在不断产生大量祖细胞的同时，维持自身数目恒定，而造血祖细胞进一步的增殖与分化是补充和维持人体外周血细胞的基础。由造血干细胞到祖细胞再到外周血细胞的过程历经复杂的分化调节，依赖于各种造血生长因子、造血基质细胞及细胞外基质等多种因素的相互作用与平衡，并涉及细胞的增殖分化、发育成熟、迁移定居、衰老凋亡及癌变等生命科学领域的核心课题，这也是基础研究的主要热点。

二、间充质干细胞

研究发现，在人类、鸟类和啮齿类等生物的骨髓中，可分离出一种骨髓间充质干细胞（mesenchymal stem cells，MSC），其形成于发育中的骨髓腔（marrow cavity）。个体出生后，间充质干细胞附于骨髓窦的内腔面，形成一种包埋于窦状网络中的三维细胞网络。间充质干细胞在尚未建立造血功能的骨髓中分裂旺盛，可以分化为前成骨细胞（preosteoblast），而在具造血功能的骨髓中则是相对静止，但仍高水平表达成骨细胞的特征性标记——碱性磷酸酯酶。

人的间充质干细胞属于多能干细胞，可以像未分化细胞那样进行体外扩增，也可以分化为间充质类细胞。间充质干细胞特异性表面抗原有：SH2、SH3、CD29、CD44、CD71、CD90、CD106、CD120a、CD124等。但是，与造血干细胞不同的是，间充质干细胞不表达CD45、CD34、CD41、CD14等表面抗原。分离获得的间充质干细胞在体外呈单层生长，并有稳定核型。

间充质干细胞具有干细胞的共性，即自我更新及多向分化的能力。一般认为，MSC只存在于骨髓中，但最近有研究发现，从人的骨骼肌中也分离出了间充质干细胞，也有人分别从骨外膜和骨小梁中分离出间充质干细胞。间充质干细胞可分化为多种间充质组织，如骨、关节、脂肪、肌腱、肌肉、骨髓基质等。从人骨髓中获得的间充质干细胞体外可专一性地诱导分化为脂肪细胞、软骨细胞和成骨细胞。

由于间充质干细胞具有向骨、软骨、脂肪、肌肉及肌腱等组织分化的潜能，因而，利用它进行组织工程学研究有一定优势。间充质干细胞起源于中胚层，理论上讲，它可以向其他中胚层组织如真皮、结缔组织及上皮组织等分化，尤其是真皮，如能诱导成功，则在烧伤的治疗中有不可低估的作用。

三、神经干细胞

近来有研究证实，在成体中枢神经系统中存在一些可分裂细胞。这些细胞具有自我更新及分化形成神经元、星形胶质细胞和少突胶质细胞等成熟细胞的能力，因而被称为神经干细胞。

实验发现，哺乳动物室管膜下区的细胞中存在着有增殖能力的神经细胞。免疫荧光标记实验显示，在活体中可以清晰观察到增殖的细胞从脑室迁移到嗅球（olfactory bulb）的轨迹，从而有力地证明了在成体哺乳动物中有可增殖的神经干细胞存在。1992年Rynolds等从成年小鼠脑纹状体中分离出能在体外不断分裂增殖且具有多种分化潜能的神经干细胞。1998年Svendsen等从人的胚胎中分离出神经干细胞。实验表明，体外培养的神经干细胞在表皮生长因子（epidermal growth factor，EGF）的作用下可以不断分裂，如果每周传代一次，可以维持一年以上。

研究发现，神经干细胞表达的一种中间丝状蛋白——巢素蛋白（nestin）可以作为干细胞的特征性生化标记。该蛋白属于第Ⅳ类中间丝，它的表达起始于神经胚形成期。当神经细胞的迁移基本完成后，巢素蛋白的表达量开始下降，并随着神经细胞分化的完成而停止表达。免疫组化实验证实：所有神经干细胞均呈巢素蛋白阳性。在神经干细胞培养过程中，如果以小牛血清代替表皮生长因子，神经干细胞可进一步分化为星形胶质细胞、少突状细胞及神经元，巢素蛋白的表达则逐渐减少，而出现神经元特征性的微管结合蛋白-2及胶质细胞的特征性胶质纤维酸性蛋白（glial fibrillary acidic protein，GFAP）。表皮生长因子并不是维持神经干细胞的唯一因子。成纤维细胞生长因子-2能直接刺激神经干细胞的增殖与分化；胎鼠的海马、脊髓及嗅球组织在成纤维细胞生长因子-2的作用下，均能够诱导产生多潜能的神经干细胞。

理论上讲，任何一种中枢神经系统疾病都可归结为神经干细胞功能的紊乱。脑和脊髓由于血脑屏障的存在使之在神经干细胞移植到中枢神经系统后不会产生免疫排斥反应，如给帕金森综合征患者的脑内移植具有多巴胺生成能力的神经干细胞，可治愈患者部分症状。

四、表皮干细胞

皮肤是再生能力较强的组织。表皮基底部具有不断增殖和分化能力的干细胞称为表皮干细胞（epidermal stem cell）。表皮干细胞为皮肤组织中的专能干细胞，是一种成年组织干细胞，可增殖分化为表皮中各种细胞成分，保持皮肤正常的表皮结构。

1. 表皮干细胞的来源与分布　表皮干细胞的来源可能有：胚胎干细胞诱导分化、已分化细胞逆转、间充质细胞再生、毛囊处的干细胞诱导分化、造血干细胞或其他组织干细胞随血液循环迁移或过客至皮肤组织，在某些因素的刺激下，由于干细胞的可塑性而向表皮干细胞横向分化。

在成年个体内，没有毛发部位的表皮干细胞位于与真皮乳头顶部相连的基底层；有毛发的皮肤则位于表皮脚处的基底层。此外，正常人头顶部、阴阜、阴囊皮肤组织中的表皮干细胞多于其他部位。在表皮基底层中有1%～10%的基底细胞为表皮干细胞。随着年龄的增大，表皮干细胞的数量也随之减少，这也是小儿创伤愈合能力较成人强的原因之一。

2. 表皮干细胞的特征　表皮干细胞的3个典型特征是：慢周期性（slow cycling）、较强的自我更新能力、对皮肤基底膜的黏附。干细胞主要通过表达整合素实现对基底膜的黏附，这是维持其在基底层环境中稳定性的基本条件，对建立皮肤附属结构的空间分布也很重要。目前一些细胞表面糖蛋白，如整合素、核蛋白P63、角蛋白等已被作为表皮干细胞的特异性标记物而受到关注。

五、肠干细胞

肠表面由被肠腺围绕并根植于肠壁的绒毛组成。每个肠腺大约由250个细胞组成，实验证明，这些细胞中有起再生作用的肠干细胞（intestinal stem cell）的存在。当把肠腺细胞注射到小鼠体内后，在受体鼠的肠部位可发现其中有些移植细胞能分化发育成肠绒毛细胞。进一步的实验发现，这些细胞位于肠腺基部或近基部。为保持肠腺的自体稳定性，这些增殖缓慢的肠干细胞可以很快地转变为过渡放大细胞，移向肠腺中部并分化为肠上皮吸收细胞、杯状细胞和肠内分泌细胞。肠干细胞还可以向肠腺基部分化产生潘氏细胞。

六、肝干细胞

自从Kinosita于1937年首次提出肝中存在可分化为肝细胞的干细胞样细胞后，肝干细胞（hepatic stem cell）的存在就一直处于广大研究者的关注和争论之中。最近，基于从啮齿类动物肝脏研究中获得的确切证据以及人类肝脏疾病发病的细胞生物学机制的研究进展，肯定了肝干细胞的存在。一般认为，肝干细胞为肝内胆管系统源性的多潜能分化细胞群，它既可向胆管细胞分化，又可向肝细胞分化。

迄今为止，肝干细胞在肝脏内的精确定位尚不完全明确。肝干细胞尚无法从形态上来识别，也缺乏特异性标志。根据形态命名的两种细胞被认为与肝干细胞有着密切的关系。一种是卵圆细胞（oval cell），它因形态小、胞浆少、胞核呈卵圆形而得名。另一种是从大鼠肝脏中分离到的"小肝细胞"（small hepatocyte），这些细胞无极化和增生现象，具有高密度的核，缺乏任何分化标志。同时，大量的形态学研究也有力证明了肝病患者的肝中存在着"小肝细胞"。这些资料提示，肝干细胞可能位于肝内胆管系统，并呈多潜能性。

第四节　干细胞的应用前景及存在问题

干细胞的应用研究始于血液系统。1967 年，美国华盛顿大学的多纳尔·托马斯发表论文声称，将正常人的骨髓移植到病人体内，可以治疗造血功能障碍，从而开始了干细胞应用于血液系统疾病的临床治疗。20 世纪 70 年代末，中国科学院上海细胞所开始小鼠胚胎癌细胞及其诱导分化的研究，并于 1987 年建立了我国第一株小鼠胚胎干细胞系，用生长因子的基因操作成功地诱导胚胎干细胞分化为血管内皮细胞。1998 年，美国的 Thomson 和 Shamblott 两个研究小组成功地使人类胚胎干细胞在体外生长和增殖，使科学家们认定干细胞的应用前景不可估量。1999 年，美国科学家 Goodell 发现小鼠肌肉组织干细胞可以横向分化成血细胞。随后，世界各国相继证实，成体干细胞，包括人类的干细胞具有可塑性，这为干细胞的临床应用开辟了更为广阔的空间。随着研究的进一步深入，干细胞将在生命科学的多个领域有着更为重要的影响和作用。

一、应用领域及前景

1. 克隆动物　胚胎干细胞在理论上讲可以无限传代和增殖而不失其正常的二倍体基因型和表现型，可以对其进行体外培养至早期胚胎进行胚胎移植，在短期内可获得大量基因型和表现型完全相同的个体，这在保护珍稀野生动物方面有着重要意义。还可对胚胎干细胞进行遗传操作，通过细胞核移植生产遗传修饰性动物，有可能创造新的物种。

2. 转基因动物　利用转基因技术，将控制人们所需性状的基因导入到胚胎干细胞中，使基因的整合数目、位点、表达程度和插入基因的稳定性及筛选工作等都在细胞水平进行，从而获得稳定、满意的转基因胚胎干细胞系。在体外适宜条件下进行细胞培养，并对其诱导分化，产生一个新的个体即转基因生物体，让其表现人类需要的性状。如将药用蛋白基因与乳腺蛋白基因的启动子等调控组件重组在一起，通过显微注射等方法，导入哺乳动物的胚胎干细胞中。然后，将体外培养胚胎干细胞得到的早期胚胎移植到受体子宫内，使其生长发育成转基因动物。该转基因动物进入泌乳期后，可以通过分泌的乳汁来生产所需要的药品，因而使其成为乳腺生物反应器或乳房生物反应器。

3. 发育生物学研究　个体发育归根到底是基因表达与调控的过程。然而，由于哺乳动物的胚胎小，且在子宫内发育，故难以在体内连续动态地研究其早期胚胎的形态结构变化以及组织细胞分化中的基因表达调控过程。而干细胞特别是胚胎干细胞具有多向分化潜能，具有体外操作及无限扩增的特性，因而成为细胞和分子水平上研究个体发育过程中早期事件的良好材料。

4. 组织器官修复及移植　在临床上无论采取自体还是异体移植来修复缺损组织和器官都受到客观条件的限制，特别是种子细胞的来源不足。随着干细胞工程（stem cell engineering）学的诞生和发展，使组织和器官的移植研究进入了新的阶段，有望解决上述问题。有研究报道称，小鼠胚胎干细胞在特殊条件下能够分化为骨母细胞，结合组织工程技术，能形成有可能用于骨修复的骨组织。这种用自体的细胞进行培养后移植的方法不仅解决了种子细胞来源问题，还可以避免异体移植所带来的免疫排斥问题。

5. 治疗疾病　理论上讲，干细胞可以用于各种疾病的治疗，但其最适合的疾病主要是组织坏死性疾病如缺血引起的心肌坏死及化学烧伤等引起的角膜缺失，退行性病变如帕金森综合征，自体免疫性疾病如胰岛素依赖型糖尿病等（图 12-1）。中医藏象学说中的"肾藏精"理论似乎与干细胞存在着某种关联，研究人员正开展相关研究并试图揭示其内在联系。应用干细胞治疗疾病较传统方法具有很多优点：①低毒性（或无毒性），一次给药，长期有效。②不需要完全了解疾病发病的确切机制。③还可能应用自身干细胞移植，避免产生免疫排斥反应。

二、干细胞应用中存在的问题

研究和利用干细胞是当前生物工程领域的核心问题之一。然而，在进行干细胞研究的同时，应该清晰认识到目前为止除了造血干细胞治疗血液疾病，许多其他领域还尚未彻底证明其治疗效果及安全性，干细胞研究与临床应用之间还有较大差距。因此应重视干细胞应用过程中可能出现的问题的解决，包括以下几个方面

1. 干细胞应用的社会伦理问题 因胚胎干细胞的来源途径是以破坏胚胎为代价，这受到了伦理学家、宗教界的质疑与反对，科学家们面临的最大挑战并非技术上或理论上的问题，而是关于胚胎干细胞的来源、生殖性克隆、传统的伦理观念等。而成体干细胞应用则涉及患者的知情同意、治疗前后的解释和异体细胞使用权等问题。诱导性多能干细胞的出现避免了干细胞研究领域的免疫排斥和伦理道德问题，促进了干细胞研究领域的发展。

2. 干细胞的获取、分离、纯化、增殖、鉴定问题 要获取大量的成体干细胞比较困难。最普遍的成体干细胞是造血干细胞，由于这些干细胞在脐血中出现，需要在病人出生时采取并存储大量的脐血用于今后的治疗。若利用来自患者的健康细胞进行体细胞核转移，定做胚胎干细胞，其技术昂贵，缺乏商业价值。另外，如果没有扎实可靠的分离培养技术，也就没法进行后续实验研究。没有有效的增殖技术，就达不到细胞移植等治疗所需要的细胞数量。干细胞的纯化及鉴定目前虽然研究很多，但由于许多干细胞没有独特的表面抗原，所以其鉴定问题将是一大难题，需要各国科学家们进一步研究。

3. 干细胞的特异性诱导分化问题 干细胞移植的最终目标是将干细胞定向诱导为特定的组织或者器官，并针对性地治疗某种疾病，从而恢复机体功能。然而胚胎干细胞的生长分化受到复杂、精确体系的调控，它们相互协作共同促进胚胎干细胞的生长分化。在胚胎干细胞定向诱导分化过程中，许多调控机制尚未完全明了，还需要进一步深入探索。目前为止，所有体外诱导胚胎干细胞定向分化（committed differentiation）的物质只能提高某一分化组织在分化群落中的比例，不能诱导形成单一组织。利用反转录病毒和慢病毒载体诱导生成诱导性多能干细胞时，可能会引起外源基因整合到体细胞基因组，引起插入突变。

4. 移植后免疫排斥问题 虽然干细胞表面的抗原表达很微弱，患者自身的免疫系统对这种未分化细胞的识别能力很低，但胚胎干细胞的抗原性还是可以在其向成熟细胞的分化过程中逐渐表现出来。所以，即使是同种异体干细胞移植治疗也存在着排斥反应。

5. 干细胞治疗的生物安全问题 胚胎干细胞的生长特性与肿瘤细胞极为相似，在应用之前必须解决和避免成瘤问题。目前最好的策略是把胚胎干细胞诱导分化为功能细胞或者某种细胞的前体细胞后再移植到体内，也可以提供设计自杀基因，当移植的胚胎干细胞向肿瘤发展时，自杀基因便发挥作用导致细胞死亡。

嘧啶（thymine，T），因为 B 淋巴细胞体外难以增殖，骨髓瘤细胞缺乏 TK 或 HGPRT，在含有氨基蝶呤的培养基中不能存活，只有杂交瘤细胞在含 HAT 的培养液中生长并形成集落。在初筛获得能分泌与特定抗原起免疫反应的抗体的杂交瘤细胞后，需要对具有稳定生长和抗体分泌功能的杂交瘤细胞进行克隆化，以获得能分泌与其他抗原无交叉反应，对特定抗原有不同亲和力的抗体的杂交瘤细胞克隆，即特异性的单克隆抗体杂交瘤。通过对单克隆抗体杂交瘤的培养和上清收集即可获得相应的 McAb。

第二节　基因转移技术与转基因动物

一、基因转移技术

基因转移（gene transfer）技术是指将一种细胞的某一特定基因其转移到另一种细胞中，并分析外源特定基因的活性和功能的细胞工程技术。

可用物理的、化学的或生物学的方法，在 DNA 和染色体水平上进行基因转移，分别称之为 DNA 介导的基因转移和染色体介导的基因转移。基因转移的方法包括：显微注射法、磷酸钙共沉淀法、载体携带法、染色体直接转移技术和微细胞技术等。

（一）DNA 介导的基因转移

为了探讨基因的功能或各个基因在细胞生长、分化和各种生命活动中的作用，需要通过实验操作分离一种细胞的 DNA 片段或某一特定基因，将其转移到另一种细胞中，随后分析外源 DNA 或外源特定基因的活性和功能，这是细胞工程研究中的一种重要手段——DNA 介导的基因转移技术。它包括显微注射法、磷酸钙共沉淀法、载体携带法。

1. 显微注射法　显微注射法（microinjection）：在制备转基因动物时，将外源基因通过内径 0.1～0.5μm 的玻璃显微注射针，在显微镜下直接注射到受精卵的细胞核内，称为显微注射法。

显微注射是在显微镜直视下操作，因此可调整注射针和受体细胞的相对位置，将注射针从特定位置插入细胞，按实验设计要求将 DNA 样品注入细胞质中或注入细胞内，其转化率能达到 1%～10%。

2. 磷酸钙共沉淀法　磷酸钙共沉淀法（calcium phosphate co-precipitation）是指使外源 DNA 或重组质粒 DNA 与磷酸钙混合，形成微小颗粒，并加入宿主细胞培养液中，使这些颗粒沉积在细胞表面，通过宿主细胞摄取这些颗粒而将 DNA 转移入宿主细胞的方法。该法已被用于一些功能基因的分离、转录调节因子的鉴定以及翻译、RNA 加工信号成分的分析。

3. 载体携带法　载体携带法是指利用天然的或人工制造的载体携带外源 DNA 分子以达到转移基因的目的。红细胞血影（ghost cell）和脂质体（liposome）是最为常用的两种载体。

（1）红细胞血影　哺乳类动物红细胞在低渗条件下迅速发生膨胀，并在细胞膜上出现直径 50nm 左右的小孔，如果在低渗溶液中混合有适量待转移的目的基因 DNA，则 DNA 分子可通过小孔进入红细胞，当用高渗溶液调节红细胞恢复等渗条件时，红细胞质膜又恢复其不通透性，使被吸入的外源 DNA 包裹在红细胞血影中，这样制得的红细胞血影可以通过细胞融合技术而将携带的外源 DNA 转移到受体细胞中。

（2）脂质体　利用脂质体将外源基因导入到受体细胞的原理是阳离子脂质体与 DNA 混合后，形成一种稳定的复合物，这种复合物可直接加到培养的细胞中，然后黏附到细胞表面并与细胞膜融合，DNA 被释放到胞浆中。进入细胞的基因，可在细胞中酶的作用下进行表达，但不能整合，这种温和的基因转移方法对细胞无损伤，转移效率高。

（二）染色体介导的基因转移

染色体介导的基因转移又称为染色体工程或染色体转导，通过对染色体操作（分离或切割），将包含有目的基因的染色体或染色体片段转入受体细胞，使其在受体细胞中表达。

1. 染色体直接转移技术　分离纯化的染色体可以直接从供体细胞被转移入受体细胞。将染色体供体细胞用秋水仙碱处理，使细胞停止在细胞分裂中期，将分裂中期细胞作低渗处理，并借助机械力使细胞破裂释放染色体，经洗涤、离心获得纯化的染色体。

分离纯化的染色体转移入受体细胞的方法主要包括：细胞吞噬法、磷酸钙共沉淀法、和脂质体法。

（1）细胞吞噬转移染色体法。将受体细胞和染色体悬浮液在含多聚鸟氨酸（poly-L-ornithine）的培养液中培养，受体细胞可能通过吞噬作用将外源染色体摄入细胞，转移的效率很低。

（2）染色体 - 磷酸钙共沉淀转移染色体法。将染色体 - 磷酸钙沉淀加入预先经秋水仙碱、细胞松弛素和二甲亚砜处理过的受体细胞培养物中，这样可提高转移效率上百倍。

（3）脂质体转移染色体方法也是有效的技术，原理如前所述。

2. 微细胞转移染色体技术　微细胞转移染色体技术：用秋水仙素处理染色体供体细胞，使染色体被阻滞在细胞分裂中期，并在染色体周围形成核膜将各个染色体包围起来，呈现很多微核体。在细胞松弛素 B（cytorelaxin B）作用下，微核体逐渐逸出细胞膜外，成为微细胞。离心收集微细胞并加入含有受体细胞的培养液中，在融合剂 PEG 作用下，微细胞和受体细胞融合，在选择性培养基中培养，可以筛选出微细胞中的染色体已整合到受体细胞染色体中的转染细胞。

（三）基因转移细胞的筛选

将纯化的外源 DNA 或染色体引入受体细胞后，需要筛选出已经被外源基因转化了的细胞，筛选方法的设计取决于所转移基因的特性和受体细胞的遗传性状。最有效和常用的选择系统是 HAT 选择培养基方法，详见本章细胞融合部分：被研究的基因绝大多数缺乏选择标记特性，可以采用共转化技术（co-transformation）进行研究，将不带选择标记的目的基因和一个选择标记基因（TK 或 HGPRT）混合，并转化该选择标记基因缺陷的受体细胞，只有转化成功的细胞才可以在 HAT 选择培养基中生长。

二、转基因动物

转基因动物（transgenic animal）：用基因转移技术将外源基因导入或整合到细胞基因组内，并能稳定遗传给后代的一类动物。转基因动物技术是在动物整体水平研究目的基因的生物技术，其特点是分子及细胞水平操作，组织及动物整体水平表达。自 20 世纪 80 年代初发展起来后，已迅速、广泛地应用于生物及医学的基础研究、动物育种及基因治疗的探索、基因产品的制备及营养成分的改进等方面。

20 世纪 70 年代初科学家将分离纯化的 DNA 和 mRNA 注入爪蟾卵（英国）和鱼卵（中国），以研究 DNA 和 RNA 的功能。1981 年，美国的 Brinster 和 Palmiter 用小鼠进行了转基因实验，将大鼠生长激素基因与小鼠的金属硫蛋白基因（metallothionein）连在一起，构成 MTrGH 基因，然的体内外培养及发育胚移入雌性受体的过程。

1. 受体细胞的选择　在细胞核移植的研究中，作为核受体的主要有去核受精卵和去核成熟卵母细胞两种。Willadsen 首创用去核成熟卵母细胞（M 期）作受体细胞后，得到了胚胎克隆绵羊。以后的研究者大多用去核成熟卵母细胞作受体，相继得到了克隆动物。结果证明，处于 M 期的卵母细胞有利于供体核在重组胚中的再程序化，保证了核移植一定的成功率。去核率越高，其重组胚发育成个体的可能性越大。后来发现处于 M Ⅱ 期的卵母细胞更适合作受体细胞。受体卵母细胞的去核方法主要如下。

（1）示核法　传统的 Hoechst 33342 示核法为短波激发荧光，可以显示极体与卵母细胞中期板的相对位置，从而可以作为判断去核是否成功的标志。采用这种方法，需要使用紫外光照射，紫外线对卵母细胞可能会造成不同程度的伤害，从而影响克隆胚胎的后续发育。

（2）盲吸法　它是根据 M Ⅰ 期卵母细胞中第一极体与细胞核的对位关系，在特定的时间段内，通过去核针直接将第一极体及其附近的胞质吸除，从而去除胞核。该法去核效率达 90% 以上。这是目前大多数核移植所采用的去核方法。

（3）化学法　上述两种方法每次只能处理一个卵母细胞，而且操作的技能要求高，去除的胞质体积大，对卵母细胞常常造成机械性伤害。在卵母细胞成熟期间可以把一些化学试剂添加到成熟液中，造成卵母细胞分裂，分离的动力系统发生改变，使得中期板和极体一同排出，从而达到去核的目的。这种方法可以成批处理卵母细胞。

（4）蔗糖高渗处理去核法　它是以 0.3 ～ 0.9mol/L 的高渗蔗糖液处理卵母细胞一段时间，通过去核针去除卵胞质中透亮、微凸的部分（约 30% 胞质）。该法的去核成功率可高达 90%，且已成功获得了克隆个体。

（5）末期去核法　在减数分裂第二次成熟分裂的末期，以第二极体为指示，去除与其相邻的部分胞质，去除的胞质少，效率高。

（6）透明带打孔法　鉴于小鼠的质膜系统较脆，常规的盲吸法去核后，卵母细胞的存活率往往较低，因而预先以显微针在透明带打孔，然后以细胞松弛素处理后去核，可大大提高去核后卵母细胞的存活率。

2. 供核细胞的选择　根据核供体的来源不同，可将其分为胚胎细胞克隆技术及体细胞克隆技术，主要包括胚胎细胞核移植、胚胎干细胞核移植、胎儿成纤维细胞核移植、成年体细胞核移植等。对不同供核细胞来源的克隆研究结果表明，克隆效率一般随其供核细胞分化程度的提高而下降。

（1）胚胎细胞核移植　将未着床的早期胚胎分散成单个的细胞球，在电流的作用下，使单个细胞与去除染色体的未受精的成熟卵母细胞融合。发育成胚胎后，移入受体妊娠产仔。原则上一枚早期胚胎有多少个细胞，通过这种方法，就可以克隆出同等数目的个体。还可将细胞反复克隆出更多的胚胎，产生更多的克隆动物。

目前经此法克隆出的动物有小鼠、兔、山羊、绵羊、猪、牛、猴等。此法比胚胎分割法有所进步，能克隆出更多的动物。

（2）体细胞核移植　体细胞核移植的成功，是 20 世纪生物学突破性成就之一，尤其是在理论上证明：即便是高度分化的成体动物细胞核在成熟卵母细胞中仍然能被重编程，表现出发育上的全能性。用体细胞核移植的应用价值也远远大于胚胎细胞作为供体核。

目前，在体细胞克隆时供核体细胞的准备方案基本上可分为 4 种：①罗斯林方案（即血清饥饿法），使细胞处于 G_0 期。②檀香山方案，即使用新鲜分离或者处于活跃分裂期的细胞。③北京方案，即将体细胞在 4℃冷藏一段时间用于克隆。④ ACT 方案，即接触抑制的细胞准备方案。还有一种就是 –70℃或者液氮冻存的细胞直接复苏后用作供体。其中使用最为广泛的是罗斯林方案。

3. 重组胚的构建方法　有融合法、胞质内注射法、去透明带法、连续核移植法、四倍体胎盘补偿法等。目前的通常做法是：采用显微操作的方法，直接将供核细胞移植到已经去核的卵母细胞的透明带下，然后通过细胞融合的方式，使供核细胞与受体细胞发生融合，由此实现细胞核与细胞质的重组，形成重构胚。该法存在一个问题，即供核细胞的胞质也参与重构胚的胞质的组分，这有可能导致克隆动物组织细胞中线粒体的多样性，并可能产生一定的生物学后果。另一种做法是：以显微针反复抽吸供核细胞，从而分离出其中的胞核部分，然后将胞核直接注入细胞核已去除的受体细胞中，直接构成重组胚，这种方法主要被用于克隆小鼠的制作。

4. 重构胚的激活　正常受精过程中，会发生一系列的精子激活卵母细胞的事件。在重构胚组合成功后，也必须要模拟体内的自然受精过程，对重构胚予以激活。

激活通常采用化学激活与电激活方法，目前采用的融合 – 激活方案有 3 种：①融合前激活：在卵母细胞与供核体细胞融合前激活卵母细胞，首例体细胞克隆山羊就是通过这种方案取得成功。②融合时激活：在将供受体融合的同时激活卵。③融合后激活：在供受体融合后数小时再激活，可延长核在受体胞质内的时间，使重编程更彻底。

多数研究都是采用后两种方法得到克隆后代，尤其是融合后激活法可以使供核与卵胞质充分的相互作用，有利于供核的重新程序化。为保证重组胚的正常染色体倍数，供体细胞和受体可通过两种办法来协调，如用 M II 期去核卵（激活前融合），则供体细胞必须处于二倍体的 G_1 期，如不能保证供体细胞处于 G_1 期，则受体卵去核并应在融合前激活。

5. 重构胚的培养与移植　重构胚激活后，须经一定时间的体外培养，或放入中间受体动物（家兔、山羊等）的输卵管内孵育培养数日，待获得发育的重构胚（囊胚或桑葚胚）后，方可将之移植至受体的子宫里，经妊娠、分娩获得克隆个体。

二、动物克隆

动物克隆（animal cloning）是指通过无性繁殖由一个细胞产生一个和亲代遗传性状一致的子代动物。

动物克隆技术是通过体内或体外培养、胚胎移植，产生与供体细胞基因型相同的后代的技术过程，它主要是指前述细胞核移植技术，也包括胚胎分割技术。

动物克隆可不经过有性繁殖过程而达到扩繁同基因型哺乳动物胚胎及其种群的目的。动物克隆依其目的可分为繁殖性克隆和治疗性克隆两种。繁殖性克隆（reproductive cloning）旨在快速繁殖或"复制"优秀动物个体；治疗性克隆（therapeutic cloning）则与胚胎干细胞技术结合，解决人类医学中组织、器官的自体移植问题，从而达到临床治疗的目的。

科学家们很早就开始了动物克隆的研究。早在 1938 年，德国胚胎学家 Spemann 通过结扎蝾螈受精卵，使其一分为二，结果有核部分可以发育到 16 细胞期，而无核部分不能分裂；随后 Spemann 将一个卵裂球的核移入无核部分，结果两半都能发育，获得幼虫。1952 年，英国科学家 Briggs 和 King 首次报道了豹蛙的核移植研究。1962 年，英国剑桥大学的 Gurdon 用蝌蚪原肠期内胚层细胞核移植，获得体细胞克隆爪蟾。我国已故科学家童第周教授在 20 世纪 60 ～ 70 年代曾用囊胚细胞进行鱼类细胞核移植工作，获得属间和种间移核鱼，使我国鱼类核移植研究居世界领先水平。早期的动物克隆研究仅限于两栖类和鱼类，直到 20 世纪 70 年代，核移植克隆技术才开始应用于哺乳动物。

根据供核细胞的不同，可将哺乳动物克隆（细胞核移植）研究分为 3 个阶段：

1. 哺乳动物胚胎细胞克隆（核移植）阶段 1975 年，英国科学家 Bromhall 首次报道将兔的胚胎细胞核注射入去核卵母细胞，发现此重构胚胎能够发育到桑葚胚，这是首次获得哺乳动物核移植胚胎的报道。1981 年，Illmensee 和 Hoppe 报道了他们用小鼠的正常囊胚或孤雌活化囊胚的内细胞团细胞作为核供体，直接注入去掉雌雄原核的受精卵胞质中，重构胚体外发育到桑葚胚或囊胚后移植寄母子宫，获得克隆小鼠，该实验未能被重复。1983 年，美国科学家 McGrath 和 Solter 结合显微操作技术和细胞融合方法获得了克隆小鼠。1986 年，英国科学家 Willadsen 用绵羊的 8～16 细胞阶段的胚胎细胞作为供体进行核移植，首次应用电融合的方法克隆出 3 只绵羊，这是首次在家畜上核移植获得成功。1997 年，Li Meng 与 Don Wolf 等人利用以上绵羊的核移植方法，首次开展了对灵长类动物核移植的研究，并成功获得了 2 只健康存活的恒河猴，这是第一例核移植灵长类动物，为体细胞克隆猴提供了实验依据。我国科学家也成功开展了胚胎细胞克隆兔、山羊、小鼠、牛和猪等研究。

2. 哺乳动物同种体细胞克隆（核移植）阶段 1997 年 2 月，英国罗斯林研究所 Wilmut 等人宣布，他们用 6 岁成年绵羊的高度分化的乳腺细胞进行了核移植，成功地获得了克隆羊"多莉"。这是第一次用成年体细胞作为供核细胞，由此说明高度分化的成年动物的体细胞可在适当条件下发生逆转，恢复全能性，这是生物技术史上具有划时代意义的重大突破，是克隆技术的一个里程碑。1998 年 5 月，美国科学家 Robl 的研究组利用牛胎儿成纤维细胞克隆出了 3 头牛，而且携带了转移的基因。1998 年 7 月，美国夏威夷大学 Yanagimachi 研究小组克隆小鼠成功。此后，同种体细胞克隆出的山羊、猪、兔、猫、大鼠、狗、雪貂、水牛和单峰驼等也都相继诞生，其中，水牛和猕猴完全由中国本土完成，克隆大鼠和雪貂的主要完成人均为中国科学家。2018 年我国突破了灵长类动物体细胞克隆障碍，成功克隆了长尾猕猴。这些成果说明我国在核移植研究领域处于国际领先地位。

3. 哺乳动物异种体细胞克隆（核移植）阶段 将一种动物的体细胞核移植到另一种动物的去核（遗传物质）卵母细胞中，为拯救濒危物种甚至克隆已经灭绝的物种提供了可能。1999 年，中国科学院动物研究所生殖生物学国家重点实验室将成年大熊猫体细胞作为供核体细胞移植到去核（遗传物质）的日本大耳白兔卵母细胞中，成功地构建出异种重构胚，体外培养获得孵化囊胚。2001 年将重构胚移植寄母子宫，获得了着床的重大进展。1999 年，美国 wisconsin-Madison 大学以来自绵羊、猪、猴和大鼠的皮肤成纤维细胞作为供核体细胞，移植到去核（遗传物质）牛卵母细胞中获成功。2001 年，Nature Biotechnology 杂志上报道了异种体细胞克隆濒危哺乳动物——欧洲盘羊的成功。

克隆技术在医学领域具有重要的应用价值，除了上述利用核移植获得克隆动物的研究，还可以利用核移植进行治疗性研究，如阻断线粒体疾病的遗传、提高高龄妇女卵细胞质量等。2017 年 Zhang 等报道将线粒体 DNA 突变的 Leigh 氏综合征携带者的卵细胞纺锤体移植入正常捐献者去核卵细胞构成一个新卵，再注入其丈夫的精子获得受精胚胎，并成功地获得一个健康男婴。这是世界上首例利用卵细胞核移植方法获得的"三亲婴儿"，但因伦理问题 Zhang 遭到美国 FDA 警告。核移植治疗性研究虽意义重大，但需严格遵守医学伦理规范。

第四节 细胞工程在医学中的应用

一、医用蛋白质

在应用方面，几乎所有具开发前景的蛋白质和多肽都用蛋白质工程进行过改造尝试，并取得了不同程度的效果。研究最多、取得成果最显著的是生物技术药物和工业用酶的蛋白质工程。蛋白质和多肽类药物包括激素、细胞因子、酶、酶的激活剂或抑制剂、受体和配体、细胞毒素和杀菌肽以及抗体等。作为药物，希望通过改造以提高其活性、特异性和稳定性，控制分子聚集，降低免疫原性和毒副反应，延长其在体内的半寿期，增加对靶位点的导向性等。

（一）单克隆抗体的应用

从一个建株的单克隆抗体杂交瘤细胞产生的单克隆抗体是同一类或同一亚类的免疫球蛋白，其独特型和恒定区完全相同，因此单克隆抗体是高度特异性针对单一抗原决定簇的均质抗体。基于单克隆抗体的高度特异性，它在临床医学的诊断和治疗及生物医学基础研究中，均显示出极其重要的意义和价值。

1. 在临床诊断中的应用 作为医学检验试剂，单克隆抗体现已广泛应用于病原体、肿瘤、激素、细胞表面标志等许多领域的诊断。目前已有许多由单克隆抗体制成的检测试剂盒。

（1）诊断病原体。例如，HIV-I/HIV-2 抗体检测试剂盒用于诊断艾滋病毒（human immunodeficiency virus，HIV），HBsAg 或 HBeAg 检测试剂盒用于诊断乙型肝炎病毒（hepatitis b virus，HBV）。

（2）判断内分泌功能。例如，人绒毛膜促性腺素（human chorionic gonadotrophin，hCG）或黄体生成素（luteinizing hormone，LH）试剂盒可以检测女性早孕和排卵情况。

（3）诊断肿瘤与分型。例如 AFP/CA125/Cyfra21-1/CA24-2/CEA/free-β-hCG/NSE 多肿瘤标志物定量检测试剂盒可用于临床辅助诊断肝癌、各类消化道肿瘤、卵巢癌、乳腺癌、胰腺癌、绒毛膜癌、肺癌。

（4）鉴别淋巴细胞。例如，CD3/CD4/CD8 淋巴细胞亚群检测试剂盒、CD45RA/CD45RO /CD3/CD4 四色淋巴细胞亚群试剂盒等用于不同淋巴细胞的鉴定。

2. 在疾病治疗中的应用 近 30 年来，单克隆抗体在临床应用中最有价值的体现是在治疗方面，治疗性单克隆抗体已成为全球新药开发的热点，主要用于肿瘤、自身免疫性疾病及炎症疾病的治疗。如 1998 年获批的曲妥珠单抗，靶向 HER2，用于 HER2 阳性转移性乳腺癌和胃癌的治疗；2003 年获批的奥马珠单抗，靶向 IgE，用于治疗中度至重度过敏；2008 年获批的赛妥珠单抗，靶向 TNF-α，用于克罗恩病，风湿性关节炎的治疗；2010 年获批的托珠单抗，靶向 IL-6R，用于治疗类风湿关节炎和细胞因子风暴，在治疗新冠感染的细胞因子风暴中也发挥了重要作用。

3. 在基础研究中的应用 可进行表位分析：单克隆抗体突出的优点就是识别复杂抗原结构上的单个抗原表位，也即抗原决定簇，为分析抗原分子的生物大分子复杂结构提供了有力的工具。可用作探针：例如用荧光物质标记的单克隆抗体，能方便地确定与其结合的生物大分子（蛋白质、核酸、酶等）在组织或细胞中的分布与定位，目前单克隆探针广泛应用于免疫荧光、杂交等研究方法中。

（二）组织纤维蛋白溶酶原激活因子

组织型纤溶酶原激活剂（tissue-type plasminogen activator，t-PA）可以在临床上用于分解血栓块，医治心肌梗死和肺栓塞；但当病人服用 t-PA 时，5 分钟后血液中 50% 以上的药都会被身体清除掉。为了解决这个问题，药物就必须通过较长时间的静脉输液来输送。t-PA 是糖基化的蛋白，许多血浆中糖蛋白的某些寡糖链能被肝脏受体所特异识别。糖基化的 t-PA 分子中第 120 位的 Asn 就是这样一个识别位点，如果用 Gln 代替 Asn，那么 t-PA 在血液循环中的半寿期就会大大延长。

（三）水蛭素

一个由 65 个氨基酸组成的蛋白质，由水蛭的唾液腺分泌，它是一个效果很好的凝血酶抑制剂。于是科学家们就考虑对它进行改造，以使它成为一种效果更强的抗凝血剂，当人们把 47 位氨基酸残基 Asn 变成 Lys 或是 Arg 时，它在试管中的抗凝血效率提高了 4 倍；在动物模型上检验其抗血栓形成的效果，发现其效率提高了 20 倍，甚至比肝素还高 5 倍。

二、基因工程动物的应用

目前，科学家们已成功地建立了转基因大鼠、转基因小鼠、转基因兔、转基因猪、转基因羊、转基因牛、转基因鱼、转基因昆虫等。我国的转基因研究起步较晚，但转基因鱼、小鼠、大鼠、兔、猪、羊和牛也已制备成功。

（一）用于生物医学基础研究

1. 研究基因功能　基因表达与调控的研究是当今分子生物学研究的热点。转基因动物是一个四维时空体系，用于研究基因调控颇为理想。从目的基因导入受精卵后产生的转基因动物可以观察到目的基因在该动物发育过程中表达的时间和组织特异性、影响表达的诸多因素及产生的生理效应，能够从整体水平确定该基因的表达调控机制。主要的研究策略是从单基因调控到多基因调控，以至基因敲除等复杂系统。具体方案可通过改变转移基因的调控序列及基因编码序列进行研究。

2. 研究生物的发育过程　同源异形盒基因（homeobox gene）是与胚胎发育及细胞分化调节相关的基因。其基因家族表达的时空特异性很复杂。用转基因小鼠研究此类基因，可探讨其如何控制胚胎发育过程中细胞的分化。另外诱捕载体（entrapment）与 ES 细胞结合，形成了一种新技术，可识别小鼠发育中的任何基因及其活动。

3. 在免疫学研究中的应用　转基因及基因敲除小鼠已成为从整体水平、组织器官水平、细胞水平和分子水平研究各种免疫现象的重要工具。如 T 细胞和 B 细胞的个体发育，细胞因子及其受体的作用，抗原提呈，抗体产生，免疫应答等。主要是将特定抗原及抗原受体基因、人免疫球蛋白及主要组织相容复合物基因、细胞因子及细胞因子受体基因导入小鼠，观察转基因鼠的免疫反应。许多研究结果已为自身免疫机制、免疫耐受机制，抗感染机制等提供了充分依据，并为免疫相关疾病的研究奠定了基础。

（二）用作人类疾病及基因治疗的实验模型

1. 肿瘤转基因动物模型　癌基因转基因小鼠的产生为肿瘤学研究提供了新的途径，使癌基因功能得以在活体检测。组织特异性启动子调控的特异表达有助于认识肿瘤发生的机制。在 SV40 转基因鼠可见到在不同启动子调节下，将引起胰腺、肝脏等不同部位的肿瘤。多瘤病毒 T 抗原基因可使鼠血管内皮产生多发性肿瘤。T 细胞白血病病毒转基因鼠则长出了神经纤维瘤。另有研究表明，导入多个癌基因时，也可引起肿瘤发生，因此可研究癌基因的协同作用。此外也可通过给肿瘤转基因鼠用化疗或反义核酸等来研究抗癌治疗。

2. 病毒性疾病的转基因动物模型 转基因动物可以说是能在活体研究病毒唯一理想的工具。无论是对病毒本身，还是对病毒与宿主相互作用的研究，用体外试验或普通实验动物都是无法替代的。转基因动物主要适用于研究流行性强、危害大但宿主范围窄的病毒。

乙型肝炎病毒（hepatitis b virus，HBV）严重危害人类健康，20 世纪 80 年代以后，HBV 转基因小鼠的建立，为这些研究提供了有价值的可用模型。已有人用此动物模型研究了 HBV 生物学特性，证明了 HBV 表达的组织特异性、发病及免疫机制、病理改变，并用此模型研究了治疗乙肝的药物筛选及疫苗验证等。

在新型冠状病毒肺炎（COVID-19）的研究中，亟须合适的动物模型，虽然小鼠容易饲养和操作但小鼠并不表达新型冠状病毒（SARS-CoV-2）用于进入人体细胞的人血管紧张素转换酶 2（angiotensin converting enzyme 2，ACE2），我国的科学家们建立了表达 ACE2 的转基因小鼠，并证实这种小鼠感染 SARS-CoV-2 后的肠道、肺炎症状及病理学特征与 COVID-19 患者很相似，为 SARS-CoV-2 及 COVID-19 提供了一种方便实用且经济实惠的动物模型。

3. 遗传病的转基因动物模型 转基因技术为遗传性疾病的动物模型提供了快速准确的制备方法。其主要通过随机突变、定点整合及直接插入基因等方法建立模型，此类模型可用来研究单个基因在发病和疾病进程中的作用，研究药物干预后的反应及机理等。

家族性高胆固醇血症（familial hypercholesterolemia，FH）是由低密度脂蛋白（low density lipoprotein，LDL）受体遗传缺陷所致。用胚胎干细胞基因敲除技术已成功建立了 LDL 受体基因缺陷小鼠模型，可用于研究 LDL 的代谢和调控及 LDL 受体的作用。将人 LDL 受体基因转移至该鼠后，能逆转 LDL 受体缺陷引起的高胆固醇血症。从基因治疗的角度，证实 LDL 受体基因能调节血浆胆固醇，因而此模型也可视为基因治疗的模型。

4. 基因治疗的模型 基因治疗为许多有基因缺陷的遗传病、肿瘤及病毒性疾病的治疗，甚至治愈带来了希望。治疗途径主要包括：引入功能正常的基因，取代或去除致病基因及修饰缺陷基因。前者将目的基因直接注入体内或转入体外细胞再回输至体内。其他途径则需通过同源重组等复杂的基因技术对 DNA 进行定点整合或修饰。基因治疗的方式包括体细胞与生殖细胞基因治疗两类，而后者为一些疾病的根治提供了可能，但由于医学伦理的限制，生殖细胞基因操作禁止用于人类。

（三）作为生物反应器生产药用蛋白

用转基因动物来大量生产药用和食品蛋白，如抗体、疫苗、激素、血液组分蛋白、细胞因子和营养保健品等，是医药产业的一场革命，具有十分诱人的前景。其基本程序是将目标蛋白的基因导入动物受精卵，制备出转基因动物。在全程的调控元件控制下，外源基因在动物体内特异部位高效表达后，通过提取及纯化获得可作为药用的目标蛋白用于临床。这类转基因动物就像活体的生物工厂，因而被称为生物反应器（bioreactor）。用生物反应器制备药用蛋白，生产流程性强、生产成本低、产量高，还可进行翻译后修饰与加工，使产品具有天然生物活性，纯度高。比传统的基因产品制备、分离、纯化等生产程序更为简化，更适于一些需求量大、结构复杂、其他制备方法不易获得的稀有、昂贵蛋白类物质的生产。

乳腺生物反应器（mammary gland bioreactor）：目标蛋白在乳腺中特异性表达的转基因动物个体。自 1987 年报道转基因小鼠乳汁中可表达分泌人组织纤溶酶原激活剂及 1990 年生产人O－抗胰蛋白酶的转基因羊诞生以来，至今已在鼠、兔、猪、羊、牛多种转基因动物乳腺中表达出了多种药用价值很高的人类蛋白，如：抗凝血酶 Ⅲ、乳铁蛋白、抗胰蛋白酶、生长激素、尿激酶、纤溶酶原激活因子、促红细胞生成因子、人 C 蛋白、CD4 蛋白、白介素 –2、白蛋白、γ－干扰素及凝血因子 Ⅸ、Ⅷ 等，其中已有多种进入了临床试验。

膀胱生物反应器：目标蛋白是在膀胱中特异性表达的转基因动物个体。已有人用尿血小板溶素（uroplakin）基因启动子制备出转基因小鼠的膀胱生物反应器，使鼠尿中持续表达人生长激素，与乳腺生物反应器相比，膀胱生物反应器最大的优势是可短期获益。收集尿液不仅简单、无创伤，且尿液本身蛋白、脂质等含量少，使所需的蛋白更易提取、纯化。而且产生的转基因动物还可不分性别，终身使用，因而成本将会更低。

家禽生物反应器：目标蛋白在家禽中特异性表达的转基因动物个体。从蛋清中生产和表达药物蛋白，其特点是易提取、纯化，繁殖快，成本低等。

目前，用转基因动物作为生物反应器来生产的药用蛋白已获批上市的有羊奶中表达的重组凝血酶抗体（商品名 Atryn）、兔奶中表达的重组人 C1 酯酶抑制剂（商品名 Ruconest）和鸡蛋清中表达的重组人溶酶体酸性脂肪酶（商品名 Kanuma）。

三、组织工程

组织工程（tissue engineering）：又称组织工程学，是应用细胞生物学、生物材料和工程学的原理与技术，在正确认识哺乳动物的正常及病理两种状态下的组织结构与功能关系的基础上，研究开发用于修复或改善人体各种组织或器官病损组织或器官的结构、功能的生物活性替代物的一门新兴科学。

组织工程的基本原理是将组织细胞（或者干细胞）贴附于生物相容性良好的生物材料上，形成细胞－生物材料复合物，将其植入到体内特定部位，或者置于体外特定环境下，在生物材料逐步降解的同时，细胞产生外基质，形成新的具有特定形态结构及功能的相应组织。组织工程的核心，是由种子细胞和生物活性材料构成三维空间复合体，具备足够数量并保持特定生物学活性的种子细胞是组织工程最基本的要素。组织工程是生命科学发展史又一新的里程碑，标志着医学将走出器官移植的范畴，步入制造组织和器官的新时代。目前，组织工程已经能够再造皮肤、骨、软骨、肝、消化道、角膜、肌肉、乳房等组织器官，给临床应用带来了希望。

（一）组织工程化皮肤

人工皮肤基本上可分为 3 个大的类型：表皮替代物、真皮替代物和复合皮肤替代物。表皮替代物由生长在可降解基质或聚合物膜片上的表皮细胞组成。再上皮化为创面愈合重要标志，可通过体外分离、培养表皮细胞，再移植到创面形成复层上皮、重建皮肤屏障。表皮替代方式主要包括表皮细胞膜片移植和表皮细胞悬液移植。真皮替代物在真皮重建中起着重要作用，通过诱导体内 Fb 和血管内皮细胞等修复细胞的增殖、迁移和侵入，形成新的真皮组织，可改善创面愈合后皮肤的弹性、柔韧性、耐磨性，减少瘢痕增生。目前在深度烧伤创面、外伤性全层皮肤缺损创面、瘢痕切除后创面，甚至部分骨、肌腱外露创面的修复中取得了良好的临床效果。而复合皮肤替代物为异体表皮细胞、成纤维细胞（fibroblast，FB）及细胞外基质（extracellular mitrix，

ECM）经体外培养后得到的包含表皮及真皮的复合组织，是目前最高级别的皮肤替代物。其代表性产品包括 Apligraf®、OrCel® 等，这些产品对烧伤创面、糖尿病溃疡、静脉性溃疡等各种急慢性创面的治疗有良好效果。

（二）组织工程化骨骼

骨骼比皮肤复杂得多，涉及三维立体结构。骨骼干细胞（skeletal stem cells，SSCs）取自骨髓基质干细胞或间质干细胞，通过体外培养可使其扩增。骨作为一个器官，其所有组织（包括骨、软骨、脂肪细胞和血发生支持基质）都可在这个模型系统中产生。培养得到的 SSCs 细胞在移植前必须在适当的由生物活性材料构建成的三相支架上进一步培养，并添加适当的生长因子如骨形态发生蛋白（bone morphogenetic protein，BMP）以支持骨再生，这一方法大多数是有效的。在 SSCs 细胞移植后骨损害可以得到较好的修复，至少比仅由骨损害部位残存的干细胞自发性修复快。这已在人类骨缺损病例中做了初步的观察。

再生医学和组织工程的发展将是十分诱人的。美国人类基因组科学公司的主席和首席执行官 Haseltine 认为，再生医学将包括 4 个阶段：第一阶段是模拟生长因子的作用来刺激机体的自我修复功能；第二阶段是在鉴定出必需的生长因子后在体外培植组织或器官用于移植；第三阶段将包括通过重建细胞的生物钟，使老年组织返老还童的技术；第四阶段将会是探索纳米技术和材料科学的新发展。这些新技术的发展将使人类可能构建出细胞、器官和组织的新部件，与人体自然组成浑然一体的新组合。

四、细胞治疗

（一）概述

细胞治疗（cell therapy）：是用遗传改造过的人体细胞直接移植或输入病人体内，以控制和治愈疾病为目的的治疗方法和手段。遗传改造包括纠正病人存在的基因突变，或使所需基因信息传递到某些特定类型细胞。目前常说的基因治疗技术虽然能把编码正常序列的基因导入突变细胞，从而使突变基因的功能得到纠正。但导入基因的整合和表达难以精确控制，特别是该基因插入对其他细胞基因产生的效应尚无法预知，更大的问题是许多被用作基因操作的细胞在体外不易稳定地被转染和增殖传代。人胚胎干细胞（embryonic stem cells，ES）不仅在体外有自我更新的能力，而且也能产生一些分化类型细胞的干细胞，即使经遗传操作后一般仍能稳定地在体外增殖传代，克服了目前基因治疗中需大量靶细胞来源的主要问题。

为克服异体移植中的免疫排斥反应，首先将人 ES 细胞进行 MHC 基因操作，建立可供移植对象配对选择的各种 MHC 组合的 ES 细胞库。在此基础上，根据不同的移植对象和要求，或直接定向诱导分化为功能性细胞（如神经细胞、神经胶质细胞、软骨细胞等）；或定向诱导分化为组织干细胞（如造血干细胞、神经干细胞等），这类组织干细胞也可直接取材于成体组织或器官；通过进一步遗传操作，改造和修正 ES 细胞基因组，再定向诱导分化为组织谱系干细胞或特定的分化细胞，最终移植输入患者。另一种途径是将患者的体细胞核导入去核卵细胞，体外发育至胚泡期，从中分离培养出供核患者专用的 ES 细胞，再经诱导产生所需的分化类型的细胞，回输给供核的患者，同样也避免了免疫排斥问题。但这种途径在实际应用中遇到核移植和建立特定 ES 细胞的增殖问题。新近有人设想将患者的体细胞核直接导入去核 ES 或胚胎生殖细胞（embryonic germ cell，EG），培养专用 ES 细胞，因为体细胞核的遗传程序（genetic program）可再程序化，导入的细胞核按核供者的遗传信息指导 ES 细胞增殖和分化。美英等国已有数家商业机构利用 ES 细胞技术制备和供应临床治疗用的不同类型细胞，表明 ES 细胞工程成为新兴的商业竞争热点，并将在临床医学中产生巨大的经济效益和社会影响。

（二）细胞治疗的临床应用

1. 血液病　珠蛋白（globin）在血液中主要是转输氧，哺乳类珠蛋白在不同的发育阶段有不同形式的表达。ε-珠蛋白基因仅在胚胎红细胞中表达，在正常成年体内并不表达。这种 ε-珠蛋白基因在镰刀状血细胞病人中被激活时，能封阻含有镰刀状血细胞血红蛋白的红细胞被镰刀状化。ES 细胞及其基因操作的研究有可能回答如何在成年镰刀状血细胞病人中启动 ε-珠蛋白基因表达的问题。从而阻止疾病进一步发展。ES 细胞和造血干细胞研究也有助于产生供细胞治疗移植用的、不含有镰刀状血细胞突变的血细胞。

2. 神经系统疾病　各种类型神经细胞（神经元）因某种原因死亡，成熟神经元不能分裂、补充和替代那些死亡的细胞从而引起多种神经系统疾病。Parkinson's 病是因缺损产生神经递质多巴胺的神经元；Alzheimer's 病是因丧失产生乙酰胆碱的神经元；Huntington's 病是缺失产生 γ-氨基丁酸的神经元。若产生髓磷脂的神经元死亡，则引起多发性硬化症；若激活肌肉的运动神经元丧失，则引起肌萎缩性侧索硬化症。科学家已成功地从脑部产生多巴胺的区域分离出分泌多巴胺的前体细胞，并在体外培养系统中进一步增殖，然后移植入患有实验性 Parkinson's 病的鼠类脑部，明显地改善了动物对运动和动作的控制及协调性。产生多巴胺的神经干细胞已能从小鼠 ES 细胞衍生而来，为用 ES 细胞治疗 Parkinson's 病提供了实验依据。同样，应用 ES 细胞在实验性治疗多发性硬化症方面也取得重要结果。同时，功能恢复实验也证明，接受细胞治疗的大鼠的后肢持重和运动协调性也有很大改善。在人 ES 细胞建系成功后，人们正在探索培养神经胶质细胞、星形胶质细胞和少突神经胶质细胞，以用于临床神经损伤的病人。

3. 肝病　通过转基因途径将人肝干细胞导入生长促进（growth-promoting）基因成为永生化细胞后，可在体外大量增殖，同时保留着分化为肝细胞的能力。这些细胞被移植入肝病动物模型，则改善了动物的肝功能。但是，利用永生化的细胞作细胞治疗时，却存在着易发生肿瘤的危险。有人提出在细胞永生化的同时，给予一种药物激活细胞自杀（cell-suicide）基因，使永生化细胞被控制在一定数量范围内，可能避免或减少生瘤的危险性。

4. 骨和软骨疾病　ES 和 EG 细胞可能在体外培养系统中被诱导发育成为骨和软骨，然后这些细胞被导入骨关节炎患者的关节软骨损伤区域，或者导入因骨折或手术而引起的较大骨隙中，这类从 ES 细胞衍生的骨和软骨细胞在被移植部位自我修复的优点远远超过现行的组织移植。这种方法有希望治愈骨和软骨的遗传缺损，例如成骨不全症（osteogenesis imperfecta）和各种软骨发育异常（chondrodysplasia）等骨和软骨的疾病。

英汉名词对照表

A		
A.van Leeuwenhoek	列文虎克	4
acidic cytokeratin	酸性角质蛋白	104
acidic projection domain	酸性的突出结构域	99
acquired Immune deficiency syndrome, AIDS	艾滋病	7
acrosome	顶体	140
actin-related protein	肌动蛋白相关蛋白	94, 95
activator protein-1	激活蛋白 -1	162
adenine	腺嘌呤	20
adenylyl cyclase, AC	腺苷酸环化酶	157, 160
adhesion belt	黏着带	46
adult stem cell	成体干细胞	190
aerobic oxidation	有氧氧化	117
agranular endoplasmic reticulum, AER	无颗粒内质网	129
alternative splicing	选择性剪接	82
Alzheimer's disease, AD	阿尔茨海默病	109
aminopterin, A	氨基蝶呤	201
amitosis	无丝分裂	164
amoiboid motion	阿米巴运动	97
amphipathic molecule	双亲媒性分子	30
anaphase	后期	166
anchoring junction	锚定连接	45
angiotensin-converting enzyme 2, ACE2	血管紧张素转化酶 2	7
animal cloning	动物克隆	207

续表

续表

bioreactor	生物反应器	211
blastosyst	囊胚期	193
B-lymphocyte hybridomas techniques	B 淋巴细胞杂交瘤技术	201
bone morphogenetic protein,BMP	骨形态发生蛋白	213
bulk-phase endocytosis	批量内吞	43
bullous pemphigoid antigen Ⅰ	大疱性类天疱疮抗原 Ⅰ	107
bundling protein	成束蛋白	95
C		
CAAT box	CAAT 框	79
calcium phosphate co-precipitation	磷酸钙共沉淀法	202
calmodulin, CaM	钙调素	160
calmoldlin	钙调蛋白	169
cAMP response element binding protein	cAMP 应答元件结合蛋白	161
cAMP response element, CRE	cAMP 应答元件	161
capping	戴帽	83
capping protein	封端蛋白	94
capsula	荚膜	25
cardiolipin	心磷脂	113
carrier protein	载体蛋白	38
caspase fecruitment domain, CARD	募集结构域	184
cell	细胞	1
cell biology	细胞生物学	1
cell cortex	细胞皮层	97
cell culture	细胞培养	15
cell cycle	细胞周期	164, 168
cell determination	细胞决定	174
cell differentiation	细胞分化	173
cell division	细胞分裂	164
cell engineering	细胞工程	200
cell fractionation	细胞分级分离	14
cell fusion	细胞融合	16, 200
cell hybridization	细胞杂交	16
cell junction	细胞连接	45

续表

续表

chromosome banding	染色体显带技术	73
cilium	纤毛	49
circRNA	环状 RNA	89
cis–acting element	顺式作用元件	133
cis Golgi network, CGN	顺面网络	133
cisternae	扁平囊	133
citric acid cycle	柠檬酸循环	118
clathrin coat	网格蛋白包素被	136
cleavage	卵裂	190
clone	克隆	201
coated pits	有被小窝	43
coding strand	编码链	79
coiled–coil dimer	超螺旋二聚体	105
colchicine	秋水仙素	101
collagen	胶原	53
collagen fibril	胶原原纤维	54
combinational control	组合调控	174
committed differentiation	定向分化	199
common deletion	普通缺失	125
communicating junction	通讯连接	47
compartment	区室	133
compartmentalization	区隔化	26
constitutive heterochromatin	结构（或恒定）异染色质	68
constitutive secretion	组成型分泌	44
contractile ring	收缩环	97, 166
core particle	核心颗粒	68
core protein	核心蛋白	52
coronavirus	冠状病毒	6
Corona Virus Disease 2019,COVID–19	新型冠状病毒肺炎	6
cortisone	肾上腺皮质激素	142
co-transformation	共转化技术	203
cotransport	协同运输	41
cross–linking protein	交联蛋白	95

续表

续表

fluorescence microscope	荧光显微镜	9
focal adhesion	黏着斑	46
forming face	形成面	133
fragmin	截断蛋白	94
free diffusing	自由扩散	36
free reticulum	游离核糖体	144
G		
gangliosides	神经节苷脂	30
gap junction	间隙连接	47
gel-forming protein	凝胶形成蛋白	94
genecluster	基因簇	78
gene knock in	基因敲入	17
gene knock out	基因敲除	17
gene transfer	基因转移	202
genetic program	遗传程序	213
genome	基因组	27, 175
ghost cell	红细胞血影	202
glial fibrillary acidic protein	胶质纤维酸性蛋白	104
globin	珠蛋白	214
globular actin	球状肌动蛋白	91
glucose transport	葡萄糖的转运	117
glycerophosphatide	甘油磷脂	30
glycogen storage disease type Ⅱ	Ⅱ型糖原累积病	141
glycolysis	糖酵解	117
glycosaminoglycan	氨基聚糖	51
glycosphingolipid, GSL	鞘糖脂	30
Golgi apparatus	高尔基器	132
Golgi body	高尔基体	132
Golgi complex	高尔基复合体	132
G_1 phase	G_1 期	168
G_2 phase	G_2 期	168
G protein	G 蛋白	159
G protein-coupled receptor, GPCR	G 蛋白偶联受体	157

续表

granular component	颗粒成分	75
granular endoplasmic reticulum, GER	颗粒内质网	129
granulolysis	粒溶作用	141
growth factor	生长因子	171
growth-promoting	生长促进	214
guanine	鸟嘌呤	20
guanine nucleotide-binding protein	鸟苷酸结合蛋白	158
guanylyl cyclase, GC	鸟苷酸环化酶	160
H		
head domain	头部区	105
heat shock protein	热休克蛋白	131, 154
hematopoietic progenitor	造血祖细胞	195
hematopoietic stem cell, HSC	造血干细胞	194
hemidesmosome	半桥粒	46
hepatic stem cell	肝干细胞	197
hepatitis b virus,HBV	乙型肝炎病毒	209, 211
heteroactivation	异性活化	185
heterochromatin	异染色质	67
heterokaryon	异核体	16, 200
heterophago lysosome	异噬性溶酶体	138
heterophagy	异噬作用	140
highly repetitive sequence	高度重复序列	66
homeobox gene	同源异形盒基因	210
homeostasis	自体稳定性	189
homokaryon	同核体	16
homologous chromosome	同源染色体	167
house-keeping gene	管家基因	174, 177
house-keeping protein	管家蛋白	177
human chorionic gonadotrophin，hCG	人绒毛膜促性腺素	209
human embryonic stem cells，hESCs	人胚胎干细胞	193
human immunodeficiency virus,HIV	艾滋病毒	209
human leukocyte antigen, HLA	人类白细胞抗原	32
hybrid cell	杂种细胞	16

hyperaneuploid	高异倍性	90
hypoxantine,H	次黄嘌呤	201
I		
IF–associated protein	中间纤维结合蛋白	107
immunocytochemistry	免疫细胞化学	12
immunohistochemistry	免疫组织化学	12
indirect division	间接分裂	164
indomethacin	消炎痛	142
induced pluripotent stem cells, iPSCs	诱导性多能干细胞	7
inductor	诱导者	176
inhibitor of apoptosis, IAP	凋亡抑制因子	185
inhibitory G protein, Gi	抑制型 G 蛋白	159
initiation factor, IF	起始因子	148
inner cell mass, ICM	内细胞团	192
inner chamber	内室	114
inner membrane	内膜	113
inner membranous subunit	内膜亚单位	113
inner nuclear membrane	内核膜	64
inorganic compound	无机化合物	19
in situ hybridization	原位核酸分子杂交（原位杂交）	16
in situ hybridization histochemistry	原位杂交组织化学	16
integral protein	整合蛋白	31
intercellular adhesion molecule–1,ICAM–1	细胞间黏附分子 –1	61
interleuhn–1 β convertingenzyme，ICE	白细胞介素 –1 β 转化酶	184
intermediate filament	中间纤维	104
intermembrane space	膜间隙	114
internal membrane	细胞内膜	26
internal reticular apparatus	内网器	132
interphase	间期	168
intestinal stem cell	肠干细胞	197
intracristal space	嵴内间隙（或嵴内腔）	113
intrinsic protein	内在蛋白	31
intron	内含子	77, 78

续表

invertal repeat sequence	反向重复序列	79
inverted phase contrast microscope	倒置相差显微镜	10
ion channel–coupled receptor	离子通道偶联受体	157
ion pump	离子泵	39
J		
Janus green B	詹纳斯绿 B	111
Joannes Evangelista Purkinje	普金耶	5
K		
karyogram	核型图	72
karyotype	核型	72
karyokinesis	核分裂	168
keratin	角蛋白	190
keratinocyte	角质细胞	108
kinesin	驱动蛋白	103
kinetochore	动粒	165
kinetochore microtubule	动粒微管	165
L		
lag phase	延迟期	100
Lamella structure model	片层结构模型	33
lamina	扁囊	128
laminin,LN	层粘连蛋白	58
lamins	核纤层蛋白	104
laser scanning confocal microscope	激光扫描共焦显微镜	10
late endosome	晚胞内体	136
Leber's hereditary optic neuropathy,LHON	Leber 遗传性视神经病	126
ligand	配体	157
ligand–gated channel	配体门控通道	37
ligand–gated ion channel	配体门控离子通道	158
light microscope	光学显微镜	9
linker protein	连接蛋白质	51
lipid rafts model	脂筏模型	33
lipid–anchored protein	脂锚定蛋白	31
lipid–linked protein	脂连接蛋白	31

续表

lipofusion	脂褐质	138
liposome	脂质体	31, 202
lncRNA	长链非编码 RNA	89
low density lipoprotein,LDL	低密度脂蛋白	211
luteinizing hormone,LH	黄体生成素	209
luxury gene	奢侈基因	174, 177
luxury protein	奢侈蛋白	177
lysosome	溶酶体	137
M		
macroautophagy	大自噬	140
malic dehydrogenase	苹果酸脱氢酶	114
mammary gland bioreactor	乳腺生物反应器	212
Marfan syndrome	马方综合征	56
marker chromosome	标记染色体	90
marrow cavity	骨髓腔	196
matrix	基质	114
matrix grain	基质颗粒	114
matrix space	基质腔	114
Matthias Jacob Schleiden	施莱登	4
maturation division	成熟分裂	166
maturation promoting factor, MPF	成熟促进因子	169
mature face	成熟面	133
Max Schultze	舒尔策	5
mechanically-gated channel	机械门控通道	37
mechanosensitive channel	机械敏感性通道	37
medical cell biology	医学细胞生物学	6
meiosis	减数分裂	164, 166
meiosis Ⅰ	第一次减数分裂	166
meiosis Ⅱ	第二次减数分裂	166
membrane flow	膜流	143
membrane lipids	膜脂	30
membrane protein	膜蛋白	31
mesenchymal stem cells, MSC	间充质干细胞	196

mesosome	中间体	25
messenger RNA	信使 RNA	22
metacentric chromosome	中央着丝粒染色体	71
metallothionein	金属硫蛋白	203
metaphase	中期	165
microautophagy	小自噬	140
microbody	微体	142
microfibrils	微原纤维	55
microfilament associated protein	微丝结合蛋白	94
microfilament, MF	微丝	91
microinjection	显微注射法	202
microscopic structure	显微结构	9
microsome	微粒体	129
microtubule	微管	98
microtubule organizing center, MTOC	微管组织中心	101
microvillus	微绒毛	48
miltochondria crista	线粒体嵴	113
mitochondrion	线粒体	111
miniband	微带	69
minus end	负端	91
miRNA	微小 RNA	22, 89
mitochondrial encephalomyopathy, lactic acidosis and stroke–like episodes, MELAS	线粒体脑肌病伴乳酸血症和卒中样发作	126
mitosis	有丝分裂	164
mitosis apparatus	有丝分裂器	165
mitotic phase	分裂期	168
modal number	众数	90
moderately repetitive sequence	中度重复序列	66
molecular chaperone	分子伴侣	130, 154
molecular cytology	分子细胞学	4
monoclonal antibody,McAb	单克隆抗体	201
motor protein	马达蛋白	103
multigene family	多基因家族	78
multiple coiling model	多极螺旋化模型	69

续表

multipotent progenitor, MPP	多能祖细胞	190
multipotential hematopoietic stem cell	多能造血干细胞	195
multivesicular body	多泡体	139
mycoplasma	支原体	25
myelin figure	髓样结构	139
myoclonic epilepsy	肌阵挛性癫痫	126
myoclonic epilepsy and ragged red fiber, MERRF	肌阵挛性癫痫合并破碎红纤维	126
myosin	肌球蛋白	94, 97
N		
necrosis	坏死	185
NGF	神经生长因子	184
nestin	巢素蛋白	105, 190, 196
neural stem cell, NSC	神经干细胞	190, 192
neurofi–lament protein	神经丝蛋白	104
next generation sequencing,NGS	下一代测序技术	18
nicotinamide adenine dinucleotide, NAD	烟酰胺腺嘌呤二核苷酸	119
nuclear complex	核孔复合体	64
nuclear envelope	核被膜	26
nuclear lamina	核纤层	65
nuclear magnetic resonance, NMR	核磁共振	123
nuclear matrix	核基质	73
nuclear transplantation or nuclear transfer,NT	细胞核移植	205
nucleation phase	成核期	100
nucleation proteins	成核蛋白	95
nucleic acid	核酸	21
nucleoid	类核体	142
nucleoid	拟核	25
nucleolar associated chromatin	核仁周边染色质	75
nucleolar matrix	核仁基质	75
nucleolar organizer	核仁组织者	75
nucleolar organizing region	核仁组织区	75
nucleolus	核仁	74
nucleoskeleton	核骨架	73

续表

nucleosome	核小体	68
nucleus	细胞核	26
numeric aperture	镜口率	8
O		
occluding junction	封闭连接	45
olfactory bulb	嗅球	196
oligodendrocyte	少突胶质细胞	192
oligomer	寡聚体	100
oligomycin sensitivity conferring protein, OSCP	寡霉素敏感蛋白质	114
oncogene	癌基因	172
organelles	细胞器	27
organic compound	有机化合物	20
osteogenesis imperfecta	成骨不全症	214
ouabain	乌本苷	39
outer chamber	外室	113
outer membrane	外膜	113
outer nuclear membrane	外核膜	64
oxaloacetate	草酰乙酸	118
oxidative phosphorylation	氧化磷酸化	111
P		
pacilitaxel	紫杉醇	101
paranemin	平行蛋白	105
passive transport	被动运输	36
peptide	肽	23
peptidoglycan	肽聚糖	25
perinuclear space	核间隙	64
peripheral protein	外周蛋白	31
peripherin	周边蛋白	104
perlecan	渗滤素	60
permeability	膜的通透性	36
permease	通透酶	38
peroxisome	过氧化物酶体	142
phagocytosis	吞噬作用	42, 97

续表

续表

receptor mediated endocytosis, RME	受体介导的内吞	43
receptor tyrosine kinase	酪氨酸蛋白激酶受体	157
regulated secretion	调节型分泌	44
regulator sequence	调控序列	79
release factor, RF	释放因子	148
repetitive sequence	重复顺序	66
replication forks	复制叉	66
replication origin	复制起始点	66
reproductive cloning	繁殖性克隆	207
residual body	残余小体	138, 180
resolution	分辨率	8
respiratory chain	呼吸链	119
retention protein	可溶性驻留蛋白	130
retention signal peptide	驻留信号肽	131
retinoblastoma gene, RB	视网膜母细胞瘤基因	172
ribonucleic acid	核糖核酸	20
ribose	核糖	20
ribosomal protein, RP	核糖体蛋白质	146, 148, 154
ribosomal RNA, rRNA	核糖体 RNA	22
ribosome	核糖体	144
ribosome circulation	核糖体循环	150
Robert Hook	胡克	4
rod domain	杆状区	105
rough endoplasmic reticulum, RER	粗面内质网	129
ruffled membrane locomotion	变皱膜运动	97
S		
S phase	S 期	168
sarcomere	肌节	97
sarcoplasmic reticulum	肌质网	132
SARS Coronavirus,SARS–CoV	SARS 冠状病毒	6
satellite	随体	71
scanning electron microscope	扫描电子显微镜	12
scanning probe microscope	扫描探针显微镜	9

续表

续表

translation	翻译	77, 85
translocon	易位子	130
transmission electron microscope	透射电子显微镜	11
transpeptidase	肽基转移酶，转肽酶	148
treadmilling	踏车行为	100
tricarboxylic acid cycle	三羧酸循环	118
triplomicrotubule	三联微管	99
tropocollagen	原胶原	53
tropomyosin	原肌球蛋白	95
troponin	肌钙蛋白	95
tubule	小管	128
tubulin	微管蛋白	98
type Ⅳ collagen	Ⅳ型胶原	60
U		
ubiquinone	泛醌	119
ultramicrotome	超薄切片机	11
unipotent stem cell	单能干细胞	190
unique sequence	单一顺序	66
unit membrane model	单位膜模型	33
unit structure	单位结构	56
uracil	尿嘧啶	20
uroplakin	尿血小板溶素	212
V		
vacuole	大囊泡	133
vesicle	小泡（小囊泡）	128, 133
vesicular transport	膜泡运输	42
villin	绒毛蛋白	94, 95
vimentin	波形蛋白	104
vinblastine	长春碱	101
vinculin	纽蛋白	94, 95
viral oncogene, V-onc	病毒癌基因	172
voltage-dependent channel	电压依赖性通道	37
voltage-gated channel	电压门控通道	37

续表

Z		
zonula occludens	封闭小带	45
其他		
α –actinin	α – 辅肌动蛋白	95
α helix	α 螺旋	23
β pleated sheet	β 折叠	24

续表

主要参考文献

1. 赵宗江. 细胞生物学［M］. 第 2 版. 北京：中国中医药出版社，2016

2. 丁明孝，王喜忠，张传茂，等. 细胞生物学［M］. 北京：高等教育出版社，2020

3. 杨抚华. 医学细胞生物学［M］. 第 7 版. 北京：科学出版社，2013

4. 杨恬. 细胞生物学［M］. 第 2 版. 北京：人民卫生出版社，2010

5. 聂俊，杨冬芝，杨晶. 细胞分子生物学［M］. 北京：化学工业出版社，2009

6. 赵宗江. 组织细胞分子学实验原理与方法［M］. 北京：中国中医药出版社，2003

7. 李青旺. 动物细胞工程与实践［M］. 北京：化学工业出版社，2005

8. 潘克俭. 医学细胞生物学［M］. 北京：人民卫生出版社，2020

9. 陈晔光，张传茂，陈佺. 分子细胞生物学［M］. 第 3 版. 北京：高等教育出版社，2019

10. ［美］基斯林（Kiessling，A.A.），［美］安德森（Anderson，S.C.）. 人胚胎干细胞——科学和治疗潜力概论［M］. 章静波，等译. 北京：化学工业出版社，2005 年

11. 宋今丹. 医学细胞生物学［M］. 第 3 版. 北京：人民卫生出版社，2004

12. 刘丽莎，姬可平，李荣科. 医学生物学［M］. 兰州：兰州大学出版社，2005

13. 左伋. 医学生物学［M］. 北京：人民卫生出版社，2002

14. 盛鹏程. 哺乳动物克隆的现状和研究进展［J］. 科技导报，2010，28（13）：105-110

15. 邢自宝，刘永刚，苏佳灿. 骨组织工程种子细胞研究进展［J］. 临床医学工程，2010，17（10）：152-154

16. 刘丽莎，姬可平，李荣科. 医学生物学［M］. 兰州：兰州大学出版社，2005

17. 孙大业，崔素娟，孙颖. 细胞信号转导［M］. 第 5 版. 北京：科学出版社，2010

18. 裴雪涛. 干细胞生物学［M］. 北京：科学出版社，2003

19. 闫桂琴. 生命科学技术概论［M］. 北京：科学技术出版社，2003

20. 胡继鹰，李继红. 医学细胞生物学［M］. 第 3 版. 北京：科学出版社，2013

21. 陈誉华. 医学细胞生物学［M］. 第 5 版. 北京：人民卫生出版社，2014

22. 韩贻仁. 分子细胞生物学［M］. 第 2 版. 北京：科学出版社，2003

23. 胡火珍，税青林. 医学细胞生物学［M］. 第 7 版. 北京：科学出版社，2014

24. 翟中和，王喜忠，丁明孝. 细胞生物学［M］. 第 4 版. 北京：高等教育出版社，2011

25. 李瑶. 细胞生物学［M］. 北京：化学工业出版社. 2015

26. 苗聪秀. 医学细胞生物学［M］. 北京：第二军医大学出版社. 2015

27. 徐冶，王弘珺，田洪艳. 医学细胞生物学［M］. 北京：科学出版社，2013

28. 陈禹宝，黄劲松. 高通量测序与高性能计算理论和实践［M］. 北京：科学技术出版社，2018

29. 李悦，林昶东. 新型冠状病毒（SARS-CoV-2）概述［J］. 生命的化学，2021，41（3）：413-419

30. Song Y, Soto J, Chen B, et al. Cell engineering: Biophysical regulation of the nucleus［J］. Biomaterials, 2020, 34: 119743

31. Michael J, Petrany, Douglas P, Millay. Cell Fusion: Merging Membranes and Making Muscle［J］. Trends Cell Biol, 2019, 29（12）: 964-973

32. 周建锋, 郭明岳, 王译萱, 等. 体细胞重编程机制研究进展［J］. 中国细胞生物学学报, 2019, 41（5）: 805-821

33. 崔乐乐, 卜桐, 刘兆基, 等. 单克隆抗体及其抗感染作用的研究进展［J］. 微生物学杂志, 2020, 40（2）: 87-92

34. 肖潇, 冯惠娟, 高春芳. 单克隆抗体药物临床应用进展［J］. 检验医学, 2019, 34（5）: 466-471

35. Posner J, Barrington P, Brier T, et al. Monoclonal Antibodies: Past, Present and Future［J］. Handb Exp Pharmacol, 2019, 260: 81-141

36. Liu Z, Cai Y, Wang Y, et al. Cloning of Macaque Monkeys by Somatic Cell Nuclear Transfer［J］. Cell, 2018, 172（4）: 881-887

37. Zhang J, Liu H, Luo S, et al. Live birth derived from oocyte spindle transfer to prevent mitochondrial disease［J］. Reprod Biomed Online, 2017, 34（4）: 361-368

38. Jiang RD, Liu MQ, Chen Y, et al. Pathogenesis of SARS-CoV-2 in Transgenic Mice Expressing Human Angiotensin-Converting Enzyme 2［J］. Cell, 2020, 182（1）: 50-58

39. Sun SH, Chen Q, Gu HJ, et al. A Mouse Model of SARS-CoV-2 Infection and Pathogenesis［J］. Cell Host Microbe, 2020, 28（1）: 124-133

40. 肖仕初, 郑勇军. 组织工程皮肤现状与挑战［J］. 中华烧伤杂志, 2020, 36（3）: 166-170

全国中医药行业高等教育"十四五"规划教材

全国高等中医药院校规划教材（第十一版）

教材目录（第一批）

注：凡标☆号者为"核心示范教材"。

（一）中医学类专业

序号	书　名	主　编		主编所在单位	
1	中国医学史	郭宏伟	徐江雁	黑龙江中医药大学	河南中医药大学
2	医古文	王育林	李亚军	北京中医药大学	陕西中医药大学
3	大学语文	黄作阵		北京中医药大学	
4	中医基础理论☆	郑洪新	杨　柱	辽宁中医药大学	贵州中医药大学
5	中医诊断学☆	李灿东	方朝义	福建中医药大学	河北中医学院
6	中药学☆	钟赣生	杨柏灿	北京中医药大学	上海中医药大学
7	方剂学☆	李　冀	左铮云	黑龙江中医药大学	江西中医药大学
8	内经选读☆	翟双庆	黎敬波	北京中医药大学	广州中医药大学
9	伤寒论选读☆	王庆国	周春祥	北京中医药大学	南京中医药大学
10	金匮要略☆	范永升	姜德友	浙江中医药大学	黑龙江中医药大学
11	温病学☆	谷晓红	马　健	北京中医药大学	南京中医药大学
12	中医内科学☆	吴勉华	石　岩	南京中医药大学	辽宁中医药大学
13	中医外科学☆	陈红风		上海中医药大学	
14	中医妇科学☆	冯晓玲	张婷婷	黑龙江中医药大学	上海中医药大学
15	中医儿科学☆	赵　霞	李新民	南京中医药大学	天津中医药大学
16	中医骨伤科学☆	黄桂成	王拥军	南京中医药大学	上海中医药大学
17	中医眼科学	彭清华		湖南中医药大学	
18	中医耳鼻咽喉科学	刘　蓬		广州中医药大学	
19	中医急诊学☆	刘清泉	方邦江	首都医科大学	上海中医药大学
20	中医各家学说☆	尚　力	戴　铭	上海中医药大学	广西中医药大学
21	针灸学☆	梁繁荣	王　华	成都中医药大学	湖北中医药大学
22	推拿学☆	房　敏	王金贵	上海中医药大学	天津中医药大学
23	中医养生学	马烈光	章德林	成都中医药大学	江西中医药大学
24	中医药膳学	谢梦洲	朱天民	湖南中医药大学	成都中医药大学
25	中医食疗学	施洪飞	方　泓	南京中医药大学	上海中医药大学
26	中医气功学	章文春	魏玉龙	江西中医药大学	北京中医药大学
27	细胞生物学	赵宗江	高碧珍	北京中医药大学	福建中医药大学

序号	书 名	主 编		主编所在单位	
28	人体解剖学	邵水金		上海中医药大学	
29	组织学与胚胎学	周忠光	汪 涛	黑龙江中医药大学	天津中医药大学
30	生物化学	唐炳华		北京中医药大学	
31	生理学	赵铁建	朱大诚	广西中医药大学	江西中医药大学
32	病理学	刘春英	高维娟	辽宁中医药大学	河北中医学院
33	免疫学基础与病原生物学	袁嘉丽	刘永琦	云南中医药大学	甘肃中医药大学
34	预防医学	史周华		山东中医药大学	
35	药理学	张硕峰	方晓艳	北京中医药大学	河南中医药大学
36	诊断学	詹华奎		成都中医药大学	
37	医学影像学	侯 键	许茂盛	成都中医药大学	浙江中医药大学
38	内科学	潘 涛	戴爱国	南京中医药大学	湖南中医药大学
39	外科学	谢建兴		广州中医药大学	
40	中西医文献检索	林丹红	孙 玲	福建中医药大学	湖北中医药大学
41	中医疫病学	张伯礼	吕文亮	天津中医药大学	湖北中医药大学
42	中医文化学	张其成	臧守虎	北京中医药大学	山东中医药大学

（二）针灸推拿学专业

序号	书 名	主 编		主编所在单位	
43	局部解剖学	姜国华	李义凯	黑龙江中医药大学	南方医科大学
44	经络腧穴学☆	沈雪勇	刘存志	上海中医药大学	北京中医药大学
45	刺法灸法学☆	王富春	岳增辉	长春中医药大学	湖南中医药大学
46	针灸治疗学☆	高树中	冀来喜	山东中医药大学	山西中医药大学
47	各家针灸学说	高希言	王 威	河南中医药大学	辽宁中医药大学
48	针灸医籍选读	常小荣	张建斌	湖南中医药大学	南京中医药大学
49	实验针灸学	郭 义		天津中医药大学	
50	推拿手法学☆	周运峰		河南中医药大学	
51	推拿功法学☆	吕立江		浙江中医药大学	
52	推拿治疗学☆	井夫杰	杨永刚	山东中医药大学	长春中医药大学
53	小儿推拿学	刘明军	邰先桃	长春中医药大学	云南中医药大学

（三）中西医临床医学专业

序号	书 名	主 编		主编所在单位	
54	中外医学史	王振国	徐建云	山东中医药大学	南京中医药大学
55	中西医结合内科学	陈志强	杨文明	河北中医学院	安徽中医药大学
56	中西医结合外科学	何清湖		湖南中医药大学	
57	中西医结合妇产科学	杜惠兰		河北中医学院	
58	中西医结合儿科学	王雪峰	郑 健	辽宁中医药大学	福建中医药大学
59	中西医结合骨伤科学	詹红生	刘 军	上海中医药大学	广州中医药大学
60	中西医结合眼科学	段俊国	毕宏生	成都中医药大学	山东中医药大学
61	中西医结合耳鼻咽喉科学	张勤修	陈文勇	成都中医药大学	广州中医药大学
62	中西医结合口腔科学	谭 劲		湖南中医药大学	

（四）中药学类专业

序号	书　名	主　编		主编所在单位	
63	中医学基础	陈　晶	程海波	黑龙江中医药大学	南京中医药大学
64	高等数学	李秀昌	邵建华	长春中医药大学	上海中医药大学
65	中医药统计学	何　雁		江西中医药大学	
66	物理学	章新友	侯俊玲	江西中医药大学	北京中医药大学
67	无机化学	杨怀霞	吴培云	河南中医药大学	安徽中医药大学
68	有机化学	林　辉		广州中医药大学	
69	分析化学（上）（化学分析）	张　凌		江西中医药大学	
70	分析化学（下）（仪器分析）	王淑美		广东药科大学	
71	物理化学	刘　雄	王颖莉	甘肃中医药大学	山西中医药大学
72	临床中药学☆	周祯祥	唐德才	湖北中医药大学	南京中医药大学
73	方剂学	贾　波	许二平	成都中医药大学	河南中医药大学
74	中药药剂学☆	杨　明		江西中医药大学	
75	中药鉴定学☆	康廷国	闫永红	辽宁中医药大学	北京中医药大学
76	中药药理学☆	彭　成		成都中医药大学	
77	中药拉丁语	李　峰	马　琳	山东中医药大学	天津中医药大学
78	药用植物学☆	刘春生	谷　巍	北京中医药大学	南京中医药大学
79	中药炮制学☆	钟凌云		江西中医药大学	
80	中药分析学☆	梁生旺	张　彤	广东药科大学	上海中医药大学
81	中药化学☆	匡海学	冯卫生	黑龙江中医药大学	河南中医药大学
82	中药制药工程原理与设备	周长征		山东中医药大学	
83	药事管理学☆	刘红宁		江西中医药大学	
84	本草典籍选读	彭代银	陈仁寿	安徽中医药大学	南京中医药大学
85	中药制药分离工程	朱卫丰		江西中医药大学	
86	中药制药设备与车间设计	李　正		天津中医药大学	
87	药用植物栽培学	张永清		山东中医药大学	
88	中药资源学	马云桐		成都中医药大学	
89	中药产品与开发	孟宪生		辽宁中医药大学	
90	中药加工与炮制学	王秋红		广东药科大学	
91	人体形态学	武煜明	游言文	云南中医药大学	河南中医药大学
92	生理学基础	于远望		陕西中医药大学	
93	病理学基础	王　谦		北京中医药大学	

（五）护理学专业

序号	书　名	主　编		主编所在单位	
94	中医护理学基础	徐桂华	胡　慧	南京中医药大学	湖北中医药大学
95	护理学导论	穆　欣	马小琴	黑龙江中医药大学	浙江中医药大学
96	护理学基础	杨巧菊		河南中医药大学	
97	护理专业英语	刘红霞	刘　娅	北京中医药大学	湖北中医药大学
98	护理美学	余雨枫		成都中医药大学	
99	健康评估	阚丽君	张玉芳	黑龙江中医药大学	山东中医药大学

序号	书 名	主 编		主编所在单位	
100	护理心理学	郝玉芳		北京中医药大学	
101	护理伦理学	崔瑞兰		山东中医药大学	
102	内科护理学	陈 燕	孙志岭	湖南中医药大学	南京中医药大学
103	外科护理学	陆静波	蔡恩丽	上海中医药大学	云南中医药大学
104	妇产科护理学	冯 进	王丽芹	湖南中医药大学	黑龙江中医药大学
105	儿科护理学	肖洪玲	陈偶英	安徽中医药大学	湖南中医药大学
106	五官科护理学	喻京生		湖南中医药大学	
107	老年护理学	王 燕	高 静	天津中医药大学	成都中医药大学
108	急救护理学	吕 静	卢根娣	长春中医药大学	上海中医药大学
109	康复护理学	陈锦秀	汤继芹	福建中医药大学	山东中医药大学
110	社区护理学	沈翠珍	王诗源	浙江中医药大学	山东中医药大学
111	中医临床护理学	裘秀月	刘建军	浙江中医药大学	江西中医药大学
112	护理管理学	全小明	柏亚妹	广州中医药大学	南京中医药大学
113	医学营养学	聂 宏	李艳玲	黑龙江中医药大学	天津中医药大学

（六）公共课

序号	书 名	主 编		主编所在单位	
114	中医学概论	储全根	胡志希	安徽中医药大学	湖南中医药大学
115	传统体育	吴志坤	邵玉萍	上海中医药大学	湖北中医药大学
116	科研思路与方法	刘 涛	商洪才	南京中医药大学	北京中医药大学

（七）中医骨伤科学专业

序号	书 名	主 编		主编所在单位	
117	中医骨伤科学基础	李 楠	李 刚	福建中医药大学	山东中医药大学
118	骨伤解剖学	侯德才	姜国华	辽宁中医药大学	黑龙江中医药大学
119	骨伤影像学	栾金红	郭会利	黑龙江中医药大学	河南中医药大学洛阳平乐正骨学院
120	中医正骨学	冷向阳	马 勇	长春中医药大学	南京中医药大学
121	中医筋伤学	周红海	于 栋	广西中医药大学	北京中医药大学
122	中医骨病学	徐展望	郑福增	山东中医药大学	河南中医药大学
123	创伤急救学	毕荣修	李无阴	山东中医药大学	河南中医药大学洛阳平乐正骨学院
124	骨伤手术学	童培建	曾意荣	浙江中医药大学	广州中医药大学

（八）中医养生学专业

序号	书 名	主 编		主编所在单位	
125	中医养生文献学	蒋力生	王 平	江西中医药大学	湖北中医药大学
126	中医治未病学概论	陈涤平		南京中医药大学	